"十四五"职业教育国家规划教材

工业和信息化精品系列教材

网络技术

U0160588

Network Technology

微课版

计算机
网络技术基础
第6版

周舸 ◎ 编著

人民邮电出版社

北 京

图书在版编目（CIP）数据

计算机网络技术基础：微课版 / 周舸编著. -- 6版
. -- 北京 ：人民邮电出版社，2024.1
工业和信息化精品系列教材. 网络技术
ISBN 978-7-115-63149-7

Ⅰ．①计… Ⅱ．①周… Ⅲ．①计算机网络－高等学校
－教材 Ⅳ．①TP393

中国国家版本馆CIP数据核字(2023)第220727号

内 容 提 要

本书是编者结合多年授课经验和高职高专学生的实际学习情况精心编写而成的。本书共 12 章，前 11 章分别系统地介绍计算机网络基础知识、数据通信技术、计算机网络体系结构与协议、局域网、网络互联技术与 IP、Internet 基础知识、Internet 接入技术、网络操作系统、网络安全、网络管理、云计算与物联网，最后一章为网络实验。为了能够让读者及时地检查学习效果、巩固所学知识，前 11 章的章尾均附有丰富的习题。

本书可作为高等院校计算机网络技术专业及相关专业对应课程的教材，也可以作为参加计算机网络培训人员或技术人员的自学参考资料。

♦ 编　著　周　舸
　　责任编辑　郭　雯
　　责任印制　王　郁　焦志炜
♦ 人民邮电出版社出版发行　　北京市丰台区成寿寺路 11 号
　　邮编　100164　电子邮件　315@ptpress.com.cn
　　网址　https://www.ptpress.com.cn
　　北京天宇星印刷厂印刷
♦ 开本：787×1092　1/16
　　印张：16.5　　　　　　　　2024 年 1 月第 6 版
　　字数：451 千字　　　　　　2025 年 1 月北京第 6 次印刷

定价：69.80 元

读者服务热线：(010)81055256　印装质量热线：(010)81055316
反盗版热线：(010)81055315
广告经营许可证：京东市监广登字 20170147 号

前言 FOREWORD

党的二十大报告提出："我们要坚持教育优先发展、科技自立自强、人才引领驱动，加快建设教育强国、科技强国、人才强国，坚持为党育人、为国育才，全面提高人才自主培养质量，着力造就拔尖创新人才，聚天下英才而用之"。计算机网络技术作为计算机技术与通信技术相结合的产物，经过了半个多世纪的发展，已经取得长足的进步，应用于现代社会的方方面面，并以前所未有的方式改变着人们的生活。与此同时，社会对计算机网络人才的需求越来越迫切。因此，本书编写的一个重要目的，就是向读者介绍计算机网络的相关技术，帮助读者形成对计算机网络的总体认知，为读者深入学习相关技术或在之后的工作岗位中应用这些技术打下坚实的基础。

本书第 5 版自 2018 年出版以来，受到了众多高职高专院校师生的欢迎。为了更好地满足广大高职高专院校的学生对网络知识学习的需求，作者结合近几年的教学改革实践和科研成果，以及广大读者的反馈意见，对本书再次进行了仔细的修订。本次修订的主要内容如下。

（1）在不减少核心内容的情况下，对全书的章节结构进行了较大的调整，补充并更新了一些核心知识点。例如，将第 5 版中"网络互联技术与 IP""Internet 基础知识""移动 IP 与下一代 Internet"这 3 章的内容进行了重新整合；在"网络互联技术与 IP"一章中增加了超网、ICMP 等知识的介绍，在"Internet 基础知识"一章中增加了对 TCP 和 UDP 等核心知识的介绍，在"网络实验"一章中增加了 Web 服务器的安装与配置。

（2）删除了一些过时的内容，使本书结构更加合理、精练，以适应新的教学需求。例如，删除了"Internet 的应用"和"移动 IP 与下一代 Internet"两章的内容。

（3）更新和补充了一些新知识。例如，在"数据通信技术"一章中增加了 5G 技术的介绍，在"云计算与物联网"一章中增加了阿里云计算和华为云计算的介绍。另外，更新了本书中一些过时的内容，如将"网络操作系统"一章中的 Windows Server 2008 更新为 Windows Server 2019，使本书内容更具前瞻性。

（4）更新和补充了大量课后习题，并提供参考答案，有利于读者参加高水平的网络认证考试（如CCNA、CCNP 等）。

在本书的修订过程中，作者始终贯彻"基础理论以应用为目的，以必要、够用为方针"的核心思想，重点介绍计算机网络中的成熟理论和新知识。本书经修订后，内容更全面，叙述更准确、易于理解，更有利于教师的教学和读者的学习。

本书参考总学时为 64 学时，其中包括理论讲解 52 学时（前 11 章合计）和实验练习 12 学时（第 12 章）。各章的学时分配如下表所示。

章	名　称	学时	章	名　称	学时
第 1 章	计算机网络基础知识	2	第 7 章	Internet 接入技术	2
第 2 章	数据通信技术	6	第 8 章	网络操作系统	2
第 3 章	计算机网络体系结构与协议	4	第 9 章	网络安全	4
第 4 章	局域网	8	第 10 章	网络管理	2
第 5 章	网络互联技术与 IP	8	第 11 章	云计算与物联网	6
第 6 章	Internet 基础知识	8	第 12 章	网络实验	12

本书由周舸编著，其编写了本书的所有理论部分及实验。在本书的修订过程中，作者得到了电子科技大学周光峦教授的关心和指导。周光峦教授仔细审阅了本书，并提出了很多宝贵的意见。何敏老师完成了部分文稿的录入工作，高天、周沁等老师完成了部分图片的处理及部分文稿的校对工作。在此，向所有关心和支持本书出版的人表示衷心的感谢！

限于作者的学术水平，书中不妥之处在所难免，敬请读者批评指正，来信请至 zhou-ge@163.com。读者也可加入人邮教师服务 QQ 群（群号：159528354），与编者进行联系。

周　舸

2023 年 6 月

目录 CONTENTS

第 10 章

第 11 章

第 12 章

第1章
计算机网络基础知识

01

计算机网络是当今最热门的学科之一，其在过去的几十年里取得了长足的发展。近十几年来，因特网（Internet）深入千家万户，网络已经成为一种全社会的、经济的、快速存取信息（Information）的必要手段。因此，网络技术对未来的信息产业乃至整个社会都将产生深远的影响。

为了帮助初学者对计算机网络有全面的认识，本章将从介绍计算机网络的产生与发展入手，对网络的概念、功能、分类、应用及其在我国的发展现状等内容进行了系统的介绍。

本章的学习目标如下。

- 了解计算机网络产生的历史背景及发展的4个阶段。
- 掌握计算机网络的概念、结构。
- 掌握计算机网络的功能、分类和拓扑结构。
- 理解计算机网络在当今社会中的应用。
- 理解和掌握网络体系结构和网络协议的基本概念。
- 掌握OSI参考模型的层次结构和各层的功能。
- 掌握OSI参考模型与TCP/IP参考模型层次间的对应关系。
- 掌握TCP/IP参考模型各层的功能。
- 了解三大网络和相关的国际标准化组织。

1.1 计算机网络的产生与发展

计算机网络是计算机技术与通信技术相结合的产物。计算机技术和通信技术紧密结合，相互促进、共同发展，最终产生了计算机网络。计算机网络的进步正在对当前信息产业以及整个社会的发展产生着重要的影响。纵观计算机网络的发展历史可以发现，计算机网络经历了从简单到复杂、从低级到高级、从单机到多机的过程。计算机网络的发展大体上可以分为 4 个阶段：面向终端的通信网络阶段、计算机互联阶段、网络互联（Internetworking）阶段、Internet 与高速网络阶段。

1. 面向终端的通信网络阶段

1946 年，世界上第一台通用电子计算机埃尼阿克（Electronic Numerical Integrator And Computer，ENIAC）问世，这是人类历史上的里程碑。最初的计算机数量稀少，并且非常昂贵。当时的计算机大都采用批处理方式，用户使用计算机时首先要将程序和数据制成纸带或卡片，再送到中心计算机进行处理。

V1-1 计算机网络的产生与发展

1954年，出现了一种被称为收发器（Transceiver）的设备，人们使用这种设备作为远程终端首次实现了将穿孔卡片上的数据通过电话线路发送到远地的计算机。此后，电传打字机也作为远程终端和计算机相连，用户可以利用计算机在远地的电传打字机上输入自己的程序，而计算机计算出来的结果也可以被传输到远地的电传打字机上并被打印出来，计算机网络的基本原型就这样诞生了。

早期的计算机是为批处理而设计的，因此当计算机和远程终端相连时，必须在计算机上增加一个线路控制器（Line Controller）接口。随着远程终端数量的增加，为了避免一台计算机使用多个线路控制器，20世纪60年代初期，出现了多重线路控制器（Multiple Line Controller），其可以和多个远程终端相连接，这样就构成了面向终端的第一代计算机网络。

在第一代计算机网络中，一台计算机与多个终端相连接，用户通过终端命令以交互的方式使用计算机系统，从而将单一计算机系统的各种资源传送到多个用户手中，极大地提高了资源的利用率，同时极大地提高了用户使用计算机的热情，使得在一段时间内计算机用户的数量迅速增加。但这种网络系统存在两个缺点：一是其主机系统的负荷较重，既要承担数据处理任务，又要承担通信任务，这导致了系统响应时间过长；二是对远程终端来讲，一条通信线路只能与一个终端相连，通信线路的利用率较低。

后来又出现了多机连机系统。这种系统的主要特点是在主机和调制解调器（Modem）之间设置了前端处理器（Front-End Processor，FEP），如图1-1所示。前端处理器承担了所有的通信任务，减轻了主机的负荷，极大地提高了主机处理数据的效率。另外，该系统在远程终端较密集处增设了一个集中器（Concentrator）。集中器的一端用低速线路与多个终端相连，另一端则用一条较高速的线路通过调制解调器和前端处理器与主机相连，如图1-2所示。这样就实现了多个终端共享一条通信线路，提高了通信线路的利用率。

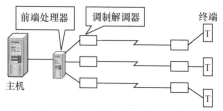 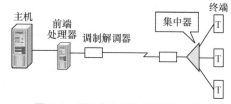

图1-1　引入FEP的多机连机系统　　　　图1-2　引入集中器的多机连机系统

多机连机系统的典型代表为1963年在美国投入使用的航空订票系统，其核心是设在纽约的一台中央计算机，2000多个售票终端遍布美国全国，使用通信线路与中央计算机相连。

2. 计算机互联阶段

随着计算机应用的发展、计算机的普及和价格的降低，出现了多台计算机互联的需求。这种需求主要来自军事、科学研究、地区与国家经济信息分析决策、大型企业经营管理等，希望将分布在不同地点且具有独立功能的终端计算机通过通信线路互联起来，彼此交换数据、传递信息，如图1-3所示。网络用户通过终端计算机可以使用本地计算机的软件、硬件与数据资源，也可以使用联网的其他位置的计算机的软件、硬件与数据资源，以达到计算机资源共享的目的。

图1-3　计算机互联示意

这一阶段的典型代表是美国国防部高级研究计划署（Advanced Research Projects Agency，ARPA）的ARPA网（通常称为ARPANET）。ARPANET是世界上第一个实现了以资源共享为目的的计算机网络，所以人们往往将ARPANET作为现代计算机网络诞生的标志，现在计算机网络的很多概念都来自ARPANET。

ARPANET 的研究成果对推动计算机网络发展的意义是十分深远的。在 ARPANET 的基础之上，20 世纪 70 年代至 20 世纪 80 年代计算机网络发展十分迅速，出现了大量的计算机网络，仅美国国防部就资助建立了多个计算机网络。同时，出现了一些研究实验性网络、公共服务网络、校园网等，如美国加利福尼亚大学劳伦斯原子能研究所的 OCTOPUS 网、法国信息与自动化研究所的 CYCLADES 网、欧洲情报网（European Information Network，EIN）等。

在这一阶段，公用数据网（Public Data Network，PDN）与局部网络（Local Network，LN）技术也得到了迅速发展。总而言之，计算机网络发展的第 2 个阶段所取得的成果对推动网络技术的成熟和应用极其重要，这个阶段所研究的网络体系结构与网络协议的理论成果为后来网络理论的发展奠定了坚实的基础，很多网络系统经过适当修改与充实后至今仍被广泛使用。目前，国际上应用广泛的 Internet 就是在 ARPANET 的基础上发展而来的。但是 20 世纪 70 年代后期，人们已经看到了计算机网络发展中存在的问题，即网络体系结构与网络协议的不统一限制了计算机网络自身的发展和应用。网络体系结构与网络协议必须走国际标准化的道路。

3. 网络互联阶段

计算机网络发展的第 3 个阶段——网络互联阶段是加速网络体系结构与网络协议国际标准化的研究与应用的时期。经过多年卓有成效的工作，1984 年，国际标准化组织（International Organization for Standardization，ISO）正式制定和颁布了"开放系统互连"（Open System Interconnection，OSI）标准。OSI 标准已被国际社会认可，成为研究和制定新一代计算机网络标准的基础。OSI 标准使各种不同的网络互联、互通变为现实，实现了更大范围的计算机资源共享。我国也于 1989 年在《国家经济信息系统设计与应用标准化规范》中明确规定选定 OSI 标准作为我国网络建设的标准。1990 年 6 月，ARPANET 停止运行。随之发展起来的国际 Internet 的覆盖范围已遍及全球，全球各种各样的计算机都可以通过网络互联设备接入 Internet，实现全球范围内的数据通信和资源共享。

OSI 标准及标准的制定和完善推动了计算机网络朝着积极的方向发展。很多大的计算机厂商相继宣布支持 OSI 标准，并积极研究和开发符合 OSI 标准的产品。各种符合 OSI 标准与标准的远程计算机网络、局部计算机网络与城市地区计算机网络开始广泛应用。随着研究的深入，OSI 标准日趋完善。

4. Internet 与高速网络阶段

目前，计算机网络的发展正处于第 4 个阶段。在这一阶段，计算机网络发展的特点是互联、高速、智能与更为广泛的应用。Internet 是覆盖全球的信息基础设施之一。对用户来说，Internet 是一个庞大的远程计算机网络，用户可以利用 Internet 实现全球范围内的信息传输、信息查询、电子邮件（E-mail）收发服务、语音与图像通信服务等功能。实际上，Internet 是一个用网络互联设备实现多个远程网和局域网互联的国际网。

在 Internet 发展的同时，随着网络规模的增大与网络服务功能的增多，高速网络与智能网络（Intelligent Network，IN）的发展也引起了人们越来越多的关注和兴趣。高速网络的发展表现在宽带综合业务数字网（Broadband Integrated Service Digital Network，BISDN）、帧中继（Frame Relay，FR）网、异步传输模式（Asynchronous Transfer Mode，ATM）网、高速局域网、交换式局域网与虚拟网络上。

1.2 计算机网络概述

计算机网络在当今社会和经济发展中起着举足轻重的作用，世界上任何一个拥有计算机的人几乎都能够通过计算机网络了解世界的变化、掌握先进的科技知识、获得个人需要的资讯。因此，从某个角度上讲，计算机网络的发展水平不仅反映了一个国家的计算机科学和通信技术的水平，还成为衡量其国力及现代化程度的重要标志之一。但计算机网络的概念多年来一直没有严格的定义，并且随着计算机技术和通信技术的发展，在不同时期，计算机网络具有不同的内涵。本节将对计算机网络的基本概念及结构进行简单介绍。

1.2.1　计算机网络的基本概念

所谓计算机网络，就是把分布在不同地理区域的计算机与专门的外部设备用通信线路互连成一个规模大、功能强的网络系统，从而使众多的计算机可以方便地互相传递信息，共享硬件、软件、数据等资源。

计算机网络主要包含连接对象、连接介质、连接控制机制和连接方式4个要素。"连接对象"主要是指各种类型的计算机（如大型计算机、微型计算机、工作站等）或其他数据终端；"连接介质"是指通信线路（如双绞线、同轴电缆、光纤、微波等）和通信设备（如网桥、网关、中继器、路由器等）；"连接控制机制"主要是指网络协议和各种网络软件；"连接方式"主要是指网络所采用的拓扑结构（如星形、环形、总线、树状和网状等）。

1.2.2　通信子网和资源子网

按照功能，计算机网络可以分为通信子网和资源子网两大部分，计算机网络的结构如图1-4所示。通信子网提供数据通信的能力，资源子网提供网络中资源和访问的能力。

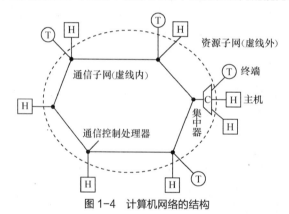

图1-4　计算机网络的结构

1. 通信子网

通信子网由通信控制处理器（Communication Control Processor，CCP）、通信线路和其他通信设备组成，主要承担全网的数据传输、转发、加工、转换等通信处理工作。

通信控制处理器在网络拓扑结构中通常被称为网络节点。其主要功能如下：作为主机和网络的接口，负责管理和收发主机和网络所交换的信息；作为发送信息、接收信息、交换信息和转发信息的通信设备，负责接收其他网络节点发送过来的信息，并选择一条合适的通信线路将信息发送出去，实现信息的交换和转发功能。

通信线路是网络节点间信息传输的通道，通信线路的传输介质主要有双绞线（Twisted Pair）、同轴电缆（Coaxial Cable）、光纤（Optical Fiber）、无线电（Radio）和微波（Microwave）等。

2. 资源子网

资源子网主要负责全网的数据处理业务，向全网用户提供所需的网络资源和网络服务。资源子网主要由主机（Host）、终端（Terminal）、终端控制器、联网外部设备，以及软件资源和信息资源等组成。

主机是资源子网的重要组成单元，既可以是大型计算机、中型计算机、小型计算机，又可以是局域网中的微型计算机。主机是软件资源和信息资源的拥有者，主机之间一般通过高速线路和通信子网中的节点相连。

终端是直接面向用户的交互设备。终端的种类很多，如交互终端、显示终端、智能终端、图形终端等。

终端控制器是指能够连接并控制显示器、打印机、绘图仪等外部设备及终端的一种电路或部件。

联网外部设备主要是指网络中的一些共享设备，如高速打印机、绘图仪和大容量硬盘等。

软件资源是指由计算机程序和相关文档组成的资源，它可以是应用程序、数据库或网络资源等。这些软件资源构成了计算机系统的核心，并提供计算机系统所需的各种功能。

信息资源是指借助计算机等设备开发和生产后，通过网络送达用户的信息集合，如电子图书、电子报刊、情报等。

1.3　计算机网络的功能

社会及科学技术的发展为计算机网络的发展提供了非常有利的条件。计算机网络相关技术与移动通信技术的快速发展，不仅能够使众多的个人计算机（Personal Computer，PC）同时处理文字、数据、图像、声音等信息，还可以使这些信息及时地与全国乃至全世界的信息进行交换。计算机网络的功能归纳起来有以下几点。

V1-2　计算机网络的功能

1. 数据通信

数据通信是计算机网络的基本功能，为网络用户提供了强有力的通信手段。计算机网络建设的主要目的之一就是使分布在不同地理位置的计算机用户能够相互通信和传输信息（如声音、图形、图像等多媒体信息）。计算机网络的其他功能都是在数据通信功能基础之上实现的，如电子邮件、远程登录（Telnet）、联机会议、万维网（World Wide Web，WWW）等。

2. 资源共享

（1）硬件和软件共享。计算机网络允许网络中的用户共享不同类型的硬件设备，通常有打印机、光驱、大容量的磁盘和高精度的图形设备等。软件共享通常是指共享某一系统软件或应用软件（如数据库管理系统）。如果该软件占用的空间较大，则可将其安装到一台配置较高的服务器上，并将其属性设置为共享，这样网络中的其他计算机可直接使用该软件，极大地节省了计算机的硬盘空间。

（2）信息共享。信息也是一种宝贵的资源，Internet 就像一片浩瀚的海洋，有取之不尽、用之不竭的信息。每一个连入 Internet 的用户都可以共享这些信息资源（如各类电子出版物、网上新闻、网上图书馆和网上超市等）。

3. 均衡负荷与分布式处理

当网络中某台计算机的任务负荷太重时，可将任务分散到网络中的各台计算机上进行，或让网络中比较空闲的计算机分担负荷。这样既可以处理大型的任务，使其中一台计算机不会负担过重，又可以提高计算机的可用性，起到均衡负荷与分布式处理的作用。

4. 提高计算机系统的可靠性

提高计算机系统的可靠性也是计算机网络的一个重要功能。在计算机网络中，每一台计算机都可以通过网络为另一台计算机备份以提高计算机系统的可靠性。这样，一旦网络中的某台计算机发生了故障，另一台计算机可代替其完成所承担的任务，整个网络可以照常运转。

1.4　计算机网络的分类和拓扑结构

由于计算机网络的复杂性，目前还没有一种被普遍接受的计算机网络分类的方法和标准，人们可以从不同的角度来对计算机网络进行划分。"网络拓扑结构"常用来描述传输介质互联各种设备的物理布局。本节将对计算机网络的分类及常见的拓扑结构进行详细介绍。

V1-3　计算机网络
的分类和拓扑结构

1.4.1　计算机网络的分类

用于计算机网络分类的标准有很多，如拓扑结构、应用协议、传输介质、数据交换方式等。但是这些标准只能反映网络某方面的特征，不能反映网络技术的本质，最能反映网络技术本质的分类标准是网络的覆盖范围。按网络的覆盖范围，网络可分为局域网（Local Area Network，LAN）、城域网（Metropolitan Area Network，MAN）、广域网（Wide Area Network，WAN）和国际互联网（Internet），如表1-1所示。

表1-1　不同类型网络之间的比较

网络种类	覆盖范围	分布距离
局域网	房间	10米
	建筑物	100米
	校园	几千米
城域网	城市	几千米～几十千米
广域网	国家	几百千米～几千千米
国际互联网	洲或洲际	几千千米以上

（1）局域网。局域网的覆盖范围是半径为几千米的区域，一般局域网建立在某个机构所属的一个建筑群内或一个学校的校园内部，甚至几台计算机也能构成一个小型局域网。由于局域网的覆盖范围有限，数据的传输距离短，因此局域网内的数据传输速率都比较高，一般为10 Mbit/s～100 Mbit/s，现在高速的局域网传输速率可达到1000 Mbit/s。

（2）城域网。城域网的覆盖范围介于局域网和广域网之间，一般是半径为几千米到几十千米的区域，通常在一个城市内。

（3）广域网。广域网也称为远程网，是远距离的、大范围的计算机网络。这类网络的作用是实现远距离计算机之间的数据传输和信息共享。广域网可以是跨地区、跨城市或跨国家的计算机网络，覆盖范围一般是半径为几百千米到几千千米的广阔地理区域，通信线路大多借用公用通信网络（如公用交换电话网）。广域网覆盖的范围很大，联网的计算机众多，因此广域网的信息量非常大，共享的信息资源极为丰富。但是广域网的数据传输速率比较低，一般为64 kbit/s～2 Mbit/s。

（4）国际互联网。国际互联网并不是一种具体的网络技术，而是一种将同类和不同类的物理网络（局域网、城域网和广域网）通过某种协议互联起来的高层技术。

1.4.2　计算机网络的拓扑结构

拓扑是从图论演变而来的，是一种研究与大小、形状无关的点、线、面特点的方法。将工作站（Workstation）、服务器等网络单元抽象为"点"，网络中的传输介质抽象为"线"，从拓扑学的观点来看，计算机和网络系统就形成了点和线组成的几何图形，从而抽象出网络系统的具体结构。网络拓扑结构并不涉及网络中信号（Signal）的实际流动，而只反映介质的物理连接形态。网络拓扑结构对研究整个网络的设计、功能、可靠性和成本等具有重要的影响。

常见的计算机网络拓扑结构有星形、环形、总线、树状和网状等。

（1）星形拓扑结构。在星形拓扑结构中，各节点通过点对点的链路与中央节点连接，如图 1-5 所示。中央节点可以是转接中心，起到连通的作用；也可以是一台主机，具有数据处理和转接的功能。星形拓扑结构的优点是可以很容易地在网络中增加和移动节点，实现数据的安全性和优先级控制；缺点是其属于集中控制，对中央节点的依赖性大，一旦中央节点有故障就会导致整个网络的瘫痪。

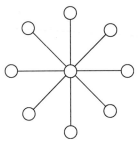

图 1-5　星形拓扑结构

（2）环形拓扑结构。在环形拓扑结构中，节点通过点对点的通信线路连接成闭合环路，如图 1-6 所示。环中数据将沿一个方向逐节点传输。环形拓扑结构简单、传输时延确定，但是环中每个节点与连接节点之间的通信线路都会成为网络可靠性的屏障，环中某一个节点出现故障会造成网络瘫痪。另外，对于环形拓扑结构，节点的增加和移动与环路的维护和管理都比较复杂。

（3）总线拓扑结构。在总线拓扑结构中，所有节点共享一条数据通道，如图 1-7 所示。一个节点发出的信息可以被网络中的每个节点接收。因为多个节点连接到了一条公用信道上，所以必须采取某种方法分配信道，以决定哪个节点可以优先发送数据。总线拓扑结构简单，安装方便，需要铺设的线缆短，成本低，并且某个节点自身的故障一般不会影响整个网络，因此是普遍使用的网络拓扑结构之一。其缺点是实时性较差，公用信道上的故障会导致全网瘫痪。

（4）树状拓扑结构。在树状拓扑结构中，网络的各节点形成了一个层次化的结构，如图 1-8 所示。树中的各个节点通常都为主机。树中低层节点的功能与应用有关，一般具有明确定义的功能，如数据采集、变换等；高层节点具备通用的功能，以便协调系统的工作，如数据处理、命令执行等。一般来说，树状拓扑结构的层次数量不宜过多，以免转接开销过大，使高层节点的负荷过重。若树状拓扑结构只有两层，就变成了星形拓扑结构，因此可以将树状拓扑结构视为星形拓扑结构的扩展结构。

（5）网状拓扑结构。在网状拓扑网络中，节点之间的连接是任意的，没有规律，如图 1-9 所示。其主要优点是可靠性高，但结构复杂，必须采用路由选择算法和流量控制方法。广域网基本上都采用了网状拓扑结构。

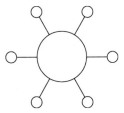

图 1-6　环形拓扑结构

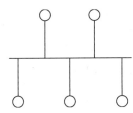

图 1-7　总线拓扑结构

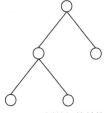

图 1-8　树状拓扑结构

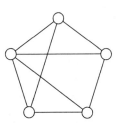

图 1-9　网状拓扑结构

1.5 计算机网络的应用

随着现代信息社会进程的推进以及通信技术和计算机技术的迅猛发展，计算机网络普及率越来越高，几乎深入社会的各个领域。Internet 已家喻户晓，成为当今世界上最大的计算机网络，也是一条贯穿全球的"信息高速公路主干道"。人们可以将计算机网络应用于社会的方方面面。

1. 计算机网络在企事业单位中的应用

计算机网络可以帮助企事业单位内部实现办公自动化，做到各种软件、硬件资源共享。如果将内部网络连入 Internet，则可以实现异地办公。例如，通过 Internet 或电子邮件，公司可以很方便地与分布在不同地区的子公司或其他业务单位建立联系，不仅能够及时地交换信息，还能实现无纸化办公；在外地的员工通过网络可以与公司保持通信，得到公司的指示和帮助；公司可以通过 Internet 收集市场信息并发布公司产品信息。

2. 计算机网络在个人信息服务中的应用

计算机网络在个人信息服务中的应用与在企事业单位中的应用不同：家庭和个人一般拥有一台或几台微型计算机，通过公用交换电话线或光纤连接到公用数据网。家庭和个人一般希望通过计算机网络获得各种信息服务。一般来说，个人通过计算机网络获得的信息服务主要有以下 3 类。

（1）远程信息的访问：可以通过 Internet 获得各类信息，包括政府、教育、艺术、保健、娱乐、科学、体育、旅游等各方面的信息，甚至是各类商业广告。目前，个人财务服务是一种很广泛的应用。很多人通过网络接收账单、管理银行账户和处理投资。通过计算机网络进行购物非常普遍，提供这类服务的公司通过网络公布各种商品的价格、规格与性能，人们可以在网上看到各种商品的照片，并通过在线方式向这些公司订购商品。

（2）个人与个人之间的通信：20 世纪，个人与个人之间通信的基本工具主要是电话；21 世纪，个人与个人之间通信的基本工具主要是计算机网络。Internet 上存在很多新闻组，参加新闻组的人可以在网上对某个感兴趣的问题进行讨论，或是阅读相关的资料，这是计算机网络应用中很受欢迎的一种通信方式。

（3）家庭娱乐：信息服务正在对家庭娱乐产生巨大的影响，人们可以在家里点播电影和电视节目。目前，一些地区已经开展了这方面的服务。新的电影可能成为交互式的，观众在看电影时可以随时参与到电影情节中。家庭电视也可以成为交互式的，观众可以参与到猜谜等活动之中。信息服务在家庭娱乐中的重要应用是游戏。目前，很多人在玩实时仿真游戏。如果使用带有虚拟现实功能的头盔并在其中应用三维、实时、高清晰度的图像，就可以共享很多虚拟现实的游戏和训练。

3. 计算机网络在商业上的应用

随着计算机网络的广泛应用，电子数据交换（Electronic Data Interchange，EDI）已成为国际贸易往来的重要手段，它以一种共同认可的资料格式使分布在全球各地的贸易伙伴通过计算机传输各种贸易单据。电子单据代替了传统的贸易单据，节省了大量的人力和物力，提高了效率。例如，网上商店实现了人们网上购物、网上付款的网上消费梦想。

总之，随着网络技术的发展和各种网络应用需求的增加，计算机网络应用的范围和领域在不断扩大、拓宽，许多新的计算机网络应用系统不断地被开发出来，如远程教学、远程医疗、工业自动控制、电子博物馆、数字图书馆、全球情报检索与信息查询、电视会议、电子商务（Electronic Commerce/Electronic Business，EC/EB）等。计算机网络技术的迅速发展和广泛应用必将对 21 世纪的经济、教育、科技、文化的发展，以及人们的工作和生活产生重要的影响。

1.6 三大网络介绍

当前，在我国的通信、计算机信息产业和广播电视领域中，实际运行并具有影响力的三大网络是电信网络、广播电视网络和计算机网络。

1. 电信网络

电信网络是以电话系统为基础逐步发展起来的。电话系统主要由以下 3 个部分组成。

（1）本地网络：主要使用有线或无线方式进入家庭或业务部门，承载的是模拟信号。

（2）干线：通过光纤将交换局连接起来，承载的是数字信号。

（3）交换局：使电话呼叫从一条干线接入另一条干线。

过去，整个电话系统中传输的信号都是模拟的，随着光纤、数字电路和计算机的出现，现在所有的干线和交换局传输的几乎都是数字的，仅剩下本地网络仍然是模拟的。对模拟传输而言，当一个长途呼叫的信号经过许多次放大之后，还需要重新精确地产生模拟信号。而对数字传输而言，系统能够正确地区分信号 0 和 1 即可。这种特性使得数字传输比模拟传输更加可靠，且维护更加方便、成本更低。

电信网络除了有传统的公用交换电话网（Public Switched Telephone Network，PSTN）之外，还有数字数据网（Digital Data Network，DDN）、FR 网和 ATM 网等。DDN 可提供固定或半永久连接的电路交换业务，适合提供实时多媒体通信业务。FR 网以统计复用技术为基础进行包传输、包交换，传输速率一般为 64 bit/s～2.048 Mbit/s，适合提供非实时多媒体通信业务。ATM 网是支持高速数据网建设、运行的关键设备，可支持 25 Mbit/s～4 Gbit/s 的高速传输，不仅可以传输语音，还可以传输图像，包括静态图像和动态影像。电信网络中除上述几种网络外，还有 X.25 公用数据网、综合业务数字网（Integrated Service Digital Network，ISDN）及中国公用计算机网（ChinaNet）等。

2. 广播电视网络

广播电视网络主要是指有线电视（Cable Television，CATV）网，它目前还靠同轴电缆向用户传送电视节目，处于模拟水平阶段，但其网络技术设备先进，主干网采用了光纤，且贯通各个城镇。

混合光纤同轴电缆（Hybrid Fiber Coaxial，HFC）入户与电话接入方式相比，优点是传输带宽约为电话线的 1000 倍，且在有线电视的同一根同轴电缆上，用户可以同时看电视、打电话、上网，这几项业务互不干扰。

目前，广播电视网络的信息源是以单向实时及一对多的方式连接到众多用户的，用户只能被动地选择是否接收信息（主要是语音和图像信息）。利用混合光纤同轴电缆进行视频点播（Video On Demand，VOD）及通过有线电视网接入 Internet 进行视频点播、通话等是有线电视网今后的发展方向。广播电视网络的主要业务除广播电视传输之外，还包括电视点播、远程电视教育、远程医疗、电视会议、电视电话和电视购物等。

3. 计算机网络

早期的计算机网络主要是局域网，广域网是在 Internet 大规模发展后才进入普通家庭的。目前，计算机网络主要依赖电信网络，因此传输速率受到一定的限制。ChinaNet 是依托功能强大的 ChinaPAC、ChinaDDN 和 PSTN 等公用网，采用先进设备而成为我国 Internet 的主干网的。在计算机网络中，用户之间的连接可以是一对一的，也可以是一对多的；相互间的通信既有实时的，又有非实时的，但在大多数情况下是非实时的，采用的是存储转发方式。通信方式可以是双向交互的，也可以是单向的。计算机网络主要提供的业务有文件共享、信息浏览、电子邮件收发、网络电话、视频点播、文件传送协议（File Transfer Protocol，FTP）文件下载和网上会议等。

从以上三大网络所提供的业务来看，在未来的信息社会，人们绝不会仅满足于使用传统的只能传音的电话机、只能单向接收电视节目的电视机及仅能提供文件共享和 Internet 连接的计算机，而是需要更多、更快、更直接的信息交流和同时包括语音、图像及数据在内的多媒体技术，这就需要将三网融合，即"三网合一"。所谓三网合一，就是把现有的传统电信网络、广播电视网络和计算机网络互相融合，逐渐形成一个统一的网络系统，由全数字化的网络设施来支持包括数据、语音和图像在内的所有业务的通信。近年来，三网合一逐渐成为最热门的话题之一。从全世界范围来看，这也是现代通信和计算机网络发展的大趋势。

1.7　标准化组织

随着计算机通信、计算机网络和分布式处理系统的剧增，以及协议和接口的不断改进，在不同公司制造的计算机之间及计算机与通信设备之间方便地互联和相互通信的需求更加迫切。因此，接口、协议、计算机网络体系结构都应遵循公共的标准。国际上有一些著名标准制定机构专门从事这方面标准的研究和制定。

1. ISO

ISO 是一个全球性的非政府组织，是国际标准化领域中一个十分重要的组织。ISO 的任务是促进全球范围内的标准化及其相关活动的开展，以利于国际产品和服务的交流，以及在知识、科学、技术和经济活动中发展国际合作。它显示了强大的生命力，吸引了越来越多的国家参与活动。

ISO 制定了网络通信的标准，即 OSI。

2. ITU

国际电信联盟（International Telecommunications Union，ITU）是一个世界各国政府的电信主管部门之间协调电信事务的国际组织。ITU 的宗旨是维持和扩大国际合作，以改进并合理地使用电信资源，促进技术设施的发展及有效运用，以提高处理电信业务的效率，扩大技术设施的适用范围，并尽量使电信资源在公众中得到普遍利用，协调各国行动。

在通信领域，著名的国际电信联盟标准化部门（ITU-T）标准有 V 系列标准，如 V.32、V.33 和 V.42 标准等，它们对使用电话线传输数据做了明确的说明；除此之外，还有 X 系列标准，如 X.25、X.400 和 X.500 等，它们是公用数据网上传输数据的标准。ITU-T 的标准还包括电子邮件、目录服务、ISDN、宽带 ISDN 等方面的内容。

3. IEEE

电气与电子工程师协会（Institute of Electrical and Electronics Engineers，IEEE）在 1963 年由美国电气工程师学会（American Institute of Electrical Engineers，AIEE）和美国无线电工程师学会（Institute of Radio Engineers，IRE）合并而成，是美国规模最大的专业学会。

IEEE 的最大成果是制定了局域网和城域网的标准，这个标准被称为 802 项目或 802 系列标准。

4. ANSI

美国国家标准学会（American National Standards Institute，ANSI）是由制造商、用户通信公司组成的非政府组织，致力于国际标准化事业和消费品方面的标准化。

5. EIA

美国电子工业协会（Electronic Industries Alliance，EIA）创建于 1924 年，当时名为无线电制造商协会（Radio Manufacturers Association，RMA），只有 17 名成员，代表着不足 200 万美元产值的无线电制造商。而今，EIA 成员已超过 500 名，代表着美国约 2000 亿美元产值的电子工业制造商。EIA 现在是纯服务性的全国贸易组织，其总部设在美国弗吉尼亚州的阿灵顿。EIA 广泛代表了设计生产电子元件、部件、通信系统和设备的制造商，以及工业界、政府和用户的利益，在增强美国制造商的竞争力方面起到了重要的作用。

6. TIA

美国通信工业协会（Telecommunications Industry Association，TIA）的成员包括为世界各地提供通信和信息技术产品、系统和专业技术服务的 900 余家公司，该协会成员有能力制造、供应现代通信网中应用的所有产品。此外，TIA 还有一个分支机构——多媒体通信协会（Multiple Media Telecommunications Association，MMTA）。TIA 与 EIA 有着密切的联系。

小结

（1）计算机网络是计算机技术与通信技术相结合的产物，它的进步正在对当前信息产业，以及整个社会的发展产生着重要的影响。

（2）计算机网络的发展大体上可以分为 4 个阶段：面向终端的通信网络阶段、计算机互联阶段、网络互联阶段、Internet 与高速网络阶段。

（3）计算机网络把分布在不同地理区域的计算机与专门的外部设备用通信线路互联成一个规模大、功能强的网络系统，从而使众多的计算机可以方便地互相传递信息，共享硬件、软件、数据信息等资源。

（4）按照功能，计算机网络可以分为通信子网和资源子网两大部分。通信子网由通信控制处理器、通信线路和其他通信设备组成，主要承担全网的数据传输、转发、加工、转换等通信处理工作。资源子网由主机、终端、终端控制器、联网外部设备，以及软件资源和信息资源等组成，主要负责全网的数据处理业务，向全网用户提供所需的网络资源和网络服务。

（5）以 Internet 为代表，标志着第 4 代计算机网络的兴起。目前，计算机网络的发展正处于第 4 个阶段，这一阶段的特点是互连、高速、智能与更为广泛的应用。

（6）Internet 是覆盖全球的信息基础设施之一，是当今世界上最大的计算机网络，也是一条贯穿全球的"信息高速公路主干道"。对用户来说，Internet 是一个庞大的远程计算机网络，用户可以利用 Internet 实现全球范围的信息传输、信息查询、电子邮件收发、语音与图像通信等。

（7）计算机网络的主要功能有数据通信、资源共享、均衡负荷与分布式处理、提高计算机系统的可靠性。

（8）计算机网络的分类标准有很多，如拓扑结构、应用协议、传输介质、数据交换方式等，但最能反映网络技术本质特征的分类标准是网络的覆盖范围。按网络的覆盖范围可以将网络分为局域网、城域网、广域网和国际互联网。

（9）网络拓扑结构是指用传输介质互联各种设备的物理布局，并不涉及网络中信号的实际流动，而只反映介质的物理连接形态。网络拓扑结构对整个网络的设计、功能、可靠性和成本等具有重要的影响。常见的计算机网络拓扑结构有星形、环形、总线、树状和网状等。

（10）当今的计算机网络已经深入社会的各个领域，其应用范围主要在企事业单位、个人信息服务及商业等。

（11）当前，在我国通信、计算机信息产业，以及广播电视领域中，实际运行并具有影响力的有三大网络：电信网络、广播电视网络和计算机网络。

（12）"三网合一"就是把现有的传统电信网络、广播电视网络和计算机网络互相融合，逐渐形成一个统一的网络系统，由全数字化的网络设施来支持包括数据、语音和图像在内的所有业务的通信。从全世界范围来看，三网合一是现代通信和计算机网络发展的大趋势。

（13）目前，国际上负责制定计算机网络标准的权威机构主要有 ISO、ITU、IEEE、ANSI、EIA、TIA 等。

习题 1

一、名词术语解释（将与术语匹配的定义序号填入括号）

1. 计算机网络（   ）　　　　2. 局域网（   ）
3. 城域网（   ）　　　　　　4. 广域网（   ）
5. 通信子网（   ）　　　　　6. 资源子网（   ）

A. 用于有限地理范围（如一幢大楼），将各种计算机、外部设备互连起来的计算机网络

B. 由各种通信控制处理器、通信线路与其他通信设备组成，负责全网的通信处理任务

C. 覆盖范围从几十千米到几千千米，可以将一个国家、一个地区或横跨几个洲的网络互连起来

D. 可以满足几十千米范围内的大量企业、机关、公司的多个局域网互联的需求，并能实现大量用户与数据、语音、图像等多种信息传输的网络

E. 由各种主机、终端、终端控制器、联网外部设备、软件资源与信息资源组成，负责全网的数据处理业务，并向网络用户提供各种网络资源与网络服务

F. 把分布在不同地理区域的计算机与专门的外部设备用通信线路互连成一个规模大、功能强的网络系统，从而使众多的计算机可以方便地互相传递信息，共享硬件、软件、数据信息等资源

二、填空题

1. 计算机网络是_____技术和_____技术相结合的产物。
2. 计算机网络是由通信子网和_____组成的。
3. 局域网的英文缩写为_____，城域网的英文缩写为_____，广域网的英文缩写为_____。
4. 目前，实际存在与使用的广域网基本上都采用了_____拓扑结构。
5. 以_____为代表，标志着第 4 代计算机网络的兴起。
6. 中国 Internet 的主干网是_____。
7. 目前，人们一直关注"三网融合"问题，"三网"是指_____、_____和_____。
8. 按照传输介质，计算机网络可以分为_____和_____。

三、单项选择题

1. 早期的计算机网络由_____组成系统。
　　A. 计算机—通信线路—计算机　　　　B. PC—通信线路—PC
　　C. 终端—通信线路—终端　　　　　　D. 计算机—通信线路—终端
2. 计算机网络中实现互连的计算机之间是_____进行工作的。
　　A. 独立　　　　　B. 并行　　　　　C. 相互制约　　　　D. 串行
3. 在计算机网络中处理通信控制功能的计算机是_____。
　　A. 通信线路　　　B. 终端　　　　　C. 主计算机　　　　D. 通信控制处理器
4. 在计算机和远程终端相连时必须有一个接口设备，其作用是进行串行和并行传输的转换，以及进行简单的传输差错控制，该设备是_____。
　　A. 调制解调器　　B. 线路控制器　　C. 多重线路控制器　D. 通信控制器
5. 在计算机网络的发展过程中，_____对计算机网络的形成与发展影响最大。
　　A. ARPANET　　B. OCTOPUS　　　C. DATAPAC　　　D. NOVELL
6. 一座大楼内的一个计算机网络系统属于_____。
　　A. PAN　　　　　B. LAN　　　　　C. MAN　　　　　D. WAN

7. 下述对广域网的作用范围叙述最准确的是半径为_____。
    A. 几千米到几十千米   B. 几十千米到几百千米
    C. 几百千米到几千千米   D. 几千千米以上

8. 计算机网络的目的是_____。
    A. 提高计算机的运行速度   B. 连接多台计算机
    C. 共享软件、硬件和数据资源   D. 实现分布式处理

9. 以通信子网为中心的计算机网络称为_____。
    A. 第 1 代计算机网络   B. 第 2 代计算机网络
    C. 第 3 代计算机网络   D. 第 4 代计算机网络

10. 图 1-10 所示的计算机网络拓扑结构是_____。
    A. 总线结构   B. 环形结构   C. 网状结构   D. 星形结构

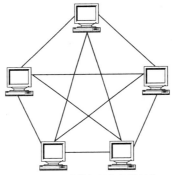

图 1-10   计算机网络拓扑结构

四、问答题

1. 什么是计算机网络？计算机网络由哪几部分组成？
2. 什么是通信子网和资源子网，它们分别有什么特点？
3. 计算机网络的发展可以分为几个阶段？每个阶段各有什么特点？
4. 简述计算机网络的主要功能。
5. 按照覆盖范围，计算机网络可以分为哪几类？
6. 局域网、城域网和广域网的主要特征是什么？
7. 计算机网络可以应用在哪些领域中？分别举例说明。

第2章
数据通信技术

02

计算机网络是计算机技术与通信技术相结合的产物，而通信技术本身的发展也和计算机技术的应用有着密切的关系。数据通信就是以信息处理技术和计算机技术为基础的通信方式，为计算机网络的应用和发展提供了技术支持及可靠的通信环境。本章主要对数据通信的基本概念、传输介质的主要特性和应用、无线通信技术、数据交换技术、数据传输技术、数据编码技术、差错控制技术等进行系统的讲述。学好本章的内容，将对理解计算机网络中基础的数据通信知识有很大的帮助。

本章的学习目标如下。

- 掌握数据通信的基本概念。
- 掌握网络传输介质的类型和各类传输介质的特性及应用。
- 理解各类数据交换技术的基本工作原理和特点。
- 掌握频带传输的基本概念、调制解调器的基本工作原理及类型。
- 理解多路复用（Multiplexing）技术的分类和特点。
- 理解和掌握数据编码的类型及基本方法。
- 掌握数据差错的类型和差错控制的常用方法。

//// 2.1 数据通信的基本概念

在当今和未来的信息社会中，通信是人们获取、传递和交换信息的重要手段。随着大规模集成电路技术、激光技术、空间技术等新技术的不断发展和广泛应用，现代通信技术日新月异，不仅为人类社会带来了巨大的利益，还使人类社会产生了深远的变革。

近30年来出现的数据通信、光纤通信、移动通信、卫星通信是现代通信中具有代表性的新领域，在这些新领域中，数据通信尤为重要，它是现代通信系统的基础。数据通信技术和计算机技术的紧密结合可以说是通信发展史上的一次新的飞跃。本节将对数据通信的相关概念和术语进行详细介绍。

2.1.1 信息、数据与信号

（1）信息的概念。通信的目的是交换信息。一般认为，信息是人们对现实世界事物的存在方式或运动状态的某种认识。信息的载体可以是数值、文字、图形、声音、图像和动画等。任何事物的存在都伴随着相应信息的存在，信息不仅能够反映事物的特征、运动和行为，还能够借助介质（如空气、光波、电磁波等）传

V2-1 数据通信的
基本概念

播和扩散。这里把"事物发出的消息、情报、数据、指令、信号等当中包含的意义"定义为信息。

（2）数据的概念。数据是指把事件的某些属性规范化后的表现形式，其可以被识别，也可以被描述。数据分为模拟数据与数字数据。其中，模拟数据取连续值，数字数据取离散值。

（3）信号的概念。数据在被传输之前，要变成适用于传输的电磁信号——模拟信号或数字信号。可见，信号是数据的电磁波表示形式，一般以时间为自变量，以表示信息（数据）的某个参量（振幅、频率或相位）为因变量。

模拟数据和数字数据都可用这两种信号来表示。模拟信号是随时间连续变化的信号，如图 2-1（a）所示，这种信号的某种参量，如振幅和频率（Frequency），可以表示要传输的信息，如电视图像信号、语音信号、温度/压力传感器的输出信号等。数字信号是离散的信号，如图 2-1（b）所示，如计算机通信所使用的二进制代码 0、1 组成的信号。数字信号在通信线路上传输时要借助电信号的状态来表示二进制代码的值。电信号可以呈现两种状态，分别用 0 和 1 表示。

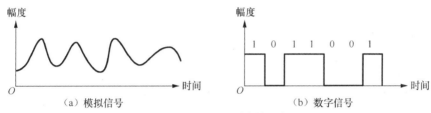

图 2-1　模拟信号和数字信号波形

值得一提的是，模拟信号与数字信号是有着明显差别的两类信号，它们的区别可以这样描述：模拟信号包括从"开"到"关"之间的所有状态；数字信号只包括"开"和"关"两种离散的状态。但是，模拟信号和数字信号之间并没有存在不可逾越的鸿沟，在一定条件下是可以相互转换的。模拟信号可以通过采样、量化、编码等步骤变成数字信号，而数字信号也可以通过解码、平滑等步骤变成模拟信号。

2.1.2　基带信号与宽带信号

信号可分为基带信号（Baseband）和宽带信号（Broadband）。基带信号是指将计算机发送的数字信号（0 或 1）用两种不同的电压表示后，直接发送到通信线路上进行传输的信号。宽带信号是指基带信号经过调制后形成的频分复用模拟信号。

2.1.3　信道及信道的分类

1. 信道的概念
传输信息的各种传输介质称为信道，包括传输介质和通信设备。传输介质可以是有线传输介质，如电缆、光纤等，也可以是无线传输介质，如空间或大气等。

2. 信道的分类
信道可以按不同的方法进行分类，常见的分类如下。

（1）有线信道和无线信道。使用有线传输介质的信道称为有线信道，主要包括双绞线、同轴电缆和光纤等。可以传输电磁波的自由空间或大气称为无线信道，主要包括长波信道、中波信道、短波信道和微波信道等。

（2）物理信道和逻辑信道。物理信道是指用来传输信号或数据的物理通路，网络中两个节点之间的物理通路称为通信链路。物理信道由传输介质及有关设备组成。逻辑信道也是一种通路，但一般是指人为定义的信息传输通路，在信号收、发点之间并不存在物理传输介质，通常把逻辑信道称为"连接"。

（3）数字信道和模拟信道。传输离散数字信号的信道称为数字信道，利用数字信道传输数字信号时不需要进行转换，通常需要进行数字编码；传输模拟信号的信道称为模拟信道，利用模拟信道传输数字信号时需要经过数字信号与模拟信号的转换。

2.1.4　数据通信的技术指标

1. 传输速率

传输速率是指信道上传输信息的速度，其是描述数据传输系统的重要技术指标之一。传输速率一般有两种表示方法，即信号速率和调制速率。

信号速率是指单位时间内所传输的二进制代码的有效位数，以每秒多少位计，单位为位/秒（bit/s）。

调制速率是指每秒传输的脉冲数，即波特率，单位为波特/秒（Baud/s），是指信号在调制过程中调制状态每秒转换的次数。"波特"即模拟信号的一个状态，不仅能表示一位数据，还能代表多位数据。所以，波特与位的意义是不同的，模拟信号的速率通常用"Baud/s"来表示。

2. 信道带宽

信道带宽是指信道中传输的信号在不失真的情况下所占用的频率范围，单位为赫兹（Hz）。为了更好地理解带宽的概念，不妨用人的听觉系统举个例子：人耳所能感受的声波的频率范围是20 Hz～20000 Hz，低于这个范围的声波叫作次声波，高于这个范围的声波叫作超声波，人的听觉系统无法将次声波和超声波传递到大脑，所以用20000 Hz减去20 Hz所得的值就好比是人类听觉系统的带宽。数据通信系统的信道传输的不是声波，而是电磁波（包括无线电波、微波、光波等），信道带宽就是所能传输电磁波的最大有效频率减去最小有效频率得到的值。

3. 信道容量

信道容量是衡量一个信道传输数字信号能力大小的重要参数。信道的传输能力是有一定限制的，某个信道传输数据的速率有一个上限，即单位时间内信道上所能传输的最大位数，单位也为位/秒（bit/s），该上限被称为信道容量。无论采用何种编码技术，传输数据的速率都不可能超过信道容量的上限，否则信号就会失真。

4. 信道带宽和信道容量的关系

理论分析证明，信道容量与信道带宽成正比，即信道带宽越宽，信道容量就越大，所以人们有时会将"带宽"作为信道所能传输的"最高速率"的同义语，尽管这种叫法不太严谨。

2.1.5　通信方式

通信方式是指通信双方的信息交互的方式，在设计一个通信系统时，通常要回答以下3个问题。
- 是采用单工通信方式、半双工通信方式，还是采用全双工通信方式？
- 是采用串行通信方式，还是采用并行通信方式？
- 是采用异步通信方式，还是采用同步通信方式？

1. 单工、半双工与全双工通信

按照信号传输方向与时间的关系，可以将数据通信分为以下3种。

（1）单工通信。单工通信是指通信双方只能由一方将数据传输给另一方，数据信号只能沿一个方向传输，即发送端只能发送不能接收信息，接收端只能接收而不能发送信息，任何时候都不能改变信号的传输方向，如图2-2所示。例如，有线电视广播就是一种单工通信方式，电视台只能发送信息，用户的电视机只能接收信息。

（2）半双工通信。半双工通信是指通信的双方都可以发送和接收信息，但不能同时发送（也不能同时接收）信息，只能交替进行。这种通信方式是指一方发送信息，另一方接收信息，一段时间后再反过来（通过开关装置进行切换），如图 2-3 所示。例如，对讲机和步话机的工作方式就是典型的半双工通信。

图 2-2　单工通信　　　　　　　　　　　图 2-3　半双工通信

（3）全双工通信。全双工通信是指通信的双方可以同时发送和接收信息。全双工通信需要两条信道，一条用来接收信息，另一条用来发送信息。全双工通信效率很高，但结构复杂、成本高，如图 2-4 所示。例如，在电话系统中，用户既可以打电话，又可以接电话。在正常的电话通信过程中，通话的一方在说话，另一方在听电话，在不同的时刻，说话和听电话的双方是可以相互转换的，这时的电话通信就属于半双工的通信方式。如果通话的双方同时发表意见，则采用的就是全双工通信方式。

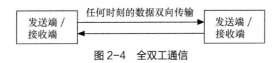

图 2-4　全双工通信

目前大多数网络中的通信都实现了全双工通信。

2. 串行通信和并行通信

计算机通常用 8 位二进制代码（1 字节）来表示一个字符。按照字节使用的信道数，可以将数据通信分为以下两种。

（1）串行通信。在数据通信中，可以采用图 2-5 所示的方式，将待传输的每个字符代码的二进制位按由低到高的顺序依次发送，这种工作方式称为串行通信。由于计算机内部都采用并行通信，因此数据在发送之前，要先对计算机中的字符进行并/串转换，发送完成后在接收端再通过串/并转换，将数据还原成计算机的字符结构，这样才能实现串行通信。串行通信的优点是收发双方只需要一条传输信道，易于实现且成本低；缺点是速度比较慢。在远程数据通信中，一般会采用串行通信方式。

（2）并行通信。并行通信是指数据以成组的方式在多条并行信道上同时进行传输。常用的方式是将构成 1 个字符代码的 n 位二进制位分别通过 n 条并行信道同时传输，例如，并行传输中一次传输 8 位，如图 2-6 所示。并行通信的优点是速度快，但发送端与接收端之间要有若干条信道，费用高，仅适合在近距离和高速数据通信的环境下使用。

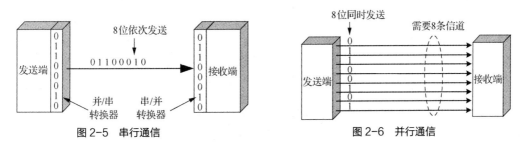

图 2-5　串行通信　　　　　　　　　　　图 2-6　并行通信

3. 异步通信和同步通信

同步是数字通信中必须要解决的一个重要问题。所谓同步，就是要求通信的收发双方在时间基准上保持一致。在串行通信中，通信双方交换数据时，需要有高度的协同动作，彼此间传输数据的速率、每位持续的时间和间隔都必须相同。下面举个例子来说明同步的重要性。

甲打电话给乙，当甲拨通电话并确定对方就是他要找的人时，双方就可以进入通话状态。在通话过程中，甲要讲清楚每个字，在每讲完一句话时需要停顿一下。乙也要适应甲的说话速度，听清楚对方讲的每一个字，并根据讲话人的语气和停顿来判断一句话的开始与结束，这样才可能听懂对方所说的每句话。这就是人们在电话通信过程中需要解决的"同步"问题。

与人们通过电话进行通信的过程相似，在数据通信过程中，收发双方同样也要解决同步问题，只是问题更复杂一些。常用的同步技术有以下两种。

（1）异步通信。在异步通信中，每传输1个字符都要在该字符码前加1个起始位，以表示字符代码的开始；在字符代码和校验位后面加1个或2个停止位，表示字符结束。接收方根据起始位和停止位来判断一个新字符的开始和结束，从而起到通信双方的异步作用，如图2-7所示。异步方式的实现比较简单，但每传输一个字符都需要多使用2位或3位，所以适用于低速通信。

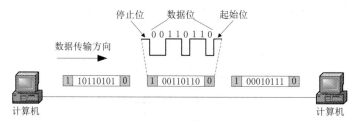

图2-7　异步通信

（2）同步通信。在同步通信中，传输信息的格式是一组字符或一个二进制位组成的数据块（帧）。对这些数据，不需要附加起始位和停止位，而是在发送一组字符或数据块之前先发送一个同步字符SYN（以01101000表示）或一个同步字节（01111110），用于接收方进行同步检测，从而使收发双方进入同步状态。在同步字符或字节之后，可以连续发送任意多个字符或数据块，发送完毕后，再使用同步字符或同步字节来标识整个发送过程的结束，如图2-8所示。

图2-8　同步通信

在同步通信时，发送方和接收方将整个字符组作为一个单位传输，且附加位非常少，因此提高了数据传输的效率。这种方法一般用于高速传输数据的系统中，如计算机之间的数据通信。

另外，在同步通信中，收发双方的时钟要严格同步。而使用同步字符或同步字节，只能用于同步接收数据帧，只有保证了接收端接收的每一位都与发送端保持一致，接收方才能正确地接收数据，这就要使用位同步的方法。对于位同步，收发双方可以使用一条额外的专用信道发送同步时钟来保持双方同步，也可以使用编码技术将时钟编码到数据中，在接收数据的同时就能获取同步时钟。两种方法相比，后者的效率更高，使用得更加广泛。

2.2　传输介质的主要特性和应用

在网络中传输数据需要有传输介质，就像车辆必须在公路上行驶一样，道路质量的好坏会影响行车的安全和舒适。同样，网络传输介质的质量好坏也会影响数据传输的效果。

2.2.1 传输介质的主要类型

常用的网络传输介质可分为两类：一类是有线的，另一类是无线的。有线传输介质主要有双绞线（包括屏蔽双绞线和非屏蔽双绞线）、同轴电缆及光纤等，如图 2-9 所示；无线传输介质主要是自由空间或大气等。

V2-2 传输介质的主要特性和应用

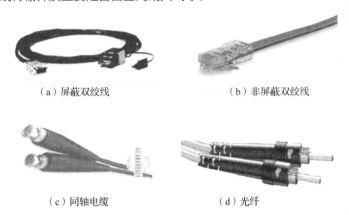

（a）屏蔽双绞线　　　　　　　（b）非屏蔽双绞线

（c）同轴电缆　　　　　　　（d）光纤

图 2-9 常用的有线传输介质

2.2.2 双绞线

1. 双绞线的物理特性

双绞线是一种由相互绝缘的两根铜线按一定规则相互绞合在一起的传输介质，每根铜线都有绝缘层并有颜色标记，如图 2-10 所示。成对线的绞合旨在将电磁辐射和外部电磁干扰减到最小。双绞线的性能好、价格低，因此是目前使用最广泛的传输介质之一。

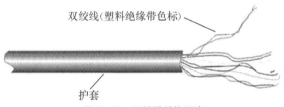

双绞线(塑料绝缘带色标)

护套

图 2-10 双绞线结构示意

双绞线可以用于传输模拟信号和数字信号，传输速率由线的粗细和长短决定。一般来讲，线的直径越大，传输距离越短，传输速率也就越高。

局域网中使用的双绞线分为屏蔽双绞线（Shielded Twisted Pair，STP）和非屏蔽双绞线（Unshielded Twisted Pair，UTP）两类。两者的差异在于屏蔽双绞线的双绞线和外皮之间有一铝箔屏蔽层（外屏蔽层），如图 2-11（a）所示，该屏蔽层的目的是提高双绞线的抗干扰性能，但屏蔽双绞线的价格是非屏蔽双绞线的两倍以上。屏蔽双绞线主要用在对安全性要求较高的网络环境中，如军事网络、股票网络等。使用屏蔽双绞线的网络为了达到屏蔽的效果，所有的插口和配套设施均必须使用带有屏蔽功能的设备，否则就达不到真正的屏蔽效果，整个网络的造价会比使用非屏蔽双绞线的网络高很多，因此至今一直未被广泛使用。非屏蔽双绞线如图 2-11（b）所示。

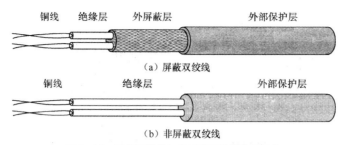

铜线　　绝缘层　　外屏蔽层　　　　　外部保护层

（a）屏蔽双绞线

铜线　　　　　绝缘层　　　　　　　　外部保护层

（b）非屏蔽双绞线

图 2-11　屏蔽双绞线与非屏蔽双绞线结构示意

2. 非屏蔽双绞线的类型

按照 EIA/TIA 568A 标准，非屏蔽双绞线共分为以下 7 类。

（1）1 类线：可用于电话传输，但不适用于数据传输，对这一类电缆没有固定的性能要求。

（2）2 类线：可用于电话传输和传输速率最高为 4 Mbit/s 的数据传输，包括 4 对双绞线。

（3）3 类线（CAT3）：可用于传输速率最高为 10 Mbit/s 的数据传输，包括 4 对双绞线，常用于 10 Base-T 以太网（Ethernet）的语音和数据传输。

（4）4 类线：可用于传输速率约为 16 Mbit/s 的令牌环网（Token Ring）和大型 10 Base-T 以太网，包括 4 对双绞线，其测试速率可达 20 Mbit/s。

（5）5 类线（CAT5）：既可用于传输速率约为 100 Mbit/s 的快速以太网（Fast Ethernet）连接，又支持传输速率约为 150 Mbit/s 的 ATM 网数据传输，包括 4 对双绞线，是连接桌面设备的首选传输介质。

（6）超 5 类线（CAT5e）：比 5 类线具有更小的信号衰减、串扰和时延误差，其主要用途是保证 5 类线更好地支持 1000 Base-T 以太网。

（7）6 类线（CAT6）：在外形和结构上与 5 类和超 5 类双绞线都有一定的差别。与 5 类和超 5 类线相比，它具有传输距离长、传输损耗小、耐磨、抗干扰能力强等特性，常用在吉比特以太网（Gigabit Ethernet）和 10 吉比特以太网中。

其中，计算机网络常用的是 3 类线、5 类线、超 5 类线和 6 类线。5 类线和 3 类线最主要的区别如下：5 类线大大增加了每单位长度的绞合次数；5 类线的线对间的绞合度和线对内两根导线的绞合度都经过了精心的设计，并在生产中加以严格控制，使电磁干扰在一定程度上抵消，从而提高了线路的传输质量。6 类线增加了绝缘的十字骨架，电缆的直径更大，将双绞线的 4 对线分别置于十字骨架的 4 个凹槽内，保持 4 对双绞线的相对位置不变，如图 2-12 所示，从而提高了电缆的平衡特性和抗干扰性，传输的衰减也更小。

图 2-12　6 类线

使用双绞线组网时必须要使用 RJ-45 水晶头，如图 2-13 所示。另外，还需要一个非常重要的设备——集线器（Hub），如图 2-14 所示。

图 2-13　RJ-45 水晶头

图 2-14　集线器

2.2.3　同轴电缆

1．同轴电缆的物理特性

同轴电缆是一种常用的传输介质。这种电缆在实际中的应用很广泛，如有线电视网。组成同轴电缆的内外两个导体是同轴的，如图 2-15 所示，"同轴"之名正是由此而来。同轴电缆的外导体是一个由金属丝编织而成的圆柱体套管，即屏蔽层，主要用于屏蔽电磁干扰；内导体是截面为圆形的金属芯线，一般采用铜制材料，用于传输信号；内外导体之间填充着绝缘层。同轴电缆绝缘效果佳、频带宽、数据传输稳定、价格适中、性价比高，因此是早期局域网中普遍采用的一种传输介质。

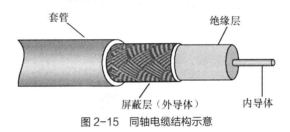

图 2-15　同轴电缆结构示意

同轴电缆又可分为两类：细缆和粗缆。经常提到的 10 Base-2 和 10 Base-5 以太网就是分别使用细同轴电缆和粗同轴电缆来进行组网的。

使用同轴电缆组网时需要在电缆两端连接 50 Ω 的反射电阻，这就是终端匹配器。

同轴电缆组网的其他连接设备随细缆与粗缆的差别而不尽相同，即使名称一样，规格、大小也是有差别的。

2．细缆连接设备及技术参数

采用细缆组网时，除需要电缆外，还需要 BNC 接头、T 形头、带 BNC 接头的以太网卡、终端匹配器等，如图 2-16 所示。

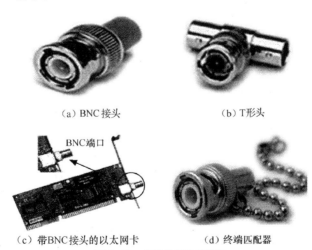

（a）BNC 接头　　　　　　　（b）T 形头

（c）带 BNC 接头的以太网卡　　（d）终端匹配器

图 2-16　细缆常用连接设备

采用细缆组网的技术参数如下。

- 最大的网段长度：185 m。
- 网络的最大长度：925 m。

- 每个网段支持的最大节点数：30 个。
- BNC 接头、T 形头之间的最小距离：0.5 m。

3. 粗缆连接设备及技术参数

粗缆连接设备包括转换器（粗缆上的接线盒）、DIX 接口及电缆、N 系列插口等，如图 2-17 所示。使用粗缆组网时，网卡必须有 DIX 接口（一般标有 DIX 字样）。

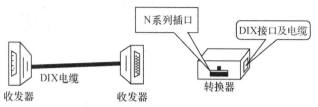

图 2-17　粗缆连接设备

采用粗缆组网的技术参数如下。

- 最大的网段长度：500 m。
- 网络的最大长度：2500 m。
- 每个网段支持的最大节点数：100 个。
- 收发器之间的最小距离：2.5 m。
- 收发器电缆的最大长度：50 m。

2.2.4　光纤

1. 光纤的物理特性

光纤由纤芯（玻璃纤维）、包层和涂敷层组成，如图 2-18 所示。每根光纤只能单向传输信号，因此要实现双向通信，光缆中至少应包括两条独立的导芯，一条用于发送信号，另一条用于接收信号。光纤两端的端头都是通过电烧烤或化学环氯工艺与光学接口连接在一起的。一根光缆可以包括两根至数百根光纤，并用加强芯和填充物来提高机械强度。

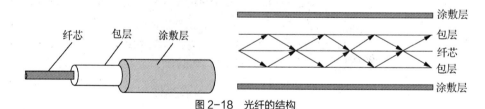

图 2-18　光纤的结构

光束在玻璃纤维内传输，传输距离远、抗电磁干扰、耐腐蚀、传输质量高。由于可见光（Visible Light）的频率范围是 $3.8×10^{14}$ Hz～$7.5×10^{14}$ Hz，因此光纤传输系统可使用的带宽范围极大，多适用于高速网络和骨干网。

光纤传输系统中的光源可以是发光二极管（Light Emitting Diode，LED），也可以是注入式激光二极管（Injection Laser Diode，ILD）。当光通过这些器件时会发出光脉冲。光脉冲通过光纤传输信息。光脉冲出现表示为 1、不出现表示为 0。在光缆的两端都要有一个装置来完成电/光信号和光/电信号的转换。接收端将光信号转换成电信号时，要使用光电二极管检波器或雪崩光电二极管（Avalanche Photo Diode，APD）检波器。典型的光纤传输系统的结构如图 2-19 所示。

图 2-19　典型的光纤传输系统的结构

根据使用的光源和传输模式的不同，光纤分为单模和多模两种。如果光纤极细，纤芯的直径细到只有光的一个波长（Wave Length），那么光纤就成了一种波导管。这种情况下光线不必经过多次反射式的传输，而是一直向前传输，如图 2-20 所示，这种光纤称为单模光纤。多模光纤的纤芯比单模光纤的粗，一旦光线到达光纤表面发生全反射后，光信号就由多条入射角度不同的光线同时在一条光纤中传输，如图 2-21 所示，这种光纤称为多模光纤。

单模光纤性能很好，传输速率较高，在几十千米内能以几吉比特每秒的速率传输数据，但其制作工艺比多模光纤难度高，成本也较高；多模光纤成本较低，但性能比单模光纤差一些。

图 2-20　单模光纤传输示意

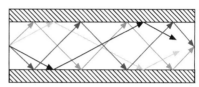

图 2-21　多模光纤传输示意

2. 光纤的特点

光纤的很多特点在远距离通信中起着重要作用。光纤与同轴电缆相比有如下特点。

（1）光纤有较大的带宽，通信容量大。

（2）光纤的传输速率高，能超过吉比特每秒。

（3）光纤的传输衰减小，连接的距离更远。

（4）光纤不受外界电磁波的干扰，适宜在电气干扰严重的环境中使用。

（5）光纤无串音干扰，不易被窃听和截取数据，因而安全性、保密性好。

目前，光纤通常用于高速的主干网络，若要组建快速网络，则光纤是非常好的选择。

2.2.5　双绞线、同轴电缆与光纤的性能比较

双绞线、同轴电缆与光纤的性能比较如表 2-1 所示。

表 2-1　双绞线、同轴电缆与光纤的性能比较

传输介质		价格	电磁干扰	频带宽度	单段最大长度
双绞线	UTP	便宜	高	低	100 m
	STP	一般	低	中等	100 m
同轴电缆		一般	低	高	185 m/500 m
光纤		昂贵	没有	极高	几十千米

2.3　无线通信技术

无线通信是指信号通过自由空间或大气层传输，不被约束在一个物理导体内。无线通信实际上就是无线传输，主要包括微波通信、卫星通信和移动通信等。本节我们将对这几种常见的无线通信

技术及其特点进行简要介绍。

2.3.1　无线通信概述

1. 无线通信的兴起

采用有线方式传输数据有一个缺点，即需要一根线缆连接计算机，这在很多场合下是不方便的。在当今的信息时代，人们对信息的需求是无止境的，很多人需要随时随地与社会或单位保持在线连接，需要利用笔记本计算机、掌上型计算机随时随地获取信息。对于这些移动用户，双绞线、同轴电缆和光纤都无法满足其需求，而无线通信可以解决上述问题。

无线电波被广泛应用于通信的原因是传播距离很远，很容易穿过建筑物，且无线电波是全方向传输的，因此不必要求无线电波的发射和接收装置相互精确对准。

无线电波的传播特性与频率有关。在低频时，无线电波能轻易地绕过一般障碍物，但其能量会随着传播距离的增大而急剧减少。在高频时，无线电波趋于直线传播并易受障碍物的阻挡，还会被雨水吸收。所有频率的无线电波都很容易受到各种电磁干扰的影响。

低、中频的无线电波（频率在 3 MHz 以下）沿着地球表面传播，如图 2-22（a）所示。在这些波段上的无线电波具有绕射能力，能沿着弯曲的地球表面传播。用低、中频无线电波进行数据通信的主要问题是通信带宽较低。

高频和甚高频（频率为 3 MHz～300 MHz）无线电波会被地球表面吸收，且到达离地球表面100 km～500 km 高度的带电粒子层（电离层）的无线电波会被反射回地球表面，如图 2-22（b）所示。可以利用无线电波的这种特性来进行数据通信。

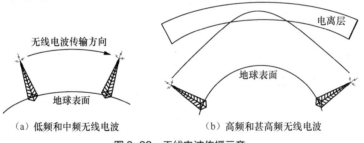

图 2-22　无线电波传播示意

2. 电磁波

1864 年，英国物理学家麦克斯韦预言了电磁波的存在，并推导出电磁波的传播速度等于光速（Speed of Light），光波就是一种电磁波。这使人们对无线电波、光波、X 射线（X-Rays）、γ 射线的内在联系有了深刻的认识，并揭示了电磁波谱的"秘密"。

描述电磁波的参数有 3 个：波长、频率和波速。波长和频率的关系为

$$c = \lambda \times f$$

其中，c 为波速、λ 为波长、f 为频率。

电磁波的传播有两种方式：一种是在有限空间内传播，即通过有线方式传播，用前面所介绍的3 种传输介质（双绞线、同轴电缆和光纤）来传输电磁波的方式就属于有线传播方式；另一种是在自由空间中传播，即通过无线方式传播。按照频率由低到高的顺序排列，不同频率的电磁波可以分为无线电、微波、红外线、可见光、紫外线、X 射线和 γ 射线。人们现在已经利用了无线电、微波、红外线和可见光这几个波段进行通信。

ITU 根据不同的频率（或波长）对不同的波段进行了划分和命名。例如，LF 波长范围为 1 km～10 km（对应频率范围 30 kHz～300 kHz）。LF、MF 和 HF 分别是低频（Low Frequency）、中

频（Medium Frequency）和高频（High Frequency），更高的频段中的 VHF、UHF、SHF 和 EHF 表示甚高频（Very High Frequency）、特高频（Ultra High Frequency）、超高频（Super High Frequency）和极高频（Extremely High Frequency）。无线电的频率和带宽的对应关系如表 2-2 所示。

表 2-2　无线电的频率和带宽的对应关系

频带划分	频率范围	频带划分	频率范围
低频	30 kHz～300 kHz	特高频	300 MHz～3 GHz
中频	300 kHz～3 MHz	超高频	3 GHz～30 GHz
高频	3 MHz～30 MHz	极高频	30 GHz～300 GHz
甚高频	30 MHz～300 MHz	—	—

2.3.2　微波通信

微波通信是利用无线电波在对流层的视距范围内进行信息传输的一种通信方式，使用的频率范围一般为 2 GHz～400 GHz。在长途线路上，微波通信典型的工作频率为 2 GHz、4 GHz、8 GHz 和 12 GHz。微波通信的工作频率很高，与通常的无线电波不一样，微波只能沿直线传播，所以微波的发射天线和接收天线必须精确对准。如果两个微波塔相距太远，则地球表面会阻挡信号，且微波长距离传输会发生衰减，因此每隔一段距离就需要一个微波中继站，如图 2-23 所示。中继站之间的距离与微波塔的高度成正比。受地形和天线高度的限制，两个中继站之间的距离一般为 30 km～50 km。对于 100 m 高的微波塔，中继站之间的距离可以达到 80 km。

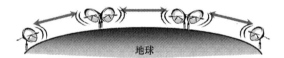

地球

图 2-23　微波通信示意

微波通信按照其所提供的传输信道可分为模拟和数字两种类型，分别简称为"模拟微波"与"数字微波"。目前，模拟微波主要采用频分多路复用技术和频移键控调制方式，传输容量可达 30～6000 条电话信道。数字微波发展较晚，目前大多采用时分多路复用技术和相移键控调制方式。与数字电话一样，数字微波的每条话路的数据传输速率约为 64 kbit/s。无论是模拟微波还是数字微波，都可以利用其中的一条话路来传输数字信号。利用模拟微波的一条话路来传输数字信号时，其数据传输速率可达 9600 bit/s，而利用数字微波的一条话路传输数字信号时，其数据传输速率可达到 64 kbit/s。目前数字微波通信被大量运用于计算机之间的数据通信。

微波通信在传输质量上比较稳定，由于微波频率很高，因此可同时传输大量的信息。与同轴电缆相比，微波通信不需要铺设电缆，所以成本要低得多，在长途通信方面是一种十分重要的手段。微波通信的缺点是在雨雪天气传输时会被吸收，从而造成损耗，且微波的保密性不如电缆和光缆好，对于保密性要求比较高的应用场合需要采取加密措施。

2.3.3　卫星通信

常用的卫星通信方式是多个地面站之间利用 36000 km 高空的同步地球卫星作为中继器（Repeater）进行微波接力通信。通信卫星就是太空中无人值守的用于微波通信的中继器。

卫星通信可以克服地面微波通信距离的限制。一个同步卫星的作用范围可以覆盖 1/3 以上的地球表面，只要在地球赤道上空的同步轨道上等距离放置 3 颗相隔 120° 的同步静止卫星，就可以覆盖地球上的全部通信区域，如图 2-24 所示。这样，地球上的各个地面站之间就都可以互相通信了。

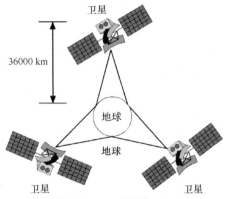

图 2-24 卫星通信示意

由于卫星信道的频带宽，因此也可采用频分多路复用技术分出若干子信道。有些信道用于地面站向卫星发送信号，称为上行信道；有些信道用于卫星向地面转发信号，称为下行信道，如图 2-25 所示。

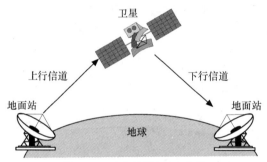

图 2-25 上行信道和下行信道

卫星通信的优点是通信容量很大，传输距离远，信号所受的干扰也比较小，性能可靠稳定；缺点是传播延迟较长。由于各地面站的天线仰角并不相同，因此不管两个地面站之间的地面距离是多少，从发送站发出的信号通过卫星转发到接收站的传播延迟约为 270 ms，这相对于地面电缆传播延迟约 6 μs/km，特别是相对于近距离的站点来说，要相差几个数量级。

在卫星通信领域中，甚小口径天线终端（Very Small Aperture Terminal，VSAT）已被大量使用。VSAT 是指采用小口径的卫星天线的地面接收系统，天线直径一般不超过 1 m，因此价格便宜。在 VSAT 卫星通信网中，需要有一个比较大的中心站来管理整个卫星通信网。VSAT 按其承担的服务类型可以分为两类。一类是以数据传输为主的小型卫星数据地球小站（Personal Earth Station，PES）。对于这类 VSAT 系统，所有小型 PES 间的数据通信都要经过中心站进行存储转发。另一类是以语音传输为主并且兼容数据传输的电话地球站（Telephone Earth Station，TES）。对于这类能够进行电话通信的 VSAT 系统，小型 TES 之间的通信在呼叫建立阶段要通过中心站，但在连接建立之后，两个小型 TES 间的通信就可以直接通过卫星进行了。

2.3.4 移动通信

移动物体与固定物体、移动物体与移动物体之间的通信，都属于移动通信，例如，人、汽车、轮船、飞机等移动物体之间的通信。移动物体之间的通信通常依靠移动通信系统（Mobile

Telecommunications System，MTS）来实现，目前实际应用的移动通信系统主要包括蜂窝移动通信系统、AdHoc 网络系统和卫星移动通信系统等。

移动通信系统的发展通常分为以下几代。

（1）第一代移动通信技术（First Generation，1G）系统。1G 系统又称为高级移动电话系统（Advanced Mobile Phone System，AMPS），自 20 世纪 80 年代起开始使用。该系统的通话方式使用的是蜂窝电话标准，仅限语音的传输。

（2）第二代移动通信技术（Second Generation，2G）系统。2G 系统又称为数字移动通信系统，将语音以数字化方式传输，除具有通话功能外，还引入了短信服务（Short Message Service，SMS）功能。

（3）第三代移动通信技术（Third Generation，3G）系统。3G 系统又称为多媒体移动通信系统，它是一种将无线通信与互联网多媒体通信相结合的新一代移动通信系统。3G 系统能够处理图像、声音、视频等多媒体信息，并提供网页浏览、电话会议、电子商务等多种服务。

（4）第四代移动通信技术（Forth Generation，4G）系统。4G 系统是多功能集成的宽带移动通信系统，主要目标是提高移动装置无线访问互联网的速度。

（5）第五代移动通信技术（Fifth Generation，5G）系统。最新一代移动通信技术——5G，是继 4G 之后的延伸，它具有更高的传输速率、更快的反应速度和更大的连接数量。5G 网络的数据传输速率可达 10 Gbit/s，是 4G 网络数据传输速率的约 100 倍；5G 网络的延迟低于 1 ms，而 4G 网络的延迟约为 100 ms。另外，5G 网络最终要实现人与人、人与物、物与物之间的万物互联。5G 技术的特点可简单概括为"大宽带、低时延、高可靠和万物互联"。

2.4 数据交换技术

通信子网是由若干网络节点和链路按照一定的拓扑结构互联起来的网络。中间的这些交换节点有时又称为交换设备。这些交换设备并不处理流经的数据，而只是简单地把数据从一个交换设备传输到另一个交换设备，直至到达目的地。子网为所有进入子网的数据提供一条完整的传输数据的通路，实现这种数据通路的技术称为数据交换技术。

按照通信子网中的网络节点对进入子网的数据所实施的转发方式，可以将数据交换方式分为电路交换和存储转发交换两大类。常用的交换技术有电路交换、报文交换和分组交换 3 种。

V2-3　数据交换技术

2.4.1 电路交换

电路交换（Circuit Switching）方式与电话交换方式的工作过程类似。两台计算机通过通信子网交换数据之前，首先要在通信子网中通过交换设备间的线路连接，建立一条实际的专用物理通路。

使用此方式实现的交换网能为任意一个入网数据提供一条临时的专用物理通路，由通路上各节点在空间上或时间上完成信道转接，在源主机（输出端）和宿主机（接收端）之间建立起一条直通的、独占的物理线路。因此，在通路连接期间，不论这条线路有多长，交换网为一对主机提供的都是点对点链路上的数据通信，即建立连接的两端设备独占这条线路进行数据传输，直至该连接被释放。PSTN 的交换方式采用的就是电路交换，通话双方一旦建立通话，可以一直独占这条线路，直至通话结束才释放连接，这时其他用户才能使用这条线路。

电路交换方式主要的特点是在一对主机之间建立起一条专用的数据通路。通信过程包括线路建立、数据传输和线路释放 3 个过程，如图 2-26 所示。线路建立时需要一定的呼叫建立时间，一旦线路建立，各个节点上几乎没有时延，因此适用于实时或交互式会话类通信，如数字语音、传真等通信业务。但由于在线路建立时，线路是专用的，即使该线路空闲，其他用户也不能使用，因此线路利用率不高。由于通信子网中的各个节点（交换设备）不能存储数据，也不能改变数据内容，且不具备差错控制能力，因此整个系统不具备存储数据的能力，无法发现与纠正传输过程中发生的数据差错，系统效率较低。在电路交换方式的基础上，人们提出了存储转发交换方式。

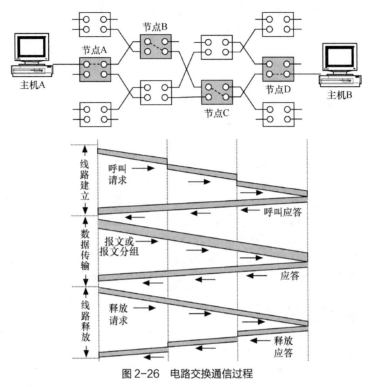

图 2-26　电路交换通信过程

2.4.2　存储转发交换

存储转发交换（Store-and-Forward Switching）是指网络节点（交换设备）先将途经的数据按传输单元接收并存储下来，再选择一条适当的链路转发出去。根据转发的数据单元的不同，存储转发交换又分为报文交换和分组交换。

1. 报文交换

报文交换（Message Switching）是指网络的每一个节点（交换设备）先将整个报文完整地接收并存储下来，再选择合适的链路转发到下一个节点。每个节点都对报文进行存储和转发，最终报文到达目的地，如图 2-27 所示。

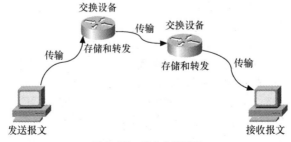

图 2-27　报文交换过程

在报文交换过程中，交换设备必须有足够的内存，以便将接收到的整个报文完整地存储下来，并根据报文的首部控制信息，找出报文转发的下一个交换节点。若一时没有空闲的链路，则报文只好被暂时存储，并等待发送。因此，一个节点对于一个报文所造成的时延往往不确定。

报文数据在交换网中完全是接力传输的。通信的双方事先并不知道报文所要经过的传输通路，但每个报文确实经过了一条逻辑上存在的通路。由于按接力方式工作，任何时刻一份报文只占用一条链路的资源，不必占用通路上的所有链路资源，因此提高了网络资源的共享性。报文交换方式虽然不要求呼叫建立线路和释放线路的过程，但每一个节点对报文数据的存储和转发时间比较长。报文交换方式适用于传输非实时的通信业务，如电报；而不适用于传输实时的或交互式的业务，如语音、传真等。另外，由于报文交换是以整个报文作为存储转发单位的，因此，当报文传输出现错误需要重传时，必须重传整个报文。

2. 分组交换

分组交换又称包交换（Packet Switching），与报文交换同属于存储转发交换，两者之间的差别在于参与交换的数据单元长度不同。在分组交换网络中，计算机之间要交换的数据不是作为一个整体进行传输的，而是被划分为大小相同的许多数据分组来进行传输的，这些数据分组又被称为包。每个分组除含有一定长度需要传输的数据外，还包括一些控制信息，如分组将被发送的目的地址（Destination Address，DA）。一个分组的最大长度通常被限制在 1000 bit～2000 bit。这些数据分组可以通过不同的路由器先后到达同一目的地址，数据分组到达目的地后进行合并还原，以确保收到的数据在整体上与发送的数据完全一致。

这种通信方式类似于"单页邮局"的模式。假设单页邮局规定每封信只能用一页纸，写长信的人就必须给每页信纸编号，并将其放在不同的信封中；收信人在收到信件后，必须按信纸的顺序整理合并，才能读到完整的信件。

根据网络中传输控制协议和传输路径的不同，可将分组交换分为两种方式：数据报（Datagram）分组交换和虚电路（Virtual Circuit）分组交换。

（1）数据报分组交换。在数据报分组交换方式中，每个报文分组又称为数据报。每个数据报在传输的过程中都要进行路径选择，各个数据报可以按照不同的路径到达目的地。在发送方，每个数据报的分组顺序与每个数据报到达目的地的顺序是不同的。在接收方，按分组的顺序将这些数据报组合成一个完整的报文，如图 2-28 所示（图中 P_1、P_2 分别表示两个不同的仓）。

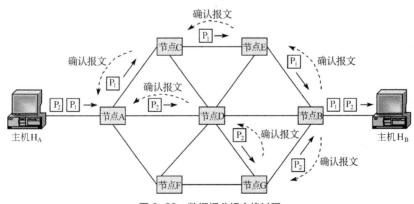

图 2-28　数据报分组交换过程

（2）虚电路分组交换。虚电路分组交换方式试图将数据报分组交换方式与电路交换方式结合起来，发挥两种方式的优点，达到最佳的数据交换效果。在数据报分组交换方式中，发送分组之前，发送方和接收方之间不需要预先建立连接；而在虚电路分组交换方式中，发送分组之前，必须先在发送方和接收方之间建立一条通路。在这一点上，虚电路分组交换方式和电路交换方式类似，整个通信过程分为 3 个阶段：虚电路建立、数据传输、虚电路拆除。但与电路交换不同的是，虚电路建立阶段建立的线路不是一条专用的物理线路，而只是一条路径，在每个分组沿此路径转发的过程中，经过每个节点时仍然需要存储，并且等待队列输出。线路建立后，每个分组都由此路径到达目的地，如图 2-29 所示。因此在虚电路交换中，各个分组是按照发送方的分组顺序依次到达目的地的，这一点又和数据报分组交换不同。

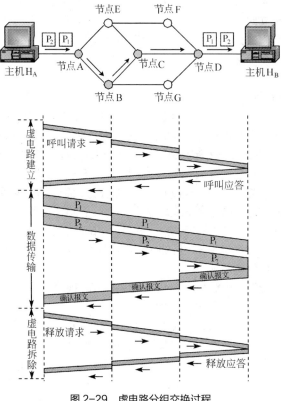

图 2-29　虚电路分组交换过程

与报文交换相比，分组交换把整个要传输的数据分成了若干分组，而每一个分组又包含大量的传输控制信息，因此分组交换的通信方式会明显降低数据通信的效率。分组交换有以下 3 个优点。

① 通信线路是公用的，每个分组都不会占用太长的通信线路时间，有利于合理分配通信线路，兼顾网络中各台主机的通信要求。

② 数据传输难免会出错，若某些分组出现传输错误，则重传该分组即可，而不需要重传整个数据，有利于迅速进行数据纠错。

③ 能够有效地改善报文传输时的时延现象，网络信道利用率较高。

2.5　数据传输技术

基带传输通常仅被用于传输数字信号，并且传输介质的全部带宽都被一路基带信号独占，信道利用率很低。在实际的数据通信系统中，其传输介质的带宽或容量往往超过传输单一信号的需求。为了更有效地提高通信线路的利用率并进行远距离传输，可以采用频带传输技术。在频带传输中又可以采用信道复用技术把多路信号组合起来在同一条物理信道上同时传输，从而大大节省了传输介质的安装和维护费用。本节将对基带传输技术、频带传输技术和多路复用技术进行详细介绍。

2.5.1 基带传输技术

基带指基本频带，即数字信号占用的基本频带。数字基带传输是指在通信线路上原封不动地传输由计算机或终端产生的 0 或 1 数字脉冲信号。这样一个信号的基本频带可达到数兆赫兹。频带越宽，传输线路的电容、电感等对传输信号波形衰减的影响就越大。

基带传输是一种简单的传输方式，近距离通信的局域网一般会采用这种方式。基带传输的优点是安装简单、成本低；缺点是传输距离较短（一般不超过 2 km），传输介质的全部带宽都被基带信号占用，并且任何时候都只能传输一路基带信号，信道利用率低。

2.5.2 频带传输技术

1. 频带传输的概念

频带传输也称为宽带传输，是指将数字信号调制成模拟信号后再发送和传输，到达接收端时再把模拟信号解调成原来的数字信号。这种利用模拟信道传输数字信号的方法称为频带传输技术。

采用频带传输时，调制解调器（Modem）是典型的通信设备，要求在发送端和接收端都安装 Modem。当 Modem 作为数据的发送端时，计算机的数字信号将被转换成能在电话线上传输的模拟信号；当 Modem 作为数据的接收端时，电话线上的模拟信号将被转换为能在计算机中识别的数字信号，如图 2-30 所示。这样不仅可以用电话线传输数字信号，还可以实现多路复用，提高信道利用率。

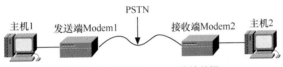

图 2-30 通过 Modem 传输数据

2. Modem 的基本功能

在频带传输中，计算机通过 Modem 与电话线连接。Modem 主要有以下功能。

（1）调制和解调。调制功能，就是将计算机输出的 1 和 0 数字脉冲信号调制成相应的模拟信号，以便在电话线路上传输。解调功能，就是将电话线路传输的模拟信号转化成计算机能识别的由 1 和 0 组成的数字脉冲信号。调制和解调的功能通常由一块数字信号处理（Digital Signal Processing，DPS）芯片来完成。

（2）数据压缩和差错控制。为了提高 Modem 的传输速率和有效数据传输率，目前许多 Modem 都采用数据压缩和差错控制技术。数据压缩指的是发送端的 Modem 在发送数据之前先将数据进行压缩，而接收端的 Modem 收到数据后再将数据还原，从而提高了 Modem 的有效数据传输率。差错控制就是将数据传输中的某些错码检测出来，并采用某种方法进行纠正，以提高 Modem 的实际传输质量。

这些功能通常由一块控制芯片来完成。当这些功能都由固化在 Modem 中的硬件芯片来完成时，即 Modem 的所有功能都由硬件来完成，这种 Modem 称为硬 Modem，也称为硬"猫"。当 Modem 的硬件芯片中只固化了 DSP 芯片，其协议控制部分由软件来完成时，这种 Modem 称为半软 Modem。当两部分功能都由软件来完成时，这种 Modem 就称为全软 Modem。全软 Modem 和半软 Modem 又称为软"猫"。

硬"猫"由于硬件设备中有两块芯片，结构也复杂一些，价格自然比两种软"猫"要高。软"猫"的所有功能都由软件来实现，不需要购买硬件，自然价格便宜，且可以进行软件的升级，但软"猫"要占用主机的系统资源，其缺少的芯片所担任的工作是靠主机的中央处理器（Central Processing Unit，CPU）来完成的，并且完成的效果也不完全令人满意。

3. Modem 的分类与标准

（1）Modem 的分类

Modem 有各种各样的分类方法，下面简单介绍其中有代表性的几种。

① 按接入 Internet 方式进行分类时，Modem 可分为拨号 Modem 和专线 Modem。拨号 Modem 主要用于在 PSTN 上传输数据，具有在性能指标较低的环境中进行有效操作的特殊性能。多数拨号 Modem 具备自动拨号、自动应答、自动建立连接和自动释放连接等功能。专线 Modem 主要用在专用线路或租用线路上，不必带有自动应答和自动释放连接功能。专线 Modem 的数据传输速率比拨号 Modem 的要高。

② 按数据传输方式进行分类时，Modem 可分为同步 Modem 和异步 Modem。同步 Modem 能够按同步方式进行数据传输，速率较高，一般用在主机到主机的通信上。同步 Modem 需要同步电路，故设备复杂、造价昂贵。异步 Modem 是指能随机地以突发方式进行数据传输的 Modem，所传输的数据以字符为单位，用起始位和停止位表示一个字符的起止。异步 Modem 主要用于终端到主机或其他低速通信的场合，故电路简单、造价低廉。目前市场上的大多数 Modem 都支持这两种数据传输方式。

③ 按通信方式进行分类时，Modem 可分为单工 Modem、半双工 Modem 和全双工 Modem 3 种。单工 Modem 只能接收或发送数据。半双工 Modem 可收可发数据，但不能同时接收和发送数据。全双工 Modem 则可同时接收和发送数据。在这 3 类 Modem 中，只支持单工方式的 Modem 很少，而大多数 Modem 支持半双工和全双工方式。相比半双工方式，全双工方式的优越之处在于不需要线路换向时间，因此响应速度快、延迟小。全双工的缺点是双向传输数据时需要占用共享线路的带宽，故设备复杂、价格昂贵。相对来说，支持半双工方式的 Modem 具有设备简单、造价低的优点。

④ 按接口类型进行分类时，Modem 可分为外置 Modem、内置 Modem、PC 卡式移动 Modem 等。外置 Modem 的背面有与计算机、电话线等连接的接口和电源插口，安装、拆卸比较方便，可随时带走，也可接于任何地方的任何一台计算机。外置 Modem 的面板上有一排指示灯，根据指示灯的状态，可以很方便地判断 Modem 的工作状态和数据传输情况。内置 Modem 则是直接插入计算机的扩展插槽，不占空间，也不像外置 Modem 那样需要独立的电源，通过主板与计算机的总线连接，相对来讲数据传输速率要高于外置 Modem，但是占用了计算机的扩展槽。

（2）Modem 的标准

Modem 的品牌很多，每种 Modem 都有其遵循的标准。这些标准用来规定 Modem 所采用的调制方式和所支持的数据传输速率。Modem 的标准有 ITU-T 指定的 V 系列标准，主要表现在以下 3 个方面。

① 数据传输速率标准。Modem 数据传输速率方面的主要标准如下。

- V.17：调制标准，数据传输速率最高可达 14400 bit/s。如果线路质量差，则可能会降到 12000 bit/s。
- V.21：全双工数据传输标准，传输速率为 300 bit/s。
- V.22：传输速率为 600 bit/s 和 1200 bit/s 的全双工 Modem 的标准。
- V.22bis：传输速率为 2400 bit/s 的全双工 Modem 的标准。
- V.32：传输速率为 9600 bit/s 的全双工 Modem 的标准。

- V.32bis：主要将 V.32 中的传输速率提高到 7200 bit/s、12000 bit/s 或 14400 bit/s。
- V.34：传输速率为 28.8 kbit/s、33.6 kbit/s 的 Modem 标准。
- V.90：传输速率为 56 kbit/s 的 Modem 标准。

值得注意的是，在 V.90 标准出现之前，3COM 公司提出了 X2 协议，Rockwell 和 Lucent 公司提出了 K56Flex 协议，两者均支持 56 kbit/s 的传输速率，但是 X2 协议和 K56Flex 协议两者互不兼容。1998 年，ITU 将 X2 协议和 K56Flex 协议结合在一起，统一了传输速率为 56 kbit/s 的 Modem 的国际标准为 V.90。V.90 可以向下兼容 V.34 和 V.32bis 等协议，但其最大的优点在于因特网服务提供方（The Internet Service Provider，ISP）和 PSTN 的连接部分直接使用数字线路，减小了模拟信号和数字信号间转换对传输速率的影响。

② 差错控制标准。目前流行着两种差错控制协议：微网络协议（Microcom Networking Protocol，MNP）和调制解调器连接访问协议（Link Access Protocol of Modems，LAPM）。MNP 不是国际标准协议，是由 Microcom 公司制定的，一共分为 5 级，即 MNP1~MNP5。其中，MNP1~MNP4 属于差错控制协议，MNP5 属于数据压缩协议。ITU 将 MNP4 作为 V.42 差错控制标准的附件，而将高级数据链路控制（High-level Data Link Control，HDLC）的一个子集 LAPM 列入了正本。Modem 通过差错控制协议来提高数据传输的可靠性。

③ 数据压缩标准。数据压缩协议是建立在差错控制协议基础之上的。数据压缩协议主要有 V.42bis 和 MNP5。ITU 制定的 V.42bis 支持 4：1 的压缩标准。例如，支持 V.34（传输速率为 28.8 kbit/s）标准的 Modem，若同时支持 V.42bis 标准，则 Modem 的传输速率可达到 100 kbit/s。MNP5 可以实现 2：1 的压缩比。

2.5.3　多路复用技术

多路复用是指在数据传输系统中，允许两个或多个数据源共享同一个传输介质，把若干个彼此无关的信号合并为一个，并使其在一条共用信道上进行传输，就像每一个数据源都有自己的信道一样。也就是说，利用多路复用技术可以在一条高带宽的通信线路上同时传播声音、数据等多个有限带宽的信号，目的就是充分利用通信线路的带宽，减少不必要的铺设或架设其他传输介质的费用。

1. 多路复用技术的类型

多路复用一般可分为以下 3 种基本形式。

① 频分多路复用（Frequency Division Multiplexing，FDM）。
② 时分多路复用（Time Division Multiplexing，TDM）。
③ 波分多路复用（Wavelength Division Multiplexing，WDM）。

2. 频分多路复用

任何信号都只占据一个宽度有限的频率，而信道可以被利用的频率比一个信号的频率高得多。频分多路复用恰恰利用了这个特点，通过频率分割的方式来实现多路复用。

频分多路复用技术的工作原理如下：多路数字信号被同时输入频分多路复用编码器中，经过调制后，每一路数字信号的频率分别被调制到不同的频带，但都在模拟线路的带宽范围内，并且相邻的信道间用"警戒频带"隔离，以防相互干扰。这样就可以将多路信号合起来放在同一条线路上传输。接收方的频分多路复用解码器再将接收到的信号恢复成调制前的信号，如图 2-31 所示。

频分多路复用主要用于宽带模拟线路中。例如，有线电视系统中使用的传输介质是 75 Ω 的粗同轴电缆，用于传输模拟信号，其带宽可达到 300 MHz～400 MHz，并可被划分为若干条独立的信道。一般而言，每一条 6 MHz 的信道可以传输一路模拟电视信号，故该带宽的有线电视线路可被划分为 50～80 条独立的信道，同时传输 50 多个模拟电视信号。

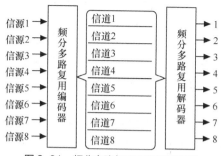

图 2-31　频分多路复用工作原理示意

3. 时分多路复用

如前所述，频分多路复用以信道频带作为分割对象，通过为多条信道分配互不重叠的频率范围的方法来实现多路复用，因而更适用于模拟信号的传输。时分多路复用则以信道传输的时间作为分割对象，通过为多条信道分配互不重叠的时间片的方法来实现多路复用。因此，时分多路复用更适用于数字信号的传输。时分多路复用技术的工作原理是将信道用于传输的时间划分为若干个时间片，每个用户占用一个时间片，在占有的时间片内，用户使用通信信道的全部带宽来传输数据，如图 2-32所示。

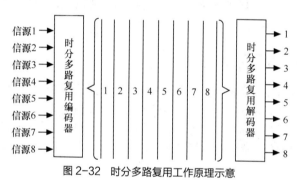

图 2-32　时分多路复用工作原理示意

4. 波分多路复用

在光纤信道上使用的频分多路复用的一个变种就是波分多路复用。图 2-33 所示为在光纤上获得的波分多路复用工作原理示意。在这种方法中，两条光纤连接到一个棱柱或衍射光栅上，每条光纤中的光波处于不同的波段上，两束光通过棱柱或衍射光栅合成到同一条共享光纤上，到达目的地后，再将两束光分解开。

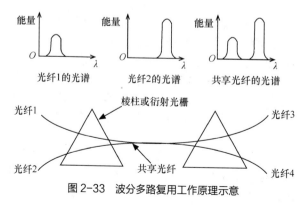

图 2-33　波分多路复用工作原理示意

只要每条信道有各自的频率范围并且互不重叠，信号就能以波分多路复用的方式通过共享光纤进行远距离传输。波分多路复用与频分多路复用的区别在于：波分多路复用是在光学系统中利用棱柱或衍射光栅来实现多路不同频率的光波信号的分解和合成的，且棱柱或衍射光栅是无源的，因而可靠性非常高。

2.6 数据编码技术

实际上，除模拟数据的模拟信号传输外，数字数据的模拟信号传输、数字数据的数字信号传输和模拟数据的数字信号传输都需要某种形式的数据表示（或者称为数据编码）。本节将对数字数据的模拟信号编码、数字数据的数字信号编码和模拟数据的数字信号编码进行详细介绍。

2.6.1 数据编码的类型

数据是信息的载体，计算机中的数据是以离散的 0 和 1 组合的二进制位序列方式表示的。为了正确地传输数据，就必须对原始数据进行编码，而数据编码类型取决于通信子网的信道所支持的数据通信类型。

根据数据通信类型的不同，通信信道可分为模拟信道和数字信道两类。相应的，数据编码的方法也分为模拟数据编码和数字数据编码两类。

网络中基本的数据编码方式如图 2-34 所示。

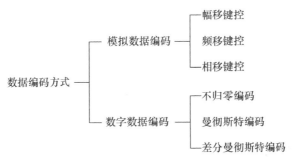

图 2-34　网络中基本的数据编码方式

2.6.2 数字数据的模拟信号编码

公用电话线是为了传输模拟信号而设计的，如果要利用廉价的 PSTN 实现计算机之间的远程数据传输，就必须先将发送端的数字信号调制成能够在 PSTN 上传输的模拟信号，信号经传输后在接收端将模拟信号解调成对应的数字信号。实现数字信号与模拟信号转换的设备是 Modem。数据传输过程如图 2-35 所示。

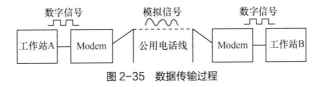

图 2-35　数据传输过程

模拟信号传输的基础是载波，载波可以表示为

$$u(t) = V\sin(\omega t + \varphi)$$

由上式可以看出，载波具有三大要素：幅度 V、频率 ω 和相位 φ。可以通过变化载波的三大要素来进行编码。这样就出现了 3 种基本的编码方式：幅移键控（Amplitude Shift Keying，ASK）、频移键控（Frequency Shift Keying，FSK）和相移键控（Phase Shift Keying，PSK）。

（1）幅移键控。幅移键控方式通过改变载波的振幅 V 来表示数字 1 和 0。例如，保持频率 ω 和相位 φ 不变，V 不等于 0 时表示 1，V 等于 0 时表示 0，如图 2-36（a）所示。

（2）频移键控。频移键控方式通过改变载波的频率 ω 来表示数字 1 和 0。例如，保持振幅 V 和相位 φ 不变，ω 等于某值时表示 1，ω 等于另一个值时表示 0，如图 2-36（b）所示。

（3）相移键控。相移键控方式通过改变载波的相位 φ 来表示数字 1 和 0。如果用相位的绝对值表示数字 1 和 0，则称为绝对调相，如图 2-36（c）所示；如果用相位的相对偏移值表示数字 1 和 0，则称为相对调相，如图 2-36（d）所示。相移键控可以使用多于二相的相移，利用这种技术，可以起到加倍传输速率的作用。

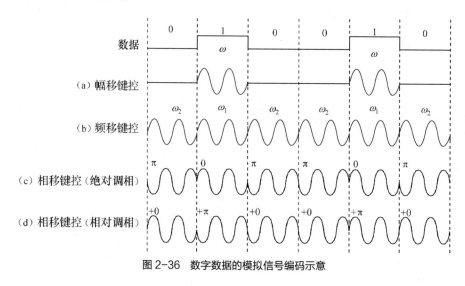

图 2-36　数字数据的模拟信号编码示意

2.6.3　数字数据的数字信号编码

可以利用数字通信信道来直接传输数字信号（即基带传输），此时需要解决的问题是数字数据的数字信号编码和收发两端之间的信号同步。

在基带传输中，数字数据的数字信号的编码主要有以下 3 种方式。

（1）不归零（Non-Return to Zero，NRZ）编码。不归零编码可以用低电平表示 0，用高电平表示 1。必须在发送不归零码时，用另一个信号同时传输同步时钟信号，如图 2-37（a）所示。

（2）曼彻斯特编码（Manchester Encoding）。其编码规则是每位的周期 T 分为前 $\dfrac{T}{2}$ 与后 $\dfrac{T}{2}$。前 $\dfrac{T}{2}$ 传输该位的反码，后 $\dfrac{T}{2}$ 传输该位的原码，如图 2-37（b）所示。

（3）差分曼彻斯特编码（Difference Manchester Encoding）。其编码规则是每位的值根据开始边界是否发生电平跳变来决定。位开始处出现电平跳变表示 0，不出现跳变表示 1，每位中间的跳变仅用来作为同步信号，如图 2-37（c）所示。

曼彻斯特编码和差分曼彻斯特编码都属于"自含时钟编码"，发送时不需要另外发送同步信号。

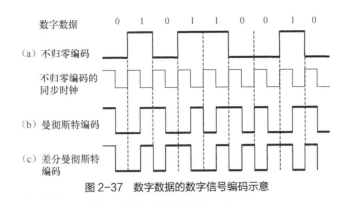

图 2-37　数字数据的数字信号编码示意

2.6.4　模拟数据的数字信号编码

脉冲编码调制（Pulse Code Modulation，PCM）是将模拟信号数字化的主要方法，其最大的特点是把连续输入的模拟信号转换为在时域和振幅上都离散的量，然后将其转换为代码形式传输。脉冲编码调制一般通过采样、量化和编码 3 个步骤将连续变化的模拟信号转换为数字信号。

1. 采样

每个固定的时间间隔，采集模拟信号的瞬时值作为样本，这一系列连续的样本可用来代表模拟在某一区间随时间变化的值。采样频率以采样定理为依据，即当以高过两倍有效信号频率对模拟信号进行采样时，所得到的采样值就包含原始信号的所有信息。

2. 量化

量化是将采样值的幅度按照量化级取值的过程。经过量化后的样本幅度为离散值，而不是连续值。量化之前，要规定将信号分为若干量化级，如可分为 8 级、16 级或更多的量化级，这要根据精度来决定，精度高的可分为更多的级别。为便于用数字电路实现，量化电平数一般为 2 的整数次幂，这样有利于采用二进制编码表示。

3. 编码

编码是指用相应位数的二进制码来表示已经量化的采样值的级别，如量化级是 64，则需要 8 位编码。经过编码后，每个采样值就由相应的编码脉冲表示。

2.7　差错控制技术

差错控制技术主要是指发现和纠正数据通信过程中的差错，把差错限制在尽可能小的允许范围内的技术和方法。本节我们主要介绍网络通信中差错产生的主要原因与类型、几种常用的差错控制技术，重点介绍循环冗余码校验。

2.7.1　差错产生的原因与差错类型

1. 差错产生的原因

通常将发送的数据与通过通信信道后接收到的数据不一致的现象称为传输差错，简称差错。

差错的产生是无法避免的。信号在物理信道中传输时，线路本身电器特性造成的随机噪声、信号幅度的衰减、频率和相位的畸变、电器信号在线路上产生反射造成的回音效应、相邻线路间的串扰、各种外界因素（如大气中的闪电、开关的跳火、外界强电流磁场的变化、电源的波动等）都会造成信号的失真。在数据通信中，信号失真将会使接收端收到的二进制数位和发送端实际发送的二进制数位不一致，从而出现由 0 变成 1 或由 1 变成 0 的差错，如图 2-38 所示。

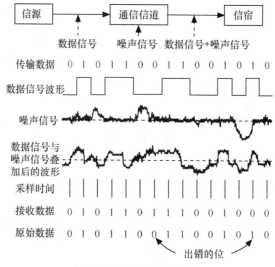

图 2-38　差错产生的过程

差错控制的目的和任务就是面对现实并承认传输线路中的出错情况，分析差错产生的原因和差错类型，采取有效的措施，即通过差错控制方法来发现和纠正差错，以提高信息的传输质量。

2. 差错的类型

传输中的差错是由噪声引起的。噪声有两大类：一类是信道固有的、持续存在的随机热噪声；另一类是由外界特定的短暂原因所造成的冲击噪声。

（1）热噪声由传输介质导体的电子热运动产生，是一种随机噪声，所引起的传输差错为随机差错。这种差错的特点是所引起的某位码元（二进制数字中每一位的通称）的差错是孤立的，与前后码元没有关系。热噪声导致的随机差错通常较少。

（2）冲击噪声是由外界电磁干扰引起的，与热噪声相比，冲击噪声幅度较大，是引起传输差错的主要原因。冲击噪声所引起的传输差错为突发差错。这种差错的特点是前面的码元出现了错误，往往会使后面的码元也出现错误，即错误之间有相关性。

2.7.2　误码率的定义

误码率是指二进制码元在数据传输系统中被传错的概率，其在数值上的关系近似于 $P_e = N_e/N$。其中，P_e 为误码率，N 为传输的二进制码元总数，N_e 为被传错的码元数。

在理解误码率的定义时应注意以下 3 个问题。

（1）误码率是衡量数据传输系统正常工作状态下传输可靠性的参数。

（2）对于实际的数据传输系统，不能笼统地说误码率越低越好，要根据实际传输要求提出误码率指标。在数据传输速率确定后，误码率越低，传输系统设备越复杂，造价也越高。

（3）对于实际数据传输系统，如果传输的不是二进制码元，则要换算成二进制码元来计算。

在实际的数据传输系统中，人们需要对一条通信信道进行大量、重复的测试，才能求出该信道的平均误码率，或者给出某些特殊情况下的平均误码率。根据测试，目前电话线路的传输速率为 300 bit/s～2400 bit/s 时，平均误码率为 1×10^{-4}～1×10^{-6}。计算机通信的平均误码率要求低于 1×10^{-9}，因此普通通信信道如不采取差错控制技术是不能满足计算机通信要求的。

2.7.3 差错的控制

提高数据传输质量的方法有两种。第一种方法是改善通信线路的性能，将误码率降低到满足系统要求的程度。但这种方法因经济上和技术上的限制而达不到理想的效果。第二种方法是虽然传输中不可避免地会出现某些错码，但可以将其检测出来，并用某种方法纠正检测出的错码，以达到提高实际传输质量的目的。第二种方法中常用的是抗干扰编码和纠错编码。目前广泛采用的有奇偶校验、方块校验和循环冗余校验等。

1. 奇偶校验

奇偶校验也称为字符校验、垂直冗余校验（Vertical Redundancy Check，VRC）。奇偶校验是以字符为单位的校验方法，也是最简单的一种校验方法。在每个字符编码的后面另外增加一个二进制位，该位称为校验位。其主要目的是使整个编码中 1 的个数成为奇数或偶数。如果编码中 1 的个数为奇数，则称其为奇校验；如果编码 1 的个数为偶数，则称其为偶校验。

例如，字符 R 的 ASCII 为 1010010，后面增加一位进行奇校验 10100100（使 1 的个数为奇数），传输时其中一位出错，如传成了 10110100，奇校验就能检查出错误。若传输有两位出错时，奇校验就不能检查出错误了，如 10111100。实际传输过程中，偶然一位出错的概率最大，故这种简单的校验方法还是很有用处的。但这种方法只能检测错误，不能纠正错误，不能检测出错在哪一位，故一般只能用于通信要求较低的环境。

2. 方块校验

方块校验又称为报文校验、纵向冗余校验（Longitudinal Redundancy Check，LRC）。这种方法是在奇偶校验方法的基础上，在一批字符传输完毕之后另外增加一个检验字符，该检验字符的编码方法是使每一位纵向代码中 1 的个数也成为奇数（或偶数）。例如：

		奇偶校验位（奇校验）
字符 1	1010010	0
字符 2	1000001	1
字符 3	1001100	0
字符 4	1010000	1
字符 5	1001000	1
字符 6	1000010	1
方块校验字符（奇校验）	1111010	1

采用这种方法之后，不仅可以检验出 1 位、2 位或 3 位的错误，还可以自动纠正 1 位出错，使误码率降至原误码率的百分之一到万分之一，纠错效果十分显著。因此方块校验适用于中、低速传输系统和反馈重传系统。

3. 循环冗余校验

循环冗余（Cyclic Redundancy Check，CRC）是使用非常广泛并且检错能力很强的一种检验方法。循环冗余校验的工作方法是在发送端产生一个循环冗余码，并将其附加在信息位后面一起发送到接收端，接收端收到的信息按发送端形成循环冗余码同样的算法进行校验，若有错，则重发。该方法不产生奇偶校验码，而是把整个数据块当作一串连续的二进制数据。从代数结构上来说，把各位看作一个多项式的系数，则该数据块就和一个 n 次的多项式相对应。

例如，信息码 110001 有 6 位（从第 0 位到第 5 位），表示成多项式为 $M(X)=X^5+X^4+X^0$，

6个多项式的系数分别是 1、1、0、0、0、1。

（1）生成多项式

在使用循环冗余校验方法时，发送和接收应使用相同的除数多项式 $G(X)$，称为生成多项式。循环冗余码生成多项式由协议规定，目前已有多种生成多项式被列入国际标准中，例如：

CRC-12 $G(X)=X^{12}+X^{11}+X^3+X^2+X+1$

CRC-16 $G(X)=X^{16}+X^{15}+X^2+1$

CRC-CCITT $G(X)=X^{16}+X^{12}+X^5+1$

CRC-32 $G(X)=X^{32}+X^{26}+X^{22}+X^{16}+X^{12}+X^{11}+X^{10}+X^8+X^7+X^5+X^4+X^2+X+1$

生成多项式 $G(X)$ 的结构及验错效果都是经过严格的数学分析与试验之后才确定的。要计算信息码多项式的校验码，生成多项式必须比该多项式短。

（2）循环冗余校验的基本思想和运算规则

循环冗余校验的基本思想是把要传输的信息码看作一个多项式 $M(X)$ 的系数，在发送前，将多项式用生成多项式 $G(X)$ 来除，将相除结果的余数作为校验码跟在原信息码之后一同发送出去。在接收端，把接收到的含校验码的信息码再用同一个生成多项式来除，如果在传输过程中无差错，则应该除尽，即余数应为 0，若除不尽，则说明传输过程中有差错，应要求对方重新发送一次。

循环冗余校验中求余数的除法运算规则是多项式以 2 为模运算，加法不进位、减法不借位。加法和减法两者都与异或运算相同。长除法同二进制运算是一样的，只是做减法时按模 2 进行。如果减出的值最高位为 0，则商为 0；如果减出的值最高位为 1，则商为 1。

（3）循环冗余校验和信息编码的求取方法

设 r 为生成多项式 $G(X)$ 的阶。

① 在数据多项式 $M(X)$ 的后面附加 r 个 0，得到一个新的多项式 $M'(X)$。

② 用模 2 除法求得 $M'(X)/G(X)$ 的余数。

③ 将该余数直接附加在原数据多项式 $M(X)$ 的系数序列的后面，结果即最后要发送的校验和信息编码多项式 $T(X)$。

下面是一个求数据编码多项式 $T(X)$ 的例子。

假设准备发送的数据信息码是 1101，即 $M(X)=X^3+X^2+1$，生成多项式为 $G(X)=X^4+X+1$，计算信息编码多项式 $T(X)$。

这里　　　　　　　　$M(X)=1101$

　　　　　　　　　　$G(X)=10011$

　　　　　　　　　　$r=4$

故信息码后附加 4 个 0 后形成新的多项式。为

　　　　　　　　　　$M'(X) = 11010000$

用模 2 除法求得 $M'(X)/G(X)$ 的余数的过程为

```
               1100
       ┌──────────────
10011 │ 11010000
         10011
         ─────
         10010
         10011
         ─────
         00010
         00000
         ─────
          00100
          00000
          ─────
           0100
```

将余数 0100 直接附加在 $M(X)$ 的后面，求得要传输的信息编码多项式 $T(X)$=11010100。

采用循环冗余校验后，其误码率可比使用方块校验后的误码率再降低 1~3 个数量级，故在数据通信系统中应用较多。循环冗余校验用软件实现比较麻烦，速度也很慢，但用硬件的移位寄存器和异或门实现循环冗余码的编码、译码和检错简单且快速。

小结

（1）数据通信是指在不同计算机之间传输表示数字、字符、语音、图像的二进制代码 0 和 1 位序列的过程。数据通信是以信息处理技术和计算机技术为基础的通信方式，为计算机网络的应用和发展提供了技术支持和可靠的通信环境。

（2）数据是指把事件的某些属性规范化后的表现形式，其可以被识别，也可以被描述。数据按其连续性可分为模拟数据与数字数据。信号是数据的电磁波表示形式，根据在传输介质上传输的信号类型，信号可分为数字信号和模拟信号。

（3）信道可分为物理信道和逻辑信道两种。物理信道是指用来传输信号或数据的物理通路，由传输介质及相关设备组成。逻辑信道也是一种通路，但一般是指人为定义的信息传输通路，即信号收、发点之间并不存在物理传输介质。通常把逻辑信道称为"连接"。

（4）数据传输速率是描述数据传输系统的重要技术指标之一，传输速率的表示方法一般有两种，即信号速率和调制速率。信号速率是指单位时间内所传输的二进制位代码的有效位数，单位为位/秒，数字信号的速率通常用"bit/s"来表示。调制速率是指每秒传输的脉冲数，单位为波特/秒，模拟信号的速率通常用"Baud/s"来表示。带宽是指信道中传输的信号在不失真的情况下所占用的频率范围，单位为赫兹。信道容量是指单位时间内信道上所能传输的最大位数。信道带宽与信道容量成正比，即信道带宽越宽，信道的容量就越大。

（5）按照信号传输的方向与时间的关系，数据通信可分为 3 种，即单工通信、半双工通信和全双工通信；按照字节使用的信道数，数据通信可分为两种，即串行通信和并行通信；按照同步技术，数据通信可分为两种，即异步通信和同步通信。

（6）常用的网络传输介质可分为两类：一类是有线的，另一类是无线的。有线传输介质主要有双绞线、同轴电缆及光纤；无线传输介质主要是自由空间或大气。传输介质的特性对网络中数据通信质量的影响很大。双绞线是局域网中使用非常广泛的传输介质。由于光纤具有高数据传输速率、信号衰减小、连接的范围广、抗干扰能力强、安全保密性好等优点，因而是一种良好的传输介质。

（7）按照通信子网中的网络节点对进入子网的数据所实施的转发方式的不同，数据交换方式可分为两大类：电路交换和存储转发交换。电路交换的特点如下：速度快，但系统效率低且无数据纠错能力。目前，网络中计算机之间的数据交换主要采用存储转发方式下的分组交换技术。分组交换又可以分为数据报分组交换和虚电路分组交换，两者的区别如下：在数据报分组交换中，同一报文的不同分组可以通过通信子网中不同的路径从原节点传输到目的节点；在虚电路分组交换中，同一报文的不同分组都是通过相同路径传输到目的地的。

（8）在数据通信技术中，将利用数字信道原封不动地传输由计算机或终端产生的 0 或 1 数字脉冲信号的方法称为基带传输；将利用模拟信道传输数字信号的方法称为宽带传输。Modem 是宽带传输中典型的通信设备，其能够实现数字信号和模拟信号间的转换。

（9）多路复用技术是把若干个彼此无关的信号合并为一个，并在同一条共用线路上进行传输，以充分利用通信线路的带宽，减少不必要的铺设或架设其他传输介质的费用的技术。多路复用技术一般有 3 种基本形式：频分多路复用、时分多路复用和波分多路复用。

（10）数据传输的信道分为模拟信道和数字信道两类。相应的，数据编码的方法也分为两类：模拟数据编码与数字数据编码。模拟数据编码主要有 3 种方式：幅移键控、频移键控和相移键控。数字数据编码也主要有 3 种方式：不归零编码、曼彻斯特编码和差分曼彻斯特编码。

（11）通常将发送的数据与通过通信信道后接收到的数据不一致的现象称为差错。差错的产生是无法避免的。采用抗干扰编码和纠错编码能有效地控制差错，降低误码率。循环冗余校验是目前应用很广、检错能力很强的一种检测方法，接收端可以通过校验码来检测传输的数据帧是否出错，一旦发现传输错误，就立即要求发送端重新发送数据。

习题 2

一、名词术语解释（将与术语匹配的定义序号填入括号）

1. 基带传输（　　　）　　　2. 频带传输（　　　）
3. 电路交换（　　　）　　　4. 数据报（　　　）
5. 虚电路（　　　）　　　　6. 单工通信（　　　）
7. 半双工通信（　　　）　　8. 全双工通信（　　　）

A．两台计算机进行通信前，首先要在通信子网中建立实际的物理线路连接的方法

B．同一报文中的所有分组可以通过预先在通信子网中建立的传输路径来进行传输的方法

C．在数字通信信道上直接传输基带信号的方法

D．在一条通信线路中，信号只能向一个方向传输的方法

E．在一条通信线路中，信号可以双向传输，但同一时间只能向一个方向传输的方法

F．利用模拟通信信道传输数字信号的方法

G．同一报文中的分组可以由不同的传输路径通过通信子网的方法

H．在一条通信线路中可以同时双向传输数据的方法

二、填空题

1．传输数据时，以原封不动的形式把来自终端的信息送入线路，这种方式称为_____。

2．通信系统中，通常称调制前的信号为_____信号，调制后的信号为宽带信号。

3．根据使用的光源和传输模式，光纤可分为_____和_____两种。

4．局域网中使用的双绞线可分为_____和_____两类。

5．当通信子网采用_____方式时，需要先在通信双方之间建立起物理链路；当采用_____方式时，需要先在通信双方之间建立起逻辑链路。

6．多路复用技术包括频分多路复用、_____和_____。

7．家庭中使用的有线电视可以收看很多电视台的节目，有线电视使用的是_____技术。

8．将数字数据转换为模拟信号有 3 种基本方法，即幅移键控、频移键控和_____。

9．PCM 过程有采样、_____和_____。

10．数据传输中所产生的差错主要是由突发噪声和_____引起的。

11．_____是在通信系统中衡量可靠性的指标，其定义是二进制码元在传输系统中被传错的概率。

三、单项选择题

1．在常用的传输介质中，带宽最大、信号传输衰减最小、抗干扰能力最强的一类传输介质是_____。

    A．双绞线　　　　　B．光纤　　　　　C．同轴电缆　　　　　D．无线信道

2. 在脉冲编码调制方法中，如果规定的量化级是 64 个，则需要使用_____位编码。

    A. 7　　　　　　B. 6　　　　　　C. 5　　　　　　D. 4

3. 波特率为_____。

    A. 每秒传输的位数　　　　　　　　B. 每秒传输的周期数

    C. 每秒传输的脉冲数　　　　　　　　D. 每秒传输的字节数

4. 下列陈述中，不正确的是_____。

    A. 电路交换技术适用于连续、大批量的数据传输

    B. 与电路交换方式相比，报文交换方式的效率较高

    C. 报文交换方式在传输数据时需要同时使用发送器和接收器

    D. 不同速率和不同电码之间的用户不能进行电路交换

5. 两台计算机利用电话线路传输数据信号时需要的设备是_____。

    A. 调制解调器　　B. 网卡　　C. 中继器　　D. 集线器

6. 误码率是描述数据通信系统质量的重要参数之一，在下列有关误码率的说法中，_____是正确的。

    A. 误码率是衡量数据通信系统在正常工作状态下传输可靠性的重要参数

    B. 当一个数据传输系统采用 CRC 校验技术后，这个数据传输系统的误码率为 0

    C. 采用光纤作为传输介质的数据传输系统的误码率可以达到 0

    D. 如果用户传输 1 KB 信息时没有发现传输错误，那么该数据传输系统的误码率为 0

7. 一种用载波信号相位移动来表示数字数据的调制方法称为_____键控。

    A. 相移　　　　　B. 幅移　　　　　C. 频移　　　　　D. 混合

8. 将物理信道的总频带分割成若干条子信道，每条子信道传输一路模拟信号，这种技术是_____。

    A. 时分多路复用　　　　　　　　B. 频分多路复用

    C. 波分多路复用　　　　　　　　D. 统计时分多路复用

9. 与分组交换相比，报文交换_____。

    A. 有利于迅速纠错　　　　　　　　B. 出错时需要重传整个报文

    C. 把整个数据分成了若干个组　　　　D. 出错时无须重传整个报文

10. 下列陈述中正确的是_____。

    A. 时分多路复用将物理信道的总带宽分割成若干子信道，该物理信道同时传输各子信道的信号

    B. 虚电路传输方式类似于邮政信箱服务，数据报类似于长途电话服务

    C. 在多路复用技术的方法中，从性质来看，频分多路复用较适用于模拟信号传输，时分多路复用较适用于数字信号传输

    D. 即使采用数字通信方式，也要同模拟通信方式一样，必须使用调制解调器

四、问答题

1. 什么是数字信号，什么是模拟信号？两者的区别是什么？

2. 什么是信道？信道可以分为哪两类？

3. 什么是传输速率？表示传输速率的基本方法有哪两种，分别适用于什么场合？

4. 电路交换和存储转发式交换各有什么特点？

5. 比较并说明双绞线、同轴电缆与光纤 3 种常用传输介质的特点。

6. 简述调制解调器的基本工作原理。

7. 简述波分多路复用技术的工作原理和特点。

8. 数字信号的编码方式有哪几种，各有何特点？

9. 控制字符 SYN 的 ASCII 编码为 100110，画出 SYN 的 FSK、NRZ 编码、曼彻斯特编码和差分曼彻斯特编码这 4 种编码方法的信号波形。

10. 什么是差错？差错产生的原因有哪些？

11. 利用生成多项式 $G(X)=X^4+X^3+1$ 计算信息码 1011001 的编码多项式 $T(X)$。

12. 某一个数据通信系统采用 CRC 校验方式，并且生成多项式 $G(X)$的二进制位序列为 11001，目的节点接收到的二进制位序列为 110111001（含 CRC 校验）。判断传输过程中是否出现了差错并说明理由。

第3章
计算机网络体系结构与协议

计算机网络是一个十分复杂的系统，涉及计算机技术、通信技术、多媒体技术等多个领域。这样一个复杂而庞大的系统要高效、可靠地运转，网络中的各个部分必须遵守一整套合理而严谨的结构化管理规则。计算机网络就是按照高度结构化的设计思想，采用功能分层原理的方法来实现的。

本章将从介绍网络体系结构和网络协议的基本概念入手，详细讨论 OSI 参考模型和 TCP/IP参考模型的层次结构及层次功能，并对这两类参考模型进行比较，最终得出一种适合学习的网络参考模型。

本章的学习目标如下。
- 理解并掌握网络体系结构和网络协议的基本概念。
- 掌握OSI参考模型的层次结构和各层的功能。
- 掌握OSI参考模型与TCP/IP参考模型层次间的对应关系。
- 掌握TCP/IP参考模型各层的功能。
- 理解OSI参考模型与TCP/IP参考模型的区别。

3.1 网络体系结构与网络协议概述

网络体系结构与网络协议是计算机网络技术中两个最基本的概念，也是初学者比较难以理解的概念，本节将从网络体系结构入手，逐渐引出网络协议、层次结构、接口和服务等内容的介绍，并对相关内容进行详细讲解。

3.1.1 网络体系结构的概念

体系结构（Architecture）是研究系统各组成部分及其相互关系的技术科学。计算机网络体系结构是指整个网络系统的逻辑组成和功能分配，其定义和描述了一组用于计算机及通信设施之间互联的标准和规范的集合。研究计算机网络体系结构的目的在于定义计算机网络各个组成部分的功能，以便在统一的原则下对计算机网络的设计、建造、使用和发展进行指导。

3.1.2 网络协议的概念

从根本的角度上讲，协议就是规则。例如，在公共交通道路上行驶的各种交通工具需要遵守交通规则，这样才能减少交通阻塞，有效地避免交通事故的发生。又如，不同国家的人使用的是不同的语言，如果事先不约定好使用同一种语言，那么沟通将会非常困难。

在计算机网络的通信过程中，数据从一台计算机传输到另一台计算机被称为数据通信或数据交换。同理，网络中的数据通信也需要遵守一定的规则，以减少网络阻塞，提高网络的利用率。网络协议就是为网络中的数据通信而建立的规则、标准或约定。联网的计算机与网络设备之间要进行数据与控制信息（一种用于控制设备如何工作的数据）的成功传递，就必须共同遵守网络协议。

网络协议主要由以下3个要素组成。

（1）语法（Syntax）。语法规定了通信双方"如何讲"，即确定用户数据与控制信息的结构与格式。

（2）语义（Semantics）。语义规定了通信的双方准备"讲什么"，即需要发出何种控制信息、完成何种动作和做出何种应答。

（3）时序（Timing）。时序又可称为同步，规定了双方"何时进行通信"，即事件实现顺序的详细说明。

下面以两个人的通话过程为例来说明网络协议的概念。

甲要给乙打电话，首先拨通乙的电话号码，乙的电话响铃，乙拿起电话，然后甲、乙开始通话，通话完毕后，双方挂断电话。在这个过程中，甲、乙双方都遵守了打电话的协议。其中，电话号码是"语法"的一个例子，一般固定电话号码由8位阿拉伯数字组成，如果是长途，则需要加区号，国际长途还要加国家/地区代码等。甲拨通乙的电话后，乙的电话会响铃，响铃是一个信号，表示有电话打进，乙选择接电话，这一系列的动作包括控制信号、相应动作等，这就是"语义"的例子。"时序"的概念更好理解，因为甲拨通了电话，乙的电话才会响，乙听到铃声后才会考虑要不要接；这一系列事件的因果关系十分明确，不可能没有人拨乙的电话而乙的电话会响，也不可能在电话铃没响的情况下，乙拿起电话却从话筒里听到甲的声音。

3.1.3 网络协议的分层

计算机网络是一个非常复杂的系统，因此网络通信也比较复杂。网络通信的涉及面极广，不仅涉及网络硬件设备（如物理线路、通信设备、计算机等），还涉及各种各样的软件，所以用于网络的通信协议必然很多。实践证明，结构化设计方法是解决复杂问题的一种有效手段，其核心思想就是将系统模块化，并按层次组织各模块。因此，在研究计算机网络的结构时，通常会对其按层次进行分析。

1. 分层的好处

计算机网络中采用分层体系结构，主要是因为有以下好处。

（1）各层之间相互独立。高层并不需要知道低层是采用何种技术来实现的，而只需要知道低层通过接口能提供哪些服务。每一层都有清晰、明确的任务，实现相对独立的功能，因而可以将复杂的系统性问题分解为一层层的小问题。当属于每一层的小问题都解决了，那么整个系统的问题也就基本解决了。

（2）灵活性好，易于实现和维护。如果把网络协议作为一个整体来处理，那么任何方面的改进都必然要对整体进行修改，这与网络的迅速发展是极不协调的。若采用分层体系结构，由于整个系统已被分解成若干个易于处理的部分，那么这样一个庞大而又复杂的系统的实现与维护也就变得容易控制了。当任何一层发生变化时（如技术的变化），只要层间接口保持不变，其他各层就不会受到影响。另外，当某层提供的服务不再被其他层需要时，可以将该层直接取消。

（3）有利于促进标准化。这主要是因为每一层的协议已经对该层的功能与所提供的服务做了明确的说明。

2. 各层次间的关系

前面已经讲到网络协议都是按层的方式来组织的，每一层都建立在下一层之上。不同的网络，其层次数，各层的名称、内容和功能都不尽相同。然而，在所有的网络中，每一层的目的都是向上一层提供一定的服务，而上一层根本不需要知道下一层是如何实现服务的。

每一对相邻层次之间都有一个接口（Interface），接口定义了下层向上层提供的原语操作（即命令）和服务，相邻层次都是通过接口来交换数据的。当网络设计者决定一个网络应包括多少层、每一层应当做什么的时候，其中很重要的一点就是要考虑在相邻层次之间定义一个清晰的接口。为达到这些目的，又要求每一层能完成一组特定的、有明确含义的功能。低层通过接口向高层提供服务，只要接口条件不变、低层功能不变，低层功能的具体实现方法与技术的变化就不会影响整个系统的工作。计算机网络的层次模型如图 3-1 所示。

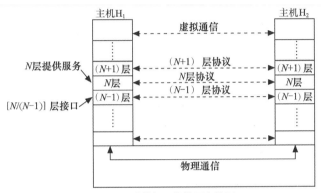

图 3-1　计算机网络的层次模型

每一层中的活动元素通常被称为实体（Entity）。实体既可以是软件实体（如一个进程），又可以是硬件实体（如智能输入输出芯片）。不同通信节点上的同一层实体被称为对等实体（Peer Entities）。例如，网络中一个通信节点上的第 3 层与另一个通信节点上的第 3 层进行对话时，通话双方的两个进程就是对等实体，通话的规则即第 3 层上的协议。在计算机网络中，对等实体正是利用该层的协议互相通信的。但是在实际的通信过程中，数据并不是从节点 1 的第 3 层直接传输到节点 2 的第 3 层的，而是每一层都把数据和控制信息交给下一层，直到第 1 层。第 1 层下面是物理介质，用于进行实际数据传输。对等实体间的通信过程如图 3-2 所示。

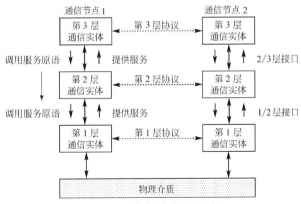

图 3-2　对等实体间的通信过程

3. 层间的关系举例

下面通过一个例子来更好地说明网络通信的实质。

假设有甲、乙两位董事长（第3层中的对等实体）。董事长甲是中国人，位于成都；董事长乙是法国人，位于巴黎，他们要进行对话。两位董事长的办公室都有两位工作人员：翻译（第2层中的对等实体）和秘书（第1层中的对等实体）。甲、乙董事长的对话过程如图3-3所示。

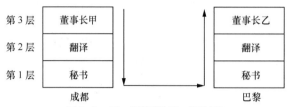

图3-3　甲、乙董事长的对话过程

董事长甲希望向董事长乙表达他的看法。那么，甲把"我认为我们应该合作完成这项工程"这一信息通过董事长甲与其翻译的交接处（第3层与第2层之间的接口）传给董事长甲的翻译。翻译根据翻译协会规定的方法（第2层的协议）把这句话翻译成英文"I think we should cooperate to do this project"。（注意：董事长甲不必关心是通过什么工具进行翻译的。）

接下来，董事长甲的翻译把该英文信息通过他与秘书的交接处（第2层与第1层之间的接口）交给董事长甲的秘书，以传递到巴黎。（注意：董事长甲的翻译不必关心秘书是用什么方式把英文信息传递到董事长乙的秘书那里的，假定董事长甲的秘书以传真这种通信方式把英文信息传递到董事长乙的秘书那里。）

董事长乙的秘书从传真机上取出传真纸，并通过他与董事长乙的翻译的交接处（第1层与第2层之间的接口）把英文信息交给董事长乙的翻译。董事长乙的翻译将其翻译成法语后通过他与乙的交接处（第2层与第3层之间的接口）将该信息传给董事长乙，从而完成董事长甲与董事长乙的通信。（注意：董事长乙也不需要了解他的翻译是通过什么工具进行翻译的。）

从上面这个例子可以看出：每层的实体所遵循的协议与其他层的实体所遵循的协议完全无关，在通信过程中，只要求该层的功能不变且该层与其他层的接口保持不变。低层的每一层都可能增加一些对等实体需要的信息，但这些信息一般不会被传递到对等实体之上的层。

3.1.4　其他相关概念

1．服务
服务位于层次接口的位置，表示低层为上层提供哪些操作功能，至于这些功能是如何实现的，完全不是服务考虑的范畴。

2．面向连接服务和无连接服务
服务分为面向连接服务和无连接服务。面向连接服务就像打电话，有一个明显的拨通电话、讲话、挂断电话的过程，即面向连接服务的提供者要进行建立连接、维护连接和拆除连接的工作。这种服务的好处就是能够保证数据高速、可靠和顺序地传输。无连接服务就像发电报，电报发出后并不能马上确认对方是否已收到。因此，无连接服务不需要维护连接的额外开销，但是可靠性较低，也不能保证数据的顺序传输。

3．服务访问点
服务访问点（Service Access Point，SAP）是相邻两层实体之间通过接口调用服务或提供服务的联系点。

4．协议数据单元
协议数据单元（Protocol Data Unit，PDU）是对等实体之间通过协议传送的数据单元。

5. 接口数据单元

接口数据单元（Interface Data Unit，IDU）是相邻层次之间通过接口传送的数据单元，接口数据单元又称为服务数据单元（Service Data Unit，SDU）。

3.2 网络参考模型

前面已经对网络体系结构、协议的分层和层之间的关系进行了一般性的讨论，本节将具体分析两种重要的网络体系结构，即 OSI 参考模型和 TCP/IP 参考模型。

3.2.1 OSI 参考模型

1. OSI 参考模型的概念

在 20 世纪 70 年代中期，美国 IBM 公司推出了系统网络结构（System Network Architecture，SNA）。之后 SNA 不断进行版本更新，它是一种在全球被广泛使用的体系结构。随着全球网络应用的不断发展，不同网络体系结构的用户之间需要进行网络的互联和信息的交换。1984 年，ISO 发布了著名的 ISO/IEC 7498 标准。它定义了网络互联的 7 层框架，这就是著名的 OSI 参考模型。这里的"开放"是指只要遵循 OSI 标准，一个系统就可以与位于世界上任何地方且同样遵循 OSI 标准的其他任何系统进行通信。OSI 参考模型的结构如图 3-4 所示。

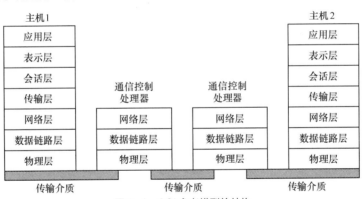

图 3-4 OSI 参考模型的结构

OSI 参考模型只给出了一些原则性的说明，它并不是一个具体的网络。它将整个网络的功能划分成 7 个层次，最高层为应用层，面向用户提供网络应用服务；最低层为物理层，与传输介质相连实现真正的数据通信。两台计算机通过网络进行通信时，除物理层之外，其余各对等层之间均不存在直接的通信关系，而是通过各对等层的协议来进行通信的。只有两个物理层之间通过传输介质进行真正的数据通信。

2. OSI 参考模型各层的功能

OSI 参考模型已经为各层制定了标准，各个标准作为独立的国际标准公布。下面以从低层到高层的顺序，依次介绍 OSI 参考模型的各层。

（1）物理层（Physical Layer）。物理层是 OSI 参考模型的最底层。物理层的主要任务就是透明地传输二进制比特流，即经过实际电路传输后的比特流没有发生变化。但是物理层并不关心比特流的实际意义和结构，只负责接收和传输比特流。作为发送方，物理层通过传输介质发送数据；作为接收方，物理层通过传输介质接收数据。物理层的另一个任务就是定义网络硬件的特性，包括使用什么样的传输介质和传输介质连接的接头等物理特性。

物理层定义的典型规范代表有 EIA/TIA RS-232、EIA/TIA RS-449、V.35、RJ-45 等。

值得注意的是，传输信息所利用的物理传输介质，如双绞线、同轴电缆、光纤等，并不在物理层之内，而是在物理层之下。

（2）数据链路层（Data Link Layer）。数据链路层是 OSI 参考模型的第 2 层。数据链路层的主要任务是在两个相邻节点间的线路上无差错地传输以帧（Frame）为单位的数据，使数据链路层对网络层显现为一条无差错线路。因为物理层仅接收和传输比特流，并不关心比特流的意义和结构，所以数据链路层要产生和识别帧边界。另外，数据链路层还提供了差错控制与流量控制的方法，以保证在物理线路上传输的数据无差错。广播式网络在数据链路层还要处理新的问题，即如何控制各个节点对共享信道的访问。

数据链路层协议的代表有同步数据链接控制（Synchronous Data Link Control，SDLC）协议、高级数据链路控制（HDLC）协议、点对点协议（Point-to-Point Protocol，PPP）、生成树协议（Spanning Tree Protocol，STP）、帧中继协议等。

（3）网络层（Network Layer）。网络层是 OSI 参考模型的第 3 层，在这一层，数据传输的单位为数据分组（Packet，也称数据包）。网络层的关键问题是如何进行路由选择，以确定数据分组如何从发送端到达接收端。如果子网中同时出现的数据分组太多，则它们将会互相阻塞，影响数据的正常传输。因此，拥塞控制也是网络层的功能之一。

另外，当数据分组需要经过另一个网络以到达目的地时，第 2 个网络的寻址方法、分组长度、网络协议可能与第 1 个网络的不同，因此，网络层还要解决异构网络的互联问题。

网络层协议的代表有互联网协议（Internet Protocol，IP）、互联网分组交换（Internetwork Packet Exchange，IPX）协议、路由信息协议（Routing Information Protocol，RIP）、开放最短路径优先（Open Shortest Path First，OSPF）协议等。

（4）传输层（Transport Layer）。传输层是 OSI 参考模型的第 4 层。传输层从会话层接收数据，形成报文（Message），并在必要时将其分成若干个数据分组，然后交给网络层进行传输。

传输层的主要功能是为上一层进行通信的两个进程提供一个可靠的端到端服务，使传输层以上的各层看不见传输层以下的数据通信细节，传输层以上的各层不再关心信息传输的问题。端到端是指进行相互通信的两个节点不是直接通过传输介质连接起来的，两个节点之间有很多交换设备（如路由器），这样的两个节点之间的通信就称为端到端通信。

传输层协议的代表有传输控制协议（Transmission Control Protocol，TCP）、用户数据报协议（User Datagram Protocol，UDP）、序列分组交换（Sequenced Packet Exchange，SPX）协议等。

（5）会话层（Session Layer）。会话层是 OSI 参考模型的第 5 层。会话层允许不同机器上的用户建立会话关系，主要针对远程访问，主要任务包括会话管理、传输同步和数据交换管理等。会话一般是面向连接的，如当文件传输到中途建立的连接突然断掉时，是重传还是断点续传，这个任务由会话层来决定。

会话层协议的代表有网上基本输入/输出系统（Network Basic Input/Output System，NetBIOS）、区信息协议（Zone Information Protocol，ZIP）等。

（6）表示层（Presentation Layer）。表示层是 OSI 参考模型的第 6 层。表示层关心的是所传输信息的语法和语义。表示层的主要功能是处理在多个通信系统之间交换信息的表示方式，主要包括数据格式的转换、数据加密与解密、数据压缩与恢复等。

表示层协议的代表有 ASCII、ASN.1、联合图像专家组（Joint Photographic Experts Group，JPEG）、动态图像专家组（Motion Picture Experts Group，MPEG）等。

（7）应用层（Application Layer）。应用层是 OSI 参考模型的最高层。应用层为网络用户或应用程序提供各种服务，如文件传输、电子邮件收发、网络管理和远程登录等。

应用层协议的代表有远程登录（Telnet）服务、FTP、超文本传送协议（Hypertext Transfer Protocol，HTTP）、简单网络管理协议（Simple Network Management Protocol，SNMP）等。

3. OSI 参考模型中的数据传输过程

图 3-5 所示为 OSI 参考模型中的数据传输过程。

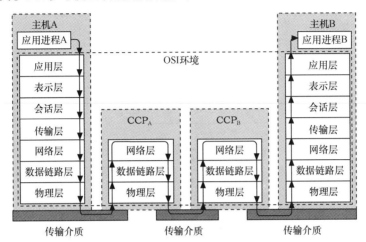

图 3-5　OSI 参考模型中的数据传输过程

从图 3-5 中可以看出，OSI 参考模型中的数据传输过程包括以下几步。

（1）应用进程 A 将要发送的数据传输到应用层、表示层……直至物理层。

（2）物理层通过连接该主机系统与通信控制处理器（Communication Control Processor，CCP）CCPA 的传输介质，将数据输送到通信控制处理机 CCPA。

（3）通信控制处理器 CCPA 的物理层接收到主机 A 传输的数据后，通过数据链路层检查是否存在传输错误，并通过网络层的路由选择，确定下一个节点是通信控制处理器 CCPB。

（4）通信控制处理器 CCPA 将数据传输到通信控制处理器 CCPB，CCPB 采用相同的方法将数据传输到主机 B。

（5）主机 B 将接收到的数据从物理层向高层传输直至应用层。最后将数据传输给主机 B 的应用进程 B。

在整个通信过程中，需要注意的一点是，虽然数据的实际传输方向是垂直的，但从用户的角度来看却好像数据一直是水平传输的。例如，当发送方主机的传输层从会话层得到数据后，会形成报文，并把报文发送给接收方主机的传输层。从发送方主机传输层的角度来看，实际上必须先把报文传给本机的网络层，但这只是一个技术细节问题。

3.2.2　TCP/IP 参考模型

1. TCP/IP 概述

说到 TCP/IP 的历史，就不得不谈到 Internet 的历史。20 世纪 60 年代初期，美国国防部高级研究计划署开始研究广域网络互联课题，并建立了 ARPANET 实验网络，这就是 Internet 的起源。ARPANET 的初期运行情况表明，计算机广域网络应该有一种标准化的通信协议，于是 TCP/IP 在 1973 年诞生了。虽然 ARPANET 并未发展成为公众可以使用的 Internet，但是 ARPANET 的运行经验表明，TCP/IP 是一个非常可靠且实用的网络协议。当现代 Internet 的雏形——美国国家科学基金会（National Science Foundation，NSF）建立的 NSFNet 于 20 世纪

80 年代末出现时，就借鉴了 ARPANET 的 TCP/IP 技术。借助 TCP/IP 技术，NSFNet 使越来越多的网络互联在一起，最终形成了今天的 Internet。TCP/IP 也因此成为 Internet 上广泛使用的标准网络通信协议。

　　TCP/IP 由一系列的文档定义组成，这些文档定义描述了 Internet 的内部实现机制，以及各种网络服务或服务的定义。TCP/IP 并不是由某个特定组织开发的，它实际上是由一些团体共同开发的，任何人都可以把自己的意见作为文档发布，但只有被认可的文档才能成为 Internet 标准。

　　作为一套完整的网络通信协议结构，TCP/IP 实际上是一个协议族。除其核心协议——TCP 和 IP 之外，TCP/IP 协议族还包括其他一系列协议，它们都包含在 TCP/IP 协议族的 4 个层次中，形成了 TCP/IP 协议栈，如图 3-6 所示。

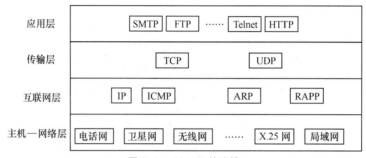

图 3-6　TCP/IP 协议栈

2. OSI 参考模型与 TCP/IP 参考模型的层次对应关系

　　与 OSI 参考模型不同的是，TCP/IP 参考模型是在 TCP 与 IP 出现之后才被提出来的。OSI 参考模型与 TCP/IP 参考模型的层次对应关系如图 3-7 所示。

　　TCP/IP 参考模型的主机—网络层与 OSI 参考模型的数据链路层和物理层相对应；TCP/IP 参考模型的互联网层与 OSI 参考模型的网络层相对应；TCP/IP 参考模型的传输层与 OSI 参考模型的传输层相对应；TCP/IP 参考模型的应用层与 OSI 参考模型的应用层相对应。

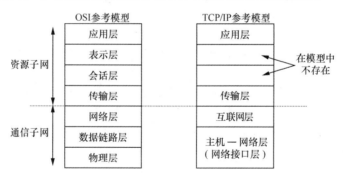

图 3-7　OSI 参考模型与 TCP/IP 参考模型的层次对应关系

　　根据 OSI 参考模型的经验，会话层和表示层对大多数应用程序没有用处，所以 TCP/IP 参考模型把它们排除在外。

3. TCP/IP 参考模型各层次的功能

　　（1）主机—网络层（Host to Network Layer）。主机—网络层是 TCP/IP 参考模型中的最底层。事实上，TCP/IP 参考模型并没有真正定义这一部分，只是指出在这一层上必须具有物理层和数据链路层的功能，以将从网络层传输下来的数据发送到目的主机的网络层。至于在这一层上使用哪些标准，则不是 TCP/IP 参考模型所关心的。

主机—网络层中包含多种网络层协议，如以太网协议、令牌环网协议、分组交换网协议（X.25）等。

（2）互联网层（Internet Layer）。互联网层是 TCP/IP 参考模型中的第 2 层，是整个 TCP/IP 参考模型的关键部分。互联网层提供的是无连接的服务，主要负责将源主机的数据分组发送到目的主机。源主机与目的主机既可以在同一个物理网内，又可以不在同一个物理网内。

互联网层上定义了正式的数据分组格式和协议，即 IP。除 IP 之外，还包括一些用于互联网层的控制协议，如互联网控制报文协议（Internet Control Message Protocol，ICMP）、地址解析协议（Address Resolution Protocol，ARP）、反向地址解析协议（Reverse Address Resolution Protocol，RARP）等。这些协议将在第 5 章中进行详细介绍。

互联网层的主要功能包括以下几个。

① 处理来自传输层的分组发送请求。在接收到分组发送请求之后，将分组装入 IP 数据报，填充首部，选择发送路径，并将数据报发送到相应的网络。

② 处理接收到的数据报。在接收到其他主机发送的数据报后，检查目的地址，若需要转发，则选择发送路径并转发出去。如果目的地址为节点 IP 地址，则除去报头，将分组交送到传输层进行处理。

③ 进行流量控制与拥塞控制。

（3）传输层。传输层是 TCP/IP 参考模型中的第 3 层。传输层的主要功能是使发送方主机和接收方主机上的对等实体可以进行会话。从这一点上看，TCP/IP 参考模型的传输层和 OSI 参考模型的传输层的功能类似。

传输层上定义了以下两种端到端的协议。

① TCP。TCP 是一种面向连接的协议，允许从源主机发出的字节流（Byte Stream）被无差错地传输到网络的其他主机上。在发送端，TCP 把应用层的字节流分成多个报文段并传给互联网层。在接收端，TCP 把收到的报文段封装成字节流，并送往应用层。TCP 还要进行流量控制，以避免高速发送方主机向低速接收方主机发送的报文过多而造成接收方主机无法处理的情况。

② UDP。UDP 是一种不可靠的、无连接的协议。UDP 主要被用于不需要数据分组顺序到达的传输环境中，同时被广泛地应用于只有一次的、客户机/服务器（Client/Server，C/S）模式的请求应答查询，以及快速传输比准确传输更重要的应用程序（如传输语音或影像）中。

（4）应用层。应用层是 TCP/IP 参考模型的最高层。应用层负责向用户提供一组常用的服务，如电子邮件收发、远程登录、文件传输等。应用层包含所有 TCP/IP 协议族中的高层协议，如 FTP、简单邮件传输协议（Simple Mail Transfer Protocol，SMTP）、HTTP、SNMP 和域名系统（Domain Name System，DNS）协议等。

应用层协议一般可以分为 3 类：依赖于面向连接的 TCP 的协议，如 FTP、SMTP 等；依赖于无连接的 UDP 的协议，如 SNMP；既依赖于 TCP 又依赖于 UDP 的协议，如 DNS 协议。

3.2.3 两种参考模型的比较

OSI 参考模型和 TCP/IP 参考模型有很多相似之处，两者都是基于独立的协议栈的概念（按照层次结构思想对计算机网络模块化的研究，形成了一组从上到下、单向依赖的栈式结构），且层的功能大体相似。除了这些相似之处外，这两种模型也有很多不同之处。

OSI 参考模型有 3 个主要概念：服务、接口和协议。

OSI 参考模型的每一层都为上一层提供一些服务。服务定义了该层做什么，而不管上面的层如何访问或该层如何工作。某一层的接口告诉其上面的进程如何访问接口，接口定义了需要什么参数和预期结果是什么。同样，接口和该层如何工作无关。某一层中使用的协议是该层的内部事务，可以使用任何协议，只要能完成工作（如提供规定的服务）即可，且某一层协议的改变不会影响其他层。

这些思想和现代的面向对象的编程技术非常吻合。一个对象（如同一个层）有一组方法（操作），该对象外部的进程可以使用这些方法。这些方法的语义定义了该对象所提供的服务。方法的参数和结果就是该对象的接口。对象内部的代码即协议，且在该对象外部是不可见的。

TCP/IP 参考模型最初没有明确区分服务、接口和协议，后来，人们试图修改该参考模型，以便更接近 OSI 参考模型。因此，OSI 参考模型中的协议比 TCP/IP 参考模型中的协议具有更好的隐藏性（在技术发生变化时能相对比较容易地将这些协议替换掉）。而最初把协议分层的主要目的之一就是希望能做这样的替换。

OSI 参考模型产生在协议发明之前。这意味着该参考模型没有偏向于任何特定的协议，因此其非常通用；不利的方面是设计者在设计协议方面没有太多的经验，因此不知道把哪些功能放在哪一层比较好。TCP/IP 参考模型则恰好相反，它出现在协议之后，其实际上是对已有协议的描述，因此，其不会出现协议不能匹配参考模型的情况。

两个参考模型间明显的差别是层的数量：OSI 参考模型有 7 层，而 TCP/IP 参考模型只有 4 层。两者都有互联网（网络）层、传输层和应用层，而其他层并不相同。此外，OSI 参考模型在网络层支持无连接和面向连接的通信，而在传输层仅有面向连接的通信；TCP/IP 参考模型在网络层仅支持无连接的通信，而在传输层支持无连接和面向连接的通信，这就给了用户选择的机会。

3.2.4　一种建议使用的网络参考模型

从前面的分析来看，OSI 参考模型的 7 层协议体系结构既复杂又不实用，但其概念清楚；TCP/IP 参考模型得到了业界的承认，但是并没有一个完整的体系结构。因此，在学习计算机网络的体系结构时可以采用一种折中的办法，即把 OSI 参考模型的会话层与表示层去掉，从而形成一种原理体系结构，其只有 5 层，如图 3-8 所示。

图 3-8　一种建议使用的网络参考模型

目前，OSI 参考模型已被我国确立为计算机网络体系结构的发展方向。我国已明确了在计算机网络的发展中要等效或等同采用 OSI 参考模型作为我国国家标准的方针。但是，考虑到目前和近期大量的计算机产品仍然采用非 OSI 参考模型，而越来越广泛使用的 UNIX 系统产品中的网络协议都是以 TCP/IP 参考模型为核心的，因此为确保近期的使用，紧跟国际技术发展的潮流，以及将来能以最小代价逐步过渡和升级，我国计算机科学研究者同时在研究 OSI 参考模型与 TCP/IP 参考模型的转换技术，以期在 TCP/IP 参考模型的网络环境中实现 OSI 参考模型。

小结

（1）计算机网络体系结构是指整个网络系统的逻辑组成和功能分配，它定义和描述了一组用于计算机及通信设施之间互联的标准及规范。

（2）网络协议是指为进行网络中的数据交换而建立的规则、标准或约定。网络中的计算机和网络设备之间要想进行数据通信就必须共同遵守网络协议。

（3）网络协议的 3 个要素包括语法、语义和时序。语法即数据与控制信息的结构或格式；语义规定了需要发出何种控制信息、完成何种动作和做出何种应答；时序规定了事件实现顺序的详细说明。

（4）网络协议采用的是分层体系结构。实践证明，这种结构化的分析手段是解决复杂网络问题的有效方法。对网络协议进行分层至少有以下好处：各层之间可相互独立；灵活性好，易于实现和维护；有利于促进标准化。

（5）分层体系结构中相邻层次之间有一个接口，接口定义了下层向上层提供的命令和服务，相邻两个层次都是通过接口来交换数据的。层次与层次之间相互独立，上一层不需要知道下一层是如何实现服务的，且每一层的协议都与其他层的协议无关。

（6）1984 年，ISO 正式制定和颁布了 OSI 参考模型。其中，"开放"的含义是只要遵循 OSI 参考模型，一个系统就可以与位于世界上任何地方且同样遵循 OSI 参考模型的其他任何系统进行通信。

（7）OSI 参考模型将整个网络的功能划分成 7 个层次，由下向上分别为物理层、数据链路层、网络层、传输层、会话层、表示层、应用层。其中，物理层与传输介质相连，实现了真正的数据通信；应用层面向用户，提供各种网络应用服务。

（8）TCP/IP 是当今 Internet 上广泛使用的标准网络通信协议。TCP/IP 是一组协议的代名词，其核心协议是 TCP 和 IP，也包括其他协议，它们共同组成了 TCP/IP 协议族。

（9）TCP/IP 参考模型是当今国际上公认的网络标准，是对 OSI 参考模型的应用和发展。TCP/IP 参考模型共分为 4 层，由下向上分别为主机—网络层、互联网层、传输层和应用层。

（10）TCP/IP 协议族中的所有协议都包含在 TCP/IP 参考模型的 4 个层次中。其中，应用层包含所有 TCP/IP 协议族中的高层协议。这些协议又可分为 3 类：依赖于面向连接的 TCP 的协议，如 SMTP；依赖于无连接的 UDP 的协议，如 SNMP；既依赖于 TCP 又依赖于 UDP 的协议，如 DNS 协议。

（11）无论是 OSI 参考模型，还是 TCP/IP 参考模型，都不是十全十美的，都存在一定的缺陷。为了取长补短，在学习网络体系结构的时候往往采取一种折中的方法，即去掉 OSI 参考模型中的会话层与表示层，保留物理层和数据链路层，从而形成一种 5 层的网络参考模型。

习题 3

一、名词术语解释（将与术语匹配的定义序号填入括号）

1. 数据链路层（　　）
2. 接口（　　）
3. 应用层（　　）
4. 网络层（　　）
5. 传输层（　　）
6. 通信协议（　　）
7. 网络体系结构（　　）
8. TCP/IP（　　）

A. 定义下层向上层提供的原语操作（即命令）和服务

B. 为进行网络中的数据交换而建立的规则、标准或约定

C. 负责选择路由，以确定分组如何从发送者到接收者的层

D. Internet 上广泛使用的标准网络通信协议，由一系列的文档定义组成，这些文档定义描述了 Internet 的内部实现机制，以及各种网络服务

E. 在上一层进行通信的两个进程之间提供一个可靠的端到端服务，使该层以上的各层看不见该层以下的数据通信细节

F．OSI 参考模型及 TCP/IP 参考模型的最高层，主要负责向用户提供一组常用的应用程序

G．在两个相邻节点间的线路上无差错地传送以帧为单位的数据，使该层对网络层显现为一条无错线路

H．定义和描述了一组用于计算机及通信设施之间互联的标准和规范的集合

二、填空题

1．为进行网络中的数据交换而建立的规则、标准或约定称为＿＿＿＿＿＿＿＿。

2．网络协议的 3 个要素是＿＿＿＿＿＿、＿＿＿＿＿＿和＿＿＿＿＿＿。

3．在 OSI 参考模型中，为数据分组提供在网络中路由功能的层是＿＿＿＿＿＿，提供建立、维护和拆除端到端连接的层是＿＿＿＿＿＿。

4．在 TCP/IP 参考模型中，与 OSI 参考模型的网络层对应的是＿＿＿＿＿＿。

5．在 OSI 参考模型中，将传输的比特流划分为帧的是＿＿＿＿＿＿层。

6．在 TCP/IP 协议族中，＿＿＿＿＿＿是建立在 IP 上的无连接的端到端的通信协议。

7．TCP 和 IP 是 TCP/IP 协议族中的两个核心协议，TCP 的中文全称是＿＿＿＿＿＿，IP 的中文全称是＿＿＿＿。

8．数据压缩和解密是 OSI 参考模型＿＿＿＿＿＿层的功能。

9．网络层的数据传输单位是＿＿＿＿＿＿，传输层的数据传输单位是＿＿＿＿＿＿。

10．在 OSI 参考模型中，会话层的主要功能是＿＿＿＿＿＿和＿＿＿＿＿＿。

三、单项选择题

1．以下不属于计算机网络体系结构的特点的是＿＿＿＿。
   A．计算机网络体系结构是抽象的功能定义
   B．计算机网络体系结构是以高度结构化的方式设计的
   C．计算机网络体系结构是分层结构，是网络各层及其协议的集合
   D．在分层结构中，上层必须知道下层是怎样实现的

2．在 OSI 参考模型中，同一节点内相邻层次之间通过＿＿＿＿来进行通信。
   A．协议　　　　B．接口　　　　C．应用程序　　　　D．进程

3．在 OSI 参考模型中，与 TCP/IP 参考模型的主机—网络层对应的是＿＿＿＿。
   A．网络层　　　　　　　　B．应用层
   C．传输层　　　　　　　　D．物理层和数据链路层

4．网络层提供的面向连接服务在数据交换时＿＿＿＿。
   A．必须先提供连接，在该连接上传输数据，数据传输完成后释放连接
   B．必须先建立连接，在该连接上只传输命令/响应，传输后释放连接
   C．不需要建立连接，传输数据所需要的资源被动态分配
   D．不需要建立连接，传输数据所需要的资源被事先保留

5．在 TCP/IP 协议族中，TCP 是一种＿＿＿＿协议。
   A．主机—网络层　　B．应用层　　　C．数据链路层　　　D．传输层

6．下面关于 TCP/IP 的叙述中，＿＿＿＿是错误的。
   A．TCP/IP 成功地解决了不同网络之间难以互联的问题
   B．TCP/IP 协议族分为 4 个层次：主机—网络层、互联网层、传输层、应用层
   C．IP 的基本任务是通过互联网传输报文分组
   D．Internet 中的主机标志是 IP 地址

7．TCP 对应于 OSI 参考模型的传输层，下列说法中正确的是＿＿＿＿。
   A．在 IP 的基础上，提供端到端的、面向连接的可靠传输

  B. 提供一种可靠的数据流服务

  C. 当传输差错干扰数据或基础网络出现故障时，由 TCP 来保证通信的可靠

  D. 以上均正确

8. 在应用层协议中，_____既依赖于 TCP 又依赖于 UDP。

  A. SNMP   B. DNS   C. FTP   D. IP

9. 通信子网不包括_____。

  A. 物理层   B. 数据链路层   C. 传输层   D. 网络层

10. 关于网络体系结构，以下描述中，_____错误的。

  A. 物理层完成比特流的传输

  B. 数据链路层用于保证端到端数据的正确传输

  C. 网络层为分组通过通信子网选择合适的传输路径

  D. 应用层处于参考模型的最高层

11. TCP/IP 协议族中没有规定的内容是_____。

  A. 主机的寻址方式   B. 主机的操作系统

  C. 主机的命名机制   D. 信息的传输规则

12. 互操作性是指在不同环境下的应用程序可以相互操作，交换信息。要使采用不同数据格式的各种计算机之间能够相互理解，这一功能是由_____来实现的。

  A. 应用层   B. 表示层   C. 会话层   D. 传输层

四、问答题

1. 什么是网络协议？网络协议在网络中的作用是什么？

2. 网络协议采用层次结构模型有什么好处？简述网络层次间的关系。

3. ISO 在制定 OSI 参考模型时进行层次划分的原则有哪些？

4. 在 OSI 参考模型中，"开放"的含义是什么？由下往上，OSI 参考模型共分为哪几层？

5. 分别简述 OSI 参考模型各层的主要功能和特点。

6. 描述在 OSI 参考模型中数据传输的基本过程。

7. TCP/IP 仅仅包含 TCP 和 IP 两个协议吗？为什么？

8. 描述 OSI 参考模型与 TCP/IP 参考模型层次间的对应关系，并简述 TCP/IP 各层次的主要功能。

9. 为什么说 TCP 和 IP 为 Internet 提供了可靠传输保障？

10. 简述 OSI 参考模型与 TCP/IP 参考模型的异同点和各自的优缺点。

11. 在学习网络体系结构和网络协议时，应采取一种什么样的折中方法？

第4章
局域网

04

局域网是一种在有限的地理范围内将大量计算机及各种设备互联在一起以实现数据传输和资源共享的计算机网络。社会对信息资源的广泛需求和计算机技术的广泛普及促进了局域网技术的迅猛发展。在当今的计算机网络技术中，局域网技术已经占据了十分重要的地位。

本章将从介绍局域网的特点、组成、主要技术、体系结构及协议标准入手，详细讨论传统局域网、交换式局域网、快速局域网、虚拟局域网（Virtual Local Area Network，VLAN）和无线局域网（Wireless Local Area Network，WLAN）的工作原理、技术特点和组网技术。学好本章的内容将为掌握局域网应用技术奠定坚实的基础。

本章的学习目标如下。
- 了解局域网产生和发展的历史背景。
- 理解局域网的概念、特点及软件、硬件的基本组成。
- 掌握决定局域网性能的一些主要技术（包括传输介质、介质访问控制方法和拓扑结构）。
- 理解局域网体系结构及IEEE 802标准。
- 掌握传统局域网（传统以太网、令牌环网）和交换式局域网的基本工作原理及组网技术。
- 掌握快速局域网（快速以太网、吉比特以太网）的基本工作原理和组网技术。
- 掌握虚拟局域网和无线局域网的基本技术特点及组网技术。

4.1 局域网概述

局域网是计算机网络的一种，在计算机网络中占有非常重要的地位。局域网既具有一般计算机网络的特点，又具有自己的特征。局域网在一个较小的范围（一个办公室、一幢楼、一个学校等）内，利用通信线路将众多的计算机及外部设备连接起来，以达到资源共享、信息传递和远程数据通信的目的。对计算机用户来讲，了解和掌握局域网尤为重要。

局域网的研究工作始于 20 世纪 70 年代，美国 Xerox 公司于 1975 年推出的实验型以太网和英国剑桥大学于 1974 年研制的剑桥环网（Cambridge Ring）是局域网最初的典型代表。20 世纪 80 年代初期，随着通信技术、网络技术和计算机的发展，局域网技术得到了迅速的发展和完善，一些标准化组织也致力于局域网的有关协议和标准的制定。20 世纪 80 年代后期，局域网的产品进入了专业化生产和商品化的成熟阶段，获得了大范围的推广和普及。20 世纪 90 年代，局域网步入了高速发展阶段，渗透到了社会的各行各业，使用已相当普遍。局域网技术是当今计算机网络研究与应用的一个热点，也是目前非常活跃的技术领域之一，其发展推动着信息社会不断前进。

V4-1　局域网概述

4.2　局域网的特点及基本组成

4.2.1　局域网的特点

概括地讲，局域网主要具有以下特点。

（1）覆盖的地理范围比较小。局域网主要用于单位内部联网，范围可覆盖一座办公大楼或集中的建筑群，一般在半径几千米范围内。

（2）信息传输速率高、时延小，且误码率低。局域网的传输速率一般为 10 Mbit/s～100 Mbit/s，传输时延一般在几毫秒至几十毫秒。由于局域网一般采用有线传输介质传输信息，且两个站点之间具有专用通信线路，因此误码率低，仅为 10^{-12}～10^{-8}。

（3）局域网一般为一个单位所建，在单位或部门内部控制、管理和使用，由网络的所有者负责管理和维护。

（4）便于安装、维护和扩充。由于局域网应用的范围小，在局域网中运行的应用软件主要为某单位服务，因此，无论从硬件系统还是软件系统来讲，网络的安装成本都较低且安装周期短，维护和扩充都十分方便。

（5）局域网一般侧重于共享信息的处理，通常没有中央主机系统，但有一些共享的外部设备。

4.2.2　局域网的基本组成

简单地说，局域网的基本组成包括网络硬件和网络软件两大部分。

（1）网络硬件。网络硬件主要包括网络服务器、工作站、外部设备、网卡、传输介质。此外，由于传输介质和拓扑结构的不同，还需要集线器、集中器等。如果要进行网络互联，则需要网关（Gateway）、网桥、路由器、中继器和网间互联线路等。

① 网络服务器。在局域网中，服务器可以将 CPU、内存、磁盘、数据等资源提供给各个网络用户使用，并负责对这些资源进行管理，协调网络用户对这些资源的使用。因此，要求服务器具有较高的性能，包括较快的数据处理速度、较大的内存、较大容量和较快访问速度的磁盘等。

② 工作站。工作站是网络各用户的工作场所，通常是一台微机或终端，也可以是不配有磁盘驱动器的"无盘工作站"。工作站通过插在其中的网络接口卡（即网卡），经传输介质与网络服务器相连，用户通过工作站就可以向局域网请求服务和访问共享资源。工作站可以有自己单独的操作系统（Operating System，OS）并独立工作，通过网络从服务器中取出程序和数据后，用自己的 CPU 和内存进行运算处理，处理结果还可以再存到服务器中。当考虑网络工作站的配置时，主要需要注意以下几个方面。

- CPU 的运算速度和内存的容量。
- 总线结构和类型。
- 磁盘控制器及硬盘的大小。
- 扩展槽的数量和所支持的网卡类型。
- 工作站网络软件要求。

③ 外部设备。外部设备主要是指网络中可供网络用户共享的设备，通常网络中的共享外部设备包括打印机、绘图仪、扫描仪、Modem 等。

④ 网卡。网卡用于把计算机和传输介质连接起来，进而将计算机接入网络，每一台联网的计算机都需要有网卡。网卡的基本功能包括基本数据转换、信息包的装配和拆卸、网络存取控制、数据缓存、生成网络信号等。一方面，网卡要和主机交换数据；另一方面，数据交换必须以网络物理数据的路径和格式来传输或接收数据。如果网络与主机 CPU 之间速率不匹配，则需要利用缓存以防数据丢失。网卡处理数据包的速度比网络传输数据的速率低，也比主机向网卡发送数据的速率低，因此其往往成为网络与主机之间的瓶颈。

⑤ 传输介质。局域网中常用的传输介质主要有同轴电缆、双绞线和光纤。

（2）网络软件。网络软件也是计算机网络系统中不可缺少的重要资源。网络软件涉及和需要解决的问题要比单机系统中的各类软件都复杂得多。根据网络软件在网络系统中作用的不同，可以将其分为 5 类：协议软件、通信软件、管理软件、网络操作系统（Network Operating System，NOS）和网络应用软件。

① 协议软件。用于实现网络协议功能的软件就是协议软件。协议软件的种类非常多，不同体系结构的网络系统都有支持自身系统的协议软件，体系结构中的不同层次上也有不同的协议软件。对某一协议软件来说，将其划分到网络体系结构中的哪一层是由协议软件的功能决定的。

② 通信软件。通信软件的功能是使用户在不必详细了解通信控制规程的情况下，能够对自己的应用程序进行控制，同时能与多个工作站进行网络通信，并对大量的通信数据进行加工和管理。目前，几乎所有的通信软件都能很方便地与主机连接，并具有完善的传真功能、文件传输功能和自动生成原稿功能等。

③ 管理软件。网络系统是一个复杂的系统，对管理者而言，经常会遇到许多难以解决的问题。管理软件的作用就是帮助网络管理者便捷地解决一些棘手的技术难题，如避免服务器之间的任务冲突、跟踪网络中用户的工作状态、检查与消除计算机病毒、运行路由器诊断程序等。

④ 网络操作系统。局域网的网络操作系统就是网络用户和计算机网络之间的接口，网络用户通过网络操作系统请求网络服务。网络操作系统具有处理机管理、存储管理、设备管理、文件管理和网络管理等功能，与微机的操作系统有着很密切的关系。目前较流行的局域网操作系统有 Microsoft 公司的 Windows Server 2019、Novell 公司的 NetWare 等。

⑤ 网络应用软件。网络应用软件是在网络环境下直接面向用户的网络软件，是专门为某一个应用领域而开发的软件，其为用户提供了一些实际的应用服务。网络应用软件既可以用于管理和维护网络本身，又可以用于一个业务领域，如网络数据库管理系统（Database Management System，DBMS）、网络图书馆、远程网络教学、远程医疗、视频会议等。

4.3 局域网的主要技术

局域网所涉及的技术有很多，但决定局域网性能的主要技术有传输介质、拓扑结构和介质访问控制方法。

4.3.1 局域网的传输介质

V4-2 局域网的
主要技术

局域网常用的传输介质有双绞线、同轴电缆、光纤等。早期的传统以太网中使用最多的是同轴电缆，随着技术的发展，双绞线和光纤的应用日益普及，特别是在快速局域网中，双绞线依靠其低成本、高速度和高可靠性等优势获得了广泛使用，引起了人们的普遍关注。光纤主要应用在远距离、高速传输数据的网络环境下。光纤的可靠性很高，具有许多双绞线和同轴电缆无法比拟的优点。随着科学技术的发展，光纤的成本不断降低，今后的应用必将越来越广泛。

4.3.2 局域网的拓扑结构

前面已经介绍了网络拓扑结构的基本含义和常见的网络拓扑结构。网络拓扑结构对整个网络的设计、功能、可靠性、成本等具有重要的影响。目前，大多数局域网使用的拓扑结构有星形、环形、总线 3 种。星形、环形网络拓扑结构使用的是点对点连接，总线网络拓扑结构使用的是多点连接。下面介绍这几种常见的网络拓扑结构。

1. 星形网络拓扑结构

星形网络拓扑结构是目前局域网中应用得最为普遍的一种，企业网络中采用的几乎都是这一结构。星形网络拓扑结构几乎是以太网专用的，网络中的各工作站节点通过一个网络集中设备（如集线器或交换机）连接在一起，各节点呈星状分布。这类网络拓扑结构目前使用得最多的传输介质是双绞线。星形网络拓扑结构如图 4-1 所示。

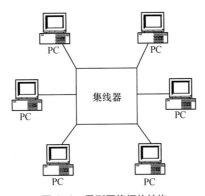

图 4-1　星形网络拓扑结构

星形网络拓扑结构主要有以下几个特点。

（1）容易实现、成本低。星形网络拓扑结构所采用的传输介质一般是通用的双绞线，它相对同轴电缆和光纤来说比较便宜。这种拓扑结构主要应用于 IEEE 802.2、IEEE 802.3 标准的以太局域网中。

（2）节点扩展和移动方便。在这种拓扑结构中，节点扩展时只需要从集线器或交换机等集中设备中拖出一条线即可，如果要移动一个节点，则把相应节点设备移到新节点即可，而不会像环形网络拓扑结构那样"牵其一而动全局"。

（3）维护容易。一个节点出现故障不会影响其他节点的连接，可任意拆走其中的节点。

（4）采用广播信息传输方式。任何一个节点发送信息时，整个网络中的其他节点都可以收到。这在安全方面存在一定的隐患，但在局域网中使用时影响不大。

（5）对中央节点的可靠性和冗余度要求很高。每个工作站直接与中央节点相连，如果中央节点发生故障，则全网趋于瘫痪。所以，通常要采用双机热备份，以提高系统的可靠性。

2. 环形网络拓扑结构

环形网络拓扑结构是指用一条传输链路将一系列节点连成一个封闭的环路，如图 4-2 所示。实际上，大多数情况下这种拓扑结构的网络不会使所有计算机连接成真正物理上的环形。在一般情况下，环的两端通过一个阻抗匹配器来实现环的封闭，因为在实际组网过程中会因地理位置的限制而不可能真正做到环的两端物理连接。

在环形网络拓扑结构中，信息流只能单方向进行传输，每个收到信息包的节点都向下游节点转发该信息包。当信息包经过目标节点时，目标节点根据信息包中的目的地址判断出自己是接收方，并把该信息复制到自己的接收缓冲区中。

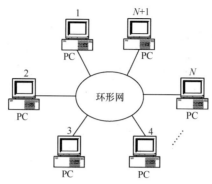

图 4-2　环形网络拓扑结构

为了决定环上的哪个节点可以发送信息，平时在环上流通着一个名为"令牌"（Token）的特殊信息包，只有得到"令牌"的节点才可以发送信息，当一个节点发送完信息后就把"令牌"向下传输，以便下游的节点可以得到发送信息的机会。环形网络拓扑结构的优点是能够高速运行，且其结构相当简单（为了避免出现冲突）。

环形网络拓扑结构主要有以下几个特点。

（1）实现简单，投资小。从图 4-2 中可以看出，组成网络的设备除各工作站、传输介质（如同轴电缆和其他连接器材）外，没有价格昂贵的节点集中设备，如集线器和交换机。但也正因为如此，这种网络所能实现的功能最为简单，仅能用于一般的文件服务（File Service）。

（2）传输速率较快。在令牌环网中允许有 16 Mbit/s 的传输速率，比普通的传输速率为 10 Mbit/s 的以太网要快。当然，随着以太网的广泛应用和以太网技术的发展，以太网的速度也得到了极大的提升，目前普遍能提供 100 Mbit/s 的传输速率，远比 16 Mbit/s 要高。

（3）维护困难。从环形网络拓扑结构可以看到，整个网络各节点之间直接串联，任何一个节点出现了故障都会造成整个网络的中断、瘫痪，维护起来非常不便。此外，因为同轴电缆所采用的是插针式的接触方式，所以非常容易造成接触不良和网络中断，故障查找起来也非常困难。

（4）扩展性能差。环形网络拓扑结构决定了其扩展性能远不如星形网络拓扑结构好，如果要新添加或移动节点，就必须中断整个网络，在环的两端做好连接器后才能继续工作。

3. 总线网络拓扑结构

总线网络拓扑结构所采用的传输介质一般是同轴电缆（包括粗缆和细缆），也有采用光纤作为总线网络拓扑结构的传输介质的，所有的节点都通过相应的硬件接口直接与总线相连，如图 4-3 所示。总线网络拓扑结构采用广播通信方式，即任何一个节点发送的信号都可以沿着总线介质传播，而且能被网络中其他所有节点接收。

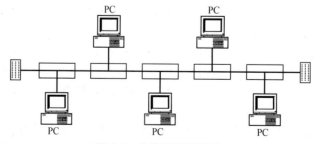

图 4-3　总线网络拓扑结构

总线网络拓扑结构主要有以下几个特点。

（1）组网费用低。从图 4-3 中可以看出，这样的结构一般不再需要额外的互联设备，直接通过一条总线进行连接，所以组网费用较低。

（2）网络用户扩展较灵活。需要扩展用户时添加一个接线器即可，但受传输介质本身物理性能的限制，总线网络拓扑结构的负载能力是有限度的。所以，总线网络中所能连接的节点数量是有限的。如果工作站节点的个数超出了总线的负载能力，就需要采用分段等方法，并加入相应的网络附加部件，使总线负载符合容量要求。

（3）维护较容易。单个节点失效不影响整个网络的正常通信。但是总线一旦发生故障，整个网络或者相应的主干网段就断了。

（4）网络各节点共享总线带宽，因此，数据传输速率会随着接入网络的用户的增多而下降。

（5）若有多个节点需要发送数据，则一次仅允许一个节点发送数据，其他节点必须等待。

4.3.3　介质访问控制方法

介质访问控制（Medium Access Control，MAC）就是控制网上各工作站在什么情况下才可以发送数据，在发送数据过程中如何发现问题，以及出现问题后如何处理等的方法。MAC 技术是局域网中的一项基本技术，其将对局域网的体系结构和总体性能产生决定性的影响。经过多年的研究，人们提出了许多种 MAC 方法，但目前被普遍采用并形成国际标准的方法只有以下 3 种。

（1）带冲突检测的载波监听多路访问（Carrier Sense Multiple Access / Collision Detection，CSMA/CD）方法。

（2）令牌环方法。

（3）令牌总线（Token Bus）方法。

4.4　局域网体系结构与 IEEE 802 标准

随着微机和局域网的日益普及与应用，各个网络厂商所开发的局域网产品越来越多。为了使不同厂商生产的网络设备之间具有兼容性和互换性，以便用户更灵活地选择网络设备，以很少的投资就能构建一个具有开放性和先进性的局域网，ISO 开展了局域网的标准化工作。1980 年 2 月，局域网/城域网标准委员会（LAN/MAN Standards Committee，LMSC），即 IEEE 802 委员会成立。该委员会制定了一系列局域网标准。IEEE 802 委员会不仅为一些传统的局域网技术（如以太网、令牌环网、光纤分布式数据接口等）制定了标准，近年来还开发了一系列新的局域网标准，如快速以太网、交换式以太网（Switched Ethernet）、吉比特以太网等。局域网的标准化极大地促进了局域网技术的飞速发展，并对局域网的进一步推广和应用起到了巨大的推动作用。

V4-3　局域网体系结构与 IEEE 802标准

4.4.1　局域网参考模型

因为局域网是在广域网的基础上发展起来的，所以局域网在功能和结构上都比广域网简单得多。IEEE 802 标准所描述的局域网参考模型遵循 OSI 参考模型的原则，只解决了物理层和数据链路层的功能及与网络层的接口服务问题。网络层的很多功能（如路由选择等）是没有必要的，而流量控制、寻址、排序、差错控制等功能可放在数据链路层实现，因此该参考模型中不单独设立网络层。IEEE 802 参考模型与 OSI 参考模型的对应关系如图 4-4 所示。

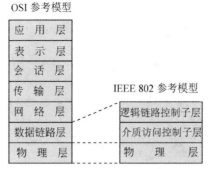

图 4-4　IEEE 802 参考模型与 OSI 参考模型的对应关系

物理层的功能是在物理介质上实现位（也称为比特流）的传输和接收、同步前序的产生与删除等。该层还规定了所使用的信号、编码和传输介质，规定了有关的拓扑结构和传输速率等。相关信号与编码通常采用曼彻斯特编码；传输介质为双绞线、同轴电缆和光纤；网络拓扑结构多为总线、星形和环形；传输速率为 10 Mbit/s、100 Mbit/s 等。

数据链路层又分为逻辑链路控制（Logical Link Control，LLC）和 MAC 两个功能子层。这种功能划分主要是为了将数据链路层功能中与硬件相关和无关的部分分开，降低研制互联不同类型物理传输接口数据设备的费用。

逻辑链路控制子层的主要功能是向高层提供一个或多个逻辑接口，具有帧的发送和接收功能。发送时把要发送的数据加上地址和循环冗余码字段等封装成逻辑链路控制帧，接收时把帧拆封，执行地址识别和循环冗余码校验功能，并且具有差错控制和流量控制等功能。该子层还包括某些网络层的功能，如数据报、虚电路、多路复用等。

MAC 子层的主要功能是控制对传输介质的访问。IEEE 802 标准制定了多种 MAC 方法，同一个逻辑链路控制子层能与其中任意一种 MAC 方法（如 CSMA/CD、令牌环、令牌总线）对接。

4.4.2　IEEE 802 局域网标准

1980 年 2 月，IEEE 成立了专门负责制定局域网标准的 IEEE 802 委员会。该委员会开发了一系列局域网和城域网标准，广泛使用的标准有以太网、令牌环网、无线局域网、虚拟网等。IEEE 802 委员会于 1985 年公布了 5 项标准，即 IEEE 802.1～IEEE 802.5，同年这 5 项标准被 ANSI 采用作为美国国家标准，ISO 也将其作为局域网的国际标准，对应标准为 ISO 8802，后来其又扩充了多项标准文本。

IEEE 802 标准系列包含以下部分。

（1）IEEE 802.1——局域网概述、体系结构、网络管理和网络互联。

（2）IEEE 802.2——逻辑链路控制。

（3）IEEE 802.3——CSMA/CD 介质访问控制标准和物理层技术规范。

（4）IEEE 802.4——令牌总线介质访问控制标准和物理层技术规范。

（5）IEEE 802.5——令牌环网介质访问控制方法和物理层技术规范。

（6）IEEE 802.6——城域网介质访问控制方法和物理层技术规范。

（7）IEEE 802.7——宽带技术。

（8）IEEE 802.8——光纤技术。

（9）IEEE 802.9——综合业务数字网技术。

（10）IEEE 802.10——局域网安全技术。

（11）IEEE 802.11——无线局域网介质访问控制方法和物理层技术规范。

（12）IEEE 802.12100VG-AnyLAN——需求优先访问控制方法和物理层技术规范。

IEEE 802 各标准之间的关系如图 4-5 所示。

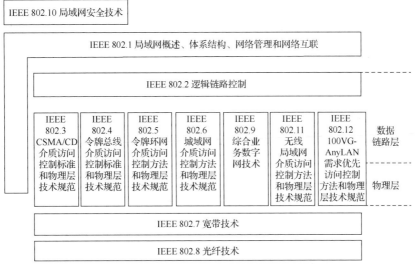

图 4-5 IEEE 802 各标准之间的关系

在 IEEE 802 标准中，IEEE 802.3 标准和 IEEE 802.5 标准应用得较为广泛。IEEE 802.3 标准是在以太网标准上制定的，因此现在人们通常也将 IEEE 802.3 局域网统称为以太网。令牌环网是由美国 IBM 公司率先推出的环形基带网络，IEEE 802.5 标准就是在令牌环网的基础上制定的，两者之间无太大的差别。令牌环网比较适合在传输距离远、负载重和实时性要求高的环境中使用，其网络的总体性能要优于以太网，但令牌环网的价格要贵一些。

4.5 局域网组网技术

不同类型的局域网（如以太网、令牌环网、交换式以太网等）所采用的网络拓扑结构、使用的传输介质和网络设备是不同的。从目前的发展情况来看，局域网可以分为共享式局域网（Shared LAN）和交换式局域网（Switched LAN）两大类。共享式局域网可分为传统以太网、令牌环网、令牌总线网与 FDDI 网，以及在此基础上发展起来的快速以太网、吉比特以太网、FDDI II 网等。交换式局域网又可以分为交换式以太网与 ATM 网，以及在此基础上发展起来的虚拟局域网。局域网产品类型及相互之间的关系如图 4-6 所示。

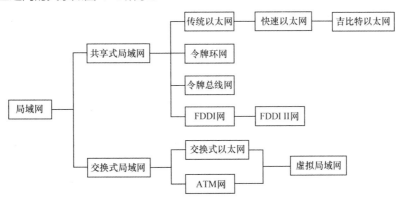

图 4-6 局域网产品类型及相互之间的关系

4.5.1　传统以太网

1. 以太网的标准

以太网是常用的局域网，是由 Xerox 公司创立的，其雏形是该公司于 1975 年研制的实验型以太网。1980 年，DEC、Intel 和 Xerox 这 3 家公司联合设计了以太网技术规范，简称 DIX（3 家公司名称的首字母）1.0 规范。

以太网的相关产品非常丰富，1983 年推出了粗同轴电缆以太网产品，后来又陆续推出了细同轴电缆、双绞线、有线电视宽带同轴电缆、光纤和多种媒体的混合以太网产品，以及吉比特以太网。以太网产品大多发展成熟、标准化程度高、价格适中，得到业界几乎所有经销商的支持，再加上其具有传输速率高、网络软件丰富、系统功能强、安装和维护方便等优点，其已成为当今世界非常流行的局域网。

2. 以太网的工作原理

目前，总线局域网——以太网的核心技术是 CSMA/CD。这种技术主要用来解决多节点共享公共总线的问题。在以太网中，任何节点都没有可以预约的发送时间，发送都是随机的，且网络中根本不存在集中控制的节点，网络中的节点都必须平等地争用发送时间。CSMA/CD 属于随机争用型MAC 方法，这种方法的特点可以简单地概括为 4 点：先听后发、边听边发、冲突停止、随机延迟后重发。CSMA/CD 能有效地解决总线局域网中的冲突问题，因此后来成为 IEEE 802 标准之一，即 IEEE 802.3 标准。下面介绍 CSMA/CD 的含义及工作过程。

因为整个总线网络不是采用集中式控制的，所以总线上每个节点在利用总线发送数据时要先侦听总线的忙/闲状态。如果侦听到总线上已经有数据信号传输，则为总线忙，其他节点不发送信息，以免破坏这种传输；如果侦听到总线上没有数据信号传输，则为总线空闲，可以发送信息到总线上。

"冲突检测"是指当一个节点占用总线发送信息时一边发送一边检测总线，查看是否有冲突。如果出现以下两种情况之一，则数据传输失败。

（1）总线上有两个或两个以上的节点同时侦听到线路空闲，并同时发送数据。

（2）总线上的节点 A 刚发送了数据，节点 B 还未收到数据，但此时节点 B 检测到线路空闲并发送数据到总线上。

当检测到总线上有冲突发生时，各节点停止发送数据，随机延迟一段时间后再重新发送数据。这个随机延迟时间的选择是一个问题，如果各节点都选择一个较短的时间，那么再次发生冲突的可能性很大；如果各节点的随机延迟时间的范围都很大，那么虽然可以极大地降低再次发生冲突的概率，但是平均等待时间会变长，数据传输的效率会大大下降。为了决定随机延迟时间，通常采用二进制指数后退（Binary Exponential Back Off）算法。该算法的基本思想是随着冲突次数的增多，随机延迟时间将成倍增加，从而使各节点在有冲突发生时产生不同的随机延迟时间，以减小冲突再次发生的概率。

3. 传统以太网组网技术

以太网的组网非常灵活，既可以使用粗、细同轴电缆组成总线网络，又可以使用双绞线组成星形网络（10 Base-T），还可以将同轴电缆的总线网络和双绞线的星形网络混合连接起来。下面介绍几种常见的以太网的组网方法。

（1）粗缆以太网（10 Base-5 Ethernet）组网。粗缆以太网使用粗同轴电缆（由于外部绝缘层为黄色，通常又称为黄缆），单段最大段长为 500 m，当用户节点间的距离超过 500 m 时，可通过中继器将几个网段连接在一起，但中继器的数量最多为 4 个，网段的数量最多为 5 段，因此网络的最大长度可达 2500 m。粗缆以太网组网的网络连接如图 4-7 所示。

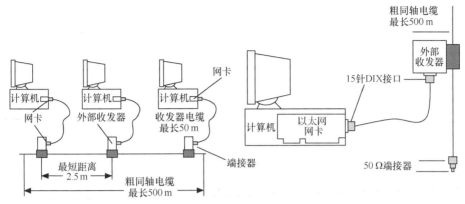

图 4-7　粗缆以太网组网的网络连接

建立一个粗缆以太网需要一系列硬件设备，主要设备如下。

① 网卡。网卡插在计算机的扩展插槽中，网卡上面有一个 DIX 连接器插座，又称连接单元接口（Attachment Unit Interface，AUI），用于和外部收发器连接。

② 外部收发器。粗缆以太网上的每个节点都通过安装在干线电缆上的外部收发器与网络进行连接。外部收发器负责将节点的信号发送到粗缆或从粗缆上接收信号并将信号送回节点。另外，其能检测电缆上是否有信号传输和是否存在冲突。在连接粗缆以太网时，用户可以选择任何一种标准的以太网（IEEE 802.3）类型的外部收发器。

③ 收发器电缆。其用于收发器与网卡间的连接，主要用于传输数据和控制信号，并对收发器提供电源。

④ DIX 接口。其是一对 15 针的 D 形插头座，收发器电缆通过 DIX 插头与网卡上的 DIX 插座相连接。DIX 接口的引脚功能如表 4-1 所示。

表 4-1　DIX 接口的引脚功能

引脚号	功能	引脚号	功能
1	屏蔽层	9	碰撞（－）
2	碰撞（＋）	10	发送（－）
3	发送（＋）	12	接收（－）
5	接收（＋）	13	+12V
6	电源地	—	—

（2）细缆以太网（10 Base-2）组网。细缆以太网使用细同轴电缆，如果不使用中继器，则最大的细缆长度不能超过 185 m。如果实际需要的细缆长度超过 185 m，则需使用支持 BNC 接头的中继器。与粗缆以太网一样，细缆以太网中中继器最多也只能为 4 个，网段最多为 5 段，因此网络的最大长度为 925 m。两个相邻的 BNC T 形连接器之间的距离应是 0.5 的整数倍，并且最小距离为 0.5 m。细缆以太网的网络连接如图 4-8 所示。

在使用细缆组建以太网时，需要使用以下基本硬件设备。

① 带有 BNC 接头的以太网网卡。网卡上有一个 BNC 连接器（一种细同轴电缆终端器）插座，用于通过 T 形连接器与细同轴电缆相连。

② BNC 连接器接头。每段电缆线的两端应各装接一个 BNC 连接器接头，以便将其与 T 形连接器或圆形连接器连接。

③ BNC T 形连接器。T 形连接器又称为 T 形头，是一个三通连接器，两端插头用于连接两段

细同轴电缆，中间插头与网卡上的 BNC 连接器插座连接。

④ BNC 终端器（又称终端匹配器）。细缆总线网的两端各连接一个 50 Ω 的 BNC 终端器，以阻塞网络中的干扰。

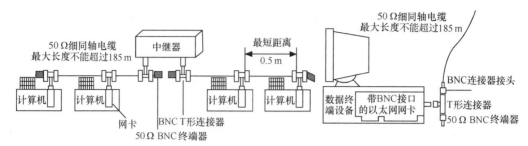

图 4-8　细缆以太网的网络连接

与粗缆以太网相比，细缆以太网具有造价低、安装方便等优点，但是细缆以太网的故障率普遍较高，整个系统的可靠性也因此受到了影响。所以，细缆以太网多用于小规模网络环境下。

（3）双绞线以太网（10 Base-T）组网。采用非屏蔽双绞线的 10 Base-T 以太网也称为双绞线以太网，其中 T 表示拓扑结构为星形，组网的关键设备是集线器。当使用非屏蔽双绞线进行网络连接时，最大的电缆长度为 100 m，即集线器到各节点的距离或集线器与集线器间的距离不超过 100 m。双绞线以太网的网络连接如图 4-9 所示。

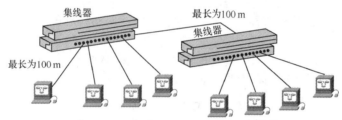

图 4-9　双绞线以太网的网络连接

组建双绞线以太网要采用的硬件设备主要有以下几种。

① 带有 RJ-45 插头的以太网网卡。这类网卡上有一个称为 RJ-45 的插座，因此其也被称为 RJ-45 网卡。RJ-45 插座用于连接双绞线。

② 集线器，其是星形网络的中心，是多路双绞线的汇集点。集线器的主要功能是接收、放大、广播数据信号，作用和中继器类似。在连接两个或两个以上的网络节点时，必须通过双绞线把各节点连接到集线器上。这样的以太网在物理结构上看似星形结构，但在逻辑上仍然是总线结构，且 MAC 子层中仍然采用 CSMA/CD 方法。当集线器收到某个节点发送的帧时，集线器会立即将帧通过广播形式中继或转发到其他所有端口。集线器一般提供两类接口：一类是 RJ-45 双绞线接口，可以有多个（8 个、12 个、16 个或 32 个），每一个接口支持来自网络节点的连接；另一类可以是连接粗缆的 AUI、连接细缆的 BNC 接头，还可以是光纤接口。集线器的产品种类较多，可分为有源集线器、无源集线器、智能集线器、堆叠式集线器、交换式集线器等。

③ 双绞线。10 Base-T 中使用的双绞线既可以是屏蔽双绞线，又可以是非屏蔽双绞线。目前常用的是非屏蔽 5 类 4 对双绞线。这类双绞线不但价格便宜、安装方便，而且支持 100 Mbit/s 的传输速率，可以很容易地升级到 100 Base-TX。双绞线在连接时只使用了 4 对线中的两对，其中发送和接收数据各用一对。双绞线的两端各装有一个 RJ-45 接口，分别连接网卡和集线器。RJ-45 接口中有 8 个引脚，连接时只用到了 1、2、3、6 这 4 个引脚，且两端必须一一对应。RJ-45 接口的引脚功能如表 4-2 所示。

表 4-2　RJ-45 接口的引脚功能

引脚号	功能	引脚号	功能
1	数据发送（＋）	5	未用
2	数据发送（－）	6	数据接收（－）
3	数据接收（＋）	7	未用
4	未用	8	未用

4.5.2　令牌环网

令牌环网是由 IBM 公司在 20 世纪 70 年代初开发的一种网络技术，其目前已经发展成为除以太网 IEEE 802.3 之外最为流行的局域网组网技术之一。IEEE 802.5 规范与 IBM 公司开发的令牌环网几乎完全相同，并且相互兼容。事实上，IEEE 802.5 规范制定之初就选取了 IBM 的令牌环网作为参照模型，并在随后的过程中根据 IBM 令牌环网的发展不断地进行调整。通常，令牌环网指的就是 IBM 公司的令牌环网。

1. 令牌环网的结构和组成

令牌环网示意如图 4-10（a）所示，工作站以串行方式顺序相连，形成一个封闭的环路结构。数据顺序通过每一个工作站，直至到达数据的原发者才停止。在改进型的环形结构中，工作站并未直接与物理环相连，所有的终端站都连接到了一种被称为多站访问单元（Multiple Station Access Unit，MSAU）的设备上，该设备称为 IBM 8228 MSAU。多台 MSAU 设备连接在一起形成一个大的圆形环路，如图 4-10（b）所示，一台 MSAU 设备最多可以连接 8 个工作站。

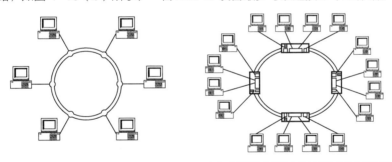

（a）令牌环网　　　　　　　　（b）采用IBM 8228 MSAU组成的令牌环网

图 4-10　令牌环网示意

构成令牌环网所需的基本部件包括 MSAU、网卡、传输介质等。

（1）MSAU。环形局域网的可靠性、可维护性和扩展性都较差，网络中任何一个节点出现故障（如电缆、网卡、工作站等出现故障）都会破坏环形局域网的正常运转，并且在网络中每添加或移动一个节点，都必须中断网络，操作十分麻烦。IBM 令牌环网的 MSAU 设计可以彻底解决环形局域网所存在的问题。采用 MSAU 所连接的令牌环网在物理上是星形拓扑结构，从形式和作用上看类似于以太网中的集线器，而在通信的逻辑关系上却又是闭合的环路。

IBM 8228 MSAU 共有 10 个插头，如图 4-11 所示。首尾两个插头分别是入环（Ring In，RI）端口和出环（Ring Out，RO）端口，每个 RO 端口要用电缆连接下一个 MSAU 的 RI 端口，最后一个 MSAU 的 RO 端口则要与第一个 MSAU 的 RI 端口相连，以构成一个闭合的环路。MSAU 中间的 8 个插头用于连接工作站，接入令牌环网的工作站只需与其中任

图 4-11　IBM 8228 MSAU

意一个插头连接即可。如果哪个工作站或网卡出现了故障，只需将连接电缆从 MSAU 上拔下，其余的工作站仍然能组成一个闭合的环路继续工作。

（2）网卡。IBM 令牌环网的网卡的传输速率可以为 4 Mbit/s 或 16 Mbit/s，但在同一个环中，所有网卡的传输速率必须相同。如果在传输速率为 4 Mbit/s 的网络中使用了 16 Mbit/s 的网卡，那么 16 Mbit/s 的网卡会自动切换到 4 Mbit/s 进行操作，而在传输速率为 16 Mbit/s 网络中只能运行 16 Mbit/s 的网卡。

（3）传输介质。IBM 令牌环网最初使用的传输介质是 150 Ω 的屏蔽双绞线。目前，除这种介质以外，通过使用无源滤波设备也可以使用 100 Ω 的非屏蔽双绞线来实现传输速率为 4 Mbit/s 和 16 Mbit/s 的数据传输。

2. 令牌环网的工作原理

令牌环网和 IEEE 802.5 是两种主要的基于令牌传递机制的网络技术。令牌是一种特殊的 MAC 帧，通常是一个 8 位的包，其中有一位标志令牌的忙/闲状态。当环正常工作时，令牌总是沿着环单向、逐节点传输的，获得令牌的节点可以向网络发送数据，如果接收到令牌的节点不需要发送任何数据，则将会把接收到的令牌传递给网络中的下一个节点。每个节点保留令牌的时间不得超过网络规定的最长时限。令牌环网的基本工作过程如图 4-12 所示。

第 1 步：空闲令牌沿环流动，如果节点 A 要发送数据给节点 C，则节点 A 截获令牌并将自身的数据帧附在令牌上，如图 4-12（a）所示。

第 2 步：当携带数据帧的令牌继续流动时，后面的每个节点都将校验数据帧。

第 3 步：目的节点 C 辨认出此数据帧，接收后会把数据复制至自己的缓冲区，并将一个收据信号附在令牌上，随后令牌继续流动，如图 4-12（b）所示。

第 4 步：当源节点 A 收到收据信号后，会把数据从环上清除并解除令牌的忙状态，于是空闲令牌又被重新发送到下一个节点，过程重新开始，如图 4-12（c）所示。

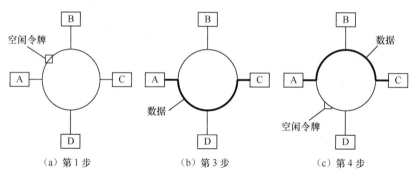

图 4-12　令牌环网的基本工作过程

令牌环网的主要优点在于访问方式的可调整性和确定性，各节点既具有同等访问环的权力，又可以采取优先权操作和带宽保护。因此，令牌环网适用于重负载、实时性强的分布控制应用环境，可实现高速传输。

令牌环网的主要缺点是有较复杂的令牌维护要求。空闲令牌的丢失将降低环路的利用率，令牌重复也会破坏网络的正常运行，故必须选择一个节点作为监控站。如果监控站失效，则竞争协议应保证很快选出另一个节点作为监控站（每个站点都具有成为监控站的能力）。当监控站正常运行时，会单独负责判断整个环的工作是否正确。

令牌环网潜在的问题在于任何一个节点的连接出现问题都会使网络失效，因此可靠性较差；节点入环、退环都要暂停网络工作，灵活性差。

4.5.3 交换式以太网

1. 交换式以太网的产生

近年来，随着电视会议、远程教育、远程诊断等多媒体应用的不断发展，人们对网络带宽的要求越来越高，传统的共享式局域网（传统以太网、令牌环网等）已越来越不能满足多媒体应用对网络带宽的要求。

所谓共享式局域网，是指网络建立在共享介质的基础上，网络中的所有节点去竞争和共享网络带宽。随着用户数的增多，每个用户分到的网络带宽必然会减少，且每个节点只有占领了整个网络传输通道后才能与其他站点进行通信，而在任何时候最多只允许一个节点占用通道，其他节点只能等待。各节点对公共信道的访问由 MAC 协议（CSMA/CD、令牌环等）控制。MAC 协议能有效地处理网络中的各种冲突，但是也正因为其控制而增加了网络时延，影响了网络的效率，降低了网络带宽的利用率。根据一般常识，在一个共享的以太网网段中，如果网络负载较重（用户数目超过 50 个），则其 CSMA/CD 协议将会极大地影响网络效率，系统的响应速度会急剧下降。

面对这样的问题，可以使用网关、网桥、路由器等网络互联设备对网络进行分割，以达到隔离网络、减小流量、减少网络中的冲突和提高网络带宽的目的。但是过多地分割网段会带来设备投资的增加和管理上难度的提升，且无法从根本上解决网络带宽问题。为了克服网络规模和网络性能之间的矛盾，人们提出将共享式局域网改为交换式局域网，这样就产生了交换式以太网。

2. 交换式以太网的结构和特点

交换式以太网的核心设备是以太网交换机（Ethernet Switch）。以太网交换机有多个端口，每个端口可以单独与一个节点连接，并且每个端口都能为与之相连的节点提供专用的带宽，这样每个节点就可以独占通道，独享带宽。交换式以太网的结构如图 4-13 所示。

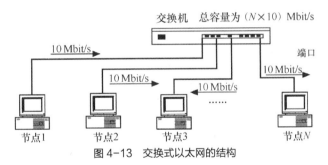

图 4-13　交换式以太网的结构

交换式以太网主要有以下几个特点。

（1）独占通道，独享带宽。例如，一台端口速率为 100 Mbit/s 的以太网交换机共连接有 10 台计算机，这样每台计算机都有一条传输速率为 100 Mbit/s 的通道，都独占 100 Mbit/s 带宽，那么网络的总带宽通常为各个端口的带宽之和，即 1000 Mbit/s。由此可知，在交换式以太网中，随着网络用户数的增多，网络带宽不仅不会减少，还会增加，即使在网络负载很重的情况下也不会导致网络性能的下降。因此，交换式以太网从根本上解决了网络带宽问题，能满足不同用户对网络带宽的需要。

（2）多个节点间可以同时进行数据通信。在传统的共享式局域网中，数据的传输是串行的，在任何时候最多只允许一个节点占用通道进行数据通信。交换式以太网则允许接入的多个节点间同时建立多条通信链路，同时进行数据通信，所以交换式以太网极大地提高了网络的利用率。

（3）可以灵活配置端口速率。在传统的共享式局域网中，同一个局域网中不能连接不同速率的节点。在交换式以太网中，由于节点独占通道，独享带宽，用户可以按需配置端口速率。在交换机上不仅可以配置传输速率为 10 Mbit/s、100 Mbit/s 的端口，还可以配置传输速率为 10 Mbit/s、100 Mbit/s 的自适应端口来连接不同传输速率的节点。

（4）便于管理和调整网络负载的分布。在传统的局域网中，一个工作组（Work Group）通常在同一个网段上，多个工作组之间通过实现互联的网桥或路由器来交换数据，工作组的组成和拆离都要受节点所在网段物理位置的严格限制。而交换式以太网可以构造虚拟局域网，即逻辑工作组，以软件方式来实现逻辑工作组的划分和管理。同一逻辑工作组的成员不一定要在同一个网段上，其既可以连接到同一个局域网交换机上，又可以连接到不同的局域网交换机上，只要这些交换机是互联的即可。这样，当逻辑工作组中的某个节点要移动或拆离时，只需要简单地通过软件进行设定，而不需要改变其在网络中的物理位置。因此，交换式以太网可以方便地对网络用户进行管理，合理地调整网络负载的分布，提高网络的利用率。

（5）能保护用户的现有投资，可以与现有网络兼容。以太网交换技术是基于以太网的，其保留了现有以太网的基础设施，而不必把还能工作的设备淘汰掉，这样有效地保护了用户的现有投资，节省了资金。不仅如此，交换式以太网与传统以太网、快速以太网等现有网络完全兼容，能够实现无缝连接。

3. 以太网交换机

（1）以太网交换机的工作原理。下面通过一个实例来详细阐述以太网交换机的结构和工作过程。

图 4-14 所示的以太网交换机有 6 个端口。其中，端口 1、4、5、6 分别连接了节点 A、B、C 和 D，交换机的"端口号/MAC 地址映射表"就可以根据以上端口号与节点 MAC 地址的对应关系建立起来。如果节点 A 与节点 D 同时要发送数据，那么可以分别在数据帧的 DA 字段中填上该帧的目的地址。

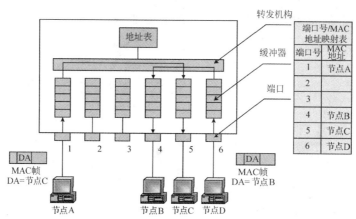

图 4-14　以太网交换机的结构与工作过程

如果节点 A 要向节点 C 发送数据帧，那么该帧的 DA=节点 C；如果节点 D 要向节点 B 发送数据帧，那么该帧的 DA=节点 B。当节点 A 和节点 D 同时通过交换机传输数据帧时，交换机的交换控制中心根据"端口号/MAC 地址映射表"的对应关系找出对应数据帧的目的地址的输出端口号，为节点 A 到节点 C 建立端口 1 到端口 5 的连接，同时为节点 D 到节点 B 建立端口 6 到端口 4 的连接。这种端口之间的连接可以根据需要同时建立多个，即可在多个端口之间建立多个并行连接。

（2）以太网交换机的数据交换方式。以太网交换机的数据交换方式主要有直接交换、存储转发，以及改进后的直接交换 3 种。

① 直接交换（Cut Through）：交换机只要接收到数据帧，便立即获取该帧的目的地址，并启动系统内部的"端口号/MAC 地址映射表"转换出相应的输出端口，将该数据帧转发出去。由于不需要存储，这种交换方式速度较快，时延很小。

这种方式有以下 3 个缺点。

• 不检查数据帧的完整性和正确性，在整个数据帧的传输过程中并不十分可靠。因为数据帧在传输途中可能发生碰撞而损坏，这样采用直接交换方式的交换机将把这个已损坏的数据帧传输至另一个网络。

• 由于没有缓存，不能将具有不同速率的输入/输出端口直接接通。

• 当以太网交换机的端口增加时，交换矩阵变得越来越复杂，实现起来比较困难。

② 存储转发（Store and Forward）：这是应用非常广泛的一种数据交换方式。当数据帧到达以太网交换机时，交换机会先完整地接收该数据帧并存储下来，然后进行循环冗余校验，检查数据帧是否有损坏。如果数据完整无误，则取出数据帧的目的地址，通过端口号/MAC 地址映射表转换到输出端口并将数据帧转发出去。这种方式比直接交换方式的时延高，但是具有数据帧的差错检测能力。尤为重要的是，其可以支持不同传输速率的输入/输出端口间的转换，保证了高速端口与低速端口间的协同工作。

③ 改进后的直接交换：改进后的直接交换方式则将两者结合起来，在接收到数据帧的 64 字节后判断该帧的帧头字段是否正确，如果正确则转发出去。对短的数据帧来说，其交换时延与直接交换比较接近；而对长的数据帧来说，由于只对数据帧的地址字段与控制字段进行差错检验，因此其交换时延也会减少。

4.6 快速网络技术

局域网技术发展的直接推动力是微机的飞速发展和数据库、多媒体技术的广泛应用。在过去的 20 年中，计算机的运算速度提高了数百万倍，而网络的传输速率只提高了几千倍。今天，人们对计算机网络的运算速度、传输速率等性能的要求越来越高，如果以太网仍旧保持以前 10 Mbit/s 的传输速率，则显然是远远不能满足需要的。

目前，提供高速传输的网络有快速以太网和吉比特以太网等，它们都能实现 100 Mbit/s 以上的传输速率，是提高网络传输速率的有效途径。

4.6.1 快速以太网组网技术

1. 快速以太网的发展和 IEEE 802.3u

随着局域网应用的深入，人们对局域网提出了更高的要求。1992 年，IEEE 重新召集了 802.3 委员会，指示其制定了一种快速的局域网协议，但 IEEE 内部出现了以下两种截然不同的观点。一种观点是建议重新设计 MAC 协议和物理层协议，使用一种"请求优先级"的 MAC 策略，采用一种具有优先级、集中控制的 MAC 方法，该控制方法比 CSMA/CD 控制方法更适用于多媒体信息的传输。支持这种观点的人组成了自己的委员会，建立了局域网标准，即 IEEE 802.12。但是这种标准不兼容原来的以太网，所以后来的发展规模不大。另一种观点则建议保留原来以太网的体系结构和 MAC 方法（CSMA/CD），设法提高局域网的传输速率。IEEE 802.3 委员会决定采用后一种观点制定快速局域网协议，主要原因有以下 3 个：其与现存成千上万个以太网相兼容，保护用户现有的投资；担心制定新的协议可能会出现不可预见的困难；不需要引入更多新技术便可完成这项工作。标准的制定工作进展非常顺利，1995 年 6 月由 IEEE 正式通过，并发布了称为 IEEE 802.3u 的标准。

在技术上，IEEE 802.3u 并不是什么新的标准，而只是现有 IEEE 802.3 的延伸，被人们称为快速以太网。快速以太网的概念很简单，保留了 IEEE 802.3 的帧格式、接口、软件算法规则和 CSMA/CD 协议，只是将数据传输速率从 10 Mbit/s 提高到 100 Mbit/s，相应的位时（位的传输时延）从 100 ns 减小到 10 ns。从技术上讲，快速以太网可以完全照搬原来的 10 Base-5 和 10 Base-2 标准，将最大电缆长度减少到原来的 1/10 后仍能检测到冲突。因为使用非屏蔽双绞线的 10 Base-T 的连线方式具有明显的优点，所以快速以太网是完全基于 10 Base-T 而设计的，使用集线器，而不再使用 BNC 接头和同轴电缆。

2. 快速以太网的协议结构

100 Base-T 是现行 IEEE 802.3 标准的扩展，在 MAC 子层使用现有的 IEEE 802.3 介质访问控制方法 CSMA/CD，物理层做了一些必要的调整，定义了 3 种物理子层。MAC 子层通过一个媒体独立接口（Media Independent Interface，MII）与其中的一个物理子层相连接。MII 提供单一的接口，能支持任何符合 100 Base-T 标准的网络设备。MII 将物理层和 MAC 子层分割开，这样物理层的各种变化（如传输介质和信号编码方式的变化）就不会影响 MAC 子层。快速以太网的协议结构如图 4-15 所示。

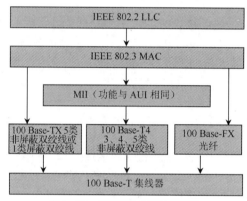

图 4-15　快速以太网的协议结构

3. 快速以太网的 3 种物理层标准

目前，快速以太网主要有以下 3 种物理层标准，其比较如表 4-3 所示。

表 4-3　快速以太网 3 种物理层标准的比较

物理层标准	电缆类型	电缆对数	接口类型	最大距离/m	支持全双工
100 Base-TX	5 类非屏蔽双绞线 1 类屏蔽双绞线	2 对双绞线	RJ-45 或 DB9	100	是
100 Base-T4	3、4、5 类非屏蔽双绞线	4 对双绞线	RJ-45	100	否
100 Base-FX	多模/单模光纤	1 对光纤	MIC、ST、SC	200、2000	是

（1）100 Base-TX。100 Base-TX 需要 2 对高质量的双绞线：一对用于发送数据，另一对用于接收数据。这两对双绞线既可以是 5 类非屏蔽双绞线，又可以是 1 类屏蔽双绞线。100 Base-TX 网络节点与集线器的最大距离一般为 100 m。

（2）100 Base-T4。100 Base-T4 支持 4 对 3 类、4 类或 5 类非屏蔽双绞线，一对专门用于发送数据，一对专门用于接收数据，另两对则是双向的。100 Base-T4 网络节点与集线器的最大距离也是 100 m。一般把 100 Base-T4 和 100 Base-TX 统称为 100 Base-T。

（3）100 Base-FX。100 Base-FX 的标准电缆类型是内径为 62.5 μm、外径为 125 μm 的多模光缆。光缆仅需一对光纤：一路用于发送数据，另一路用于接收数据。100 Base-FX 可将网络节点与服务器的最大距离增加到 200 m，而使用单模光纤时可达 2 km。100 Base-FX 主要用于高速局域网的主干网络，以提高主干网络的传输速率。

4.6.2　吉比特以太网组网技术

1. 吉比特以太网概述

吉比特以太网是高速局域网技术，以满足用户对网络带宽的需求，在局域网组网技术上与 ATM 网形成竞争格局。吉比特以太网是 IEEE 802.3 以太网标准的扩展，其标准为 IEEE 802.3z，其数据传输速率为 1000 Mbit/s，即 1 Gbit/s，因此得名为吉比特以太网。

以太网技术是当今应用非常广泛的网络技术，然而，随着网络通信流量的不断增加，传统以太网在客户机/服务器计算环境中已很不适用。用户对网络信息量日益增长的需求与通信的拥塞之间的矛盾推动了快速以太网的迅速发展。快速以太网以其高可靠性、易扩展性和低成本等优势成为现有高速局域网方案中的首选技术。但是在桌面视频会议、三维图形、高清晰度图像等应用领域，快速以太网往往又显得力不从心，人们不得不继续寻求更高带宽的局域网。

从目前的发展来看，合适的解决方案是吉比特以太网。与快速以太网相比，吉比特以太网有其明显的优点。吉比特以太网的传输速率是快速以太网的 10 倍，但其价格只为快速以太网的 2～3 倍。可在现有的传统以太网和快速以太网的基础上平滑地过渡到吉比特以太网，用户无须再进行网络培训和额外的网络协议的投资，也没有必要掌握新的配置、管理与故障排除技术，应用起来十分方便。

吉比特以太网还可以将现有的 10 Mbit/s 以太网和 100 Mbit/s 快速以太网连接起来，现有的 100 Mbit/s 以太网可通过吉比特以太网交换机与吉比特以太网相连，从而组成更大容量的主干网，使长期困扰网络的主干拥挤问题可以得到很好的解决。吉比特以太网虽然在数据、语音、视频等实时业务方面还不能提供真正意义上的服务质量（Quality of Service，QoS）保证，但吉比特以太网的高带宽能弥补传统以太网的一些弱点，提供更高的服务性能。总之，吉比特以太网未来发展和应用的前景十分广阔。

2. 吉比特以太网的协议结构

1996 年 3 月，IEEE 802.3 委员会成立了 IEEE 802.3z 工作组，主要研究使用多模光纤和屏蔽双绞线的吉比特以太网物理层标准。1997 年，IEEE 又成立了 802.3ab 工作组，主要研究使用单模光纤和非屏蔽双绞线的吉比特以太网物理层标准。IEEE 802.3z 在 1998 年获得了 IEEE 802 委员会的正式批准，成为吉比特以太网的标准。IEEE 802.3z 只定义了 MAC 子层和物理层的规范。在 MAC 子层，吉比特以太网与以太网、快速以太网一样，使用 CSMA/CD 方法，物理层则做了一些必要的调整，定义了新的物理层标准 1000 Base-T。1000 Base-T 标准定义了吉比特媒体独立接口（Gigabit Media Independent Interface，GMII），GMII 和快速以太网中的 MII 类似，同样将物理层和 MAC 子层分割开，这样物理层的各种变化（如传输介质和信号编码方式的变化）就不会影响到 MAC 子层。

3. 常见的吉比特以太网的物理层标准

吉比特以太网的 4 种物理层标准介绍如下。

（1）1000 Base-CX。1000 Base-CX 标准使用的是 150 Ω 的屏蔽双绞线，采用 8B/10B 编码/解码方式，传输速率为 1.25 Gbit/s，传输距离为 25 m，主要用于集群设备的连接，如一个交换机房的设备互联。

（2）1000 Base-LX。1000 Base-LX 标准使用的是直径为 62.5 μm 和 50 μm 的多模光纤以

及直径为 10μm、工作波长为 1310 nm 的单模光纤，采用 PAM5 编码方式，最大传输距离可达 5km，适用于校园网或企业网的主干网。

（3）1000 Base-SX。1000 Base-SX 标准使用的是直径为 62.5 μm 和 50 μm、工作波长为 850 nm 的多模光纤，采用 8B/10B 编码/解码方式，传输距离为 220～550 m，适用于建筑物中同一层的短距离主干网。

（4）1000 Base-T。1000 Base-T 标准使用的是 4 对 5 类非屏蔽双绞线，采用 PAM5 编码/解码方式，传输距离为 100 m，主要用于结构化布线中同一层建筑的通信，以此利用以太网或快速以太网中已铺设的非屏蔽双绞线电缆。

4. 吉比特以太网的技术特点

（1）简易性。吉比特以太网保留了传统以太网的技术原理、安装实施和管理维护的简易性，这是其成功的基础之一。

（2）技术过渡的平滑性。吉比特以太网保留了传统以太网的主要技术特征，采用 CSMA/CD 方法，采用相同的帧格式及帧的长度，支持全双工、半双工工作方式，以确保平滑过渡。

（3）网络可靠性。吉比特以太网保留了传统以太网的安装、维护方法，采用了中央集线器和交换机的星形结构及结构化布线方法，以确保可靠性。

（4）可管理性和可维护性。吉比特以太网采用简易网络管理协议，即传统以太网的故障查找和排除工具，以确保可管理性和可维护性。

（5）低成本性。吉比特以太网的网络成本包括设备成本、通信成本、管理成本、维护成本及故障排除成本。由于继承了传统以太网的技术，吉比特以太网的整体成本下降了许多。

（6）支持新应用与新数据类型。随着计算机技术和应用的发展，出现了许多新的应用模式，这就对网络提出了更高的要求，而吉比特以太网具有支持新应用与新数据类型的能力。

4.7　虚拟局域网

虚拟局域网（Virtual Local Area Network，VLAN）建立在交换技术基础上。有人曾说："交换式局域网是 VLAN 的基础，VLAN 是交换式局域网的灵魂。"这句话很好地说明了 VLAN 和交换式局域网的关系。VLAN 就是一种通过将局域网内的设备逻辑地划分成一个个网段，从而实现虚拟工作组的技术。

本节将介绍 VLAN 的基本含义、标准、优点，以及常见的组网方法等内容。

4.7.1　VLAN 概述

1. VLAN 的基本含义

在传统的局域网中，通常一个工作组在同一个网段上，每个网段可以是一个逻辑工作组或子网。多个逻辑工作组之间通过实现互联的网桥或路由器来交换数据。当一个逻辑工作组的节点要转移到另一个逻辑工作组时，就需要将节点计算机从一个网段撤下，并连接到另一个网段上，甚至需要重新布线。因此，逻辑工作组的组成会受节点所在网段的物理位置限制。

如果将网络上的节点按工作性质与需要划分为若干个逻辑工作组，那么一个逻辑工作组就是一个 VLAN。VLAN 以软件方式实现逻辑工作组的划分和管理，逻辑工作组的节点组成不受物理位置的限制。同一个逻辑工作组的成员不一定要连接在同一个物理网段上，既可以连接在同一个局域网交换机上，又可以连接在不同的局域网交换机上，只要这些交换机是互联的就可以。当一个节点从一个逻辑工作组转移到另一个逻辑工作组时，只需要简单地通过软件进行设定，而不需要改变其在网络中的物理位置。同一个逻辑工作组的节点可以分布在不同的物理网段上，但彼此通信时就像在同一个物理网段上一样。

VLAN 的物理连接如图 4-16 所示，VLAN 结构如图 4-17 所示。

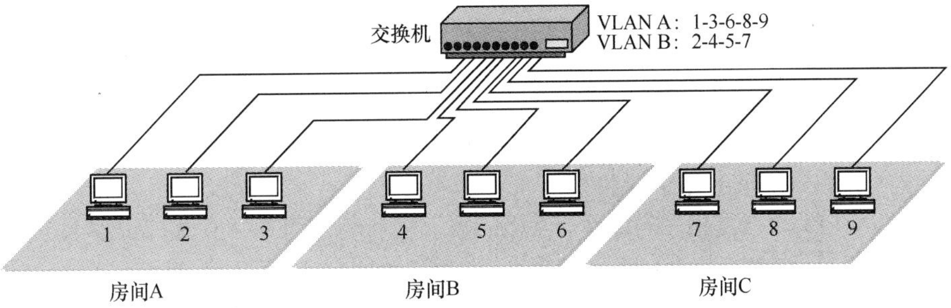

图 4-16　VLAN 的物理连接

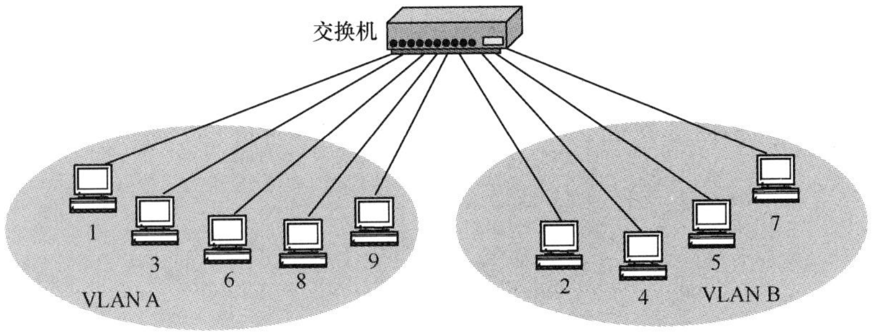

图 4-17　VLAN 结构

2. VLAN 的标准

1996 年 3 月，IEEE 802 委员会发布了 IEEE 802.1Q。该标准包括 3 个方面：VLAN 的体系结构说明，为在不同设备厂商生产的不同设备之间交流 VLAN 信息而制定的局域网物理帧的改进标准，VLAN 标准的未来发展展望。

IEEE 802.1Q 标准提供了对 VLAN 的明确定义及 VALN 在交换式网络中的应用。该标准的发布确保了不同厂商产品的互操作能力，并在业界获得了广泛的推广，成为 VLAN 发展史上的重要里程碑。IEEE 802.1Q 的出现打破了 VLAN 依赖于单一厂商的僵局，从侧面推动了 VLAN 的迅速发展。目前，该标准已得到全世界主要网络厂商的广泛支持。

3. VLAN 的优点

VLAN 与普通局域网在工作原理上没有什么不同的地方，但从用户使用和网络管理的角度来看，VLAN 具有以下优点。

（1）控制网络的广播风暴。控制网络的广播风暴有两种方法：网络分段和 VLAN 技术。通过网络分段，可将广播风暴限制在一个网段中，从而避免影响其他网段的工作；采用 VLAN 技术，可将某个交换端口划分到某个 VLAN 中，一个 VLAN 的广播风暴不会影响到其他 VLAN 的性能。

（2）确保网络的安全性。共享式局域网之所以很难保证网络的安全性，是因为只要用户连接到一个集线器的端口，就能访问集线器所连接的网段上的其他用户。VLAN 之所以能确保网络的安全性，是因为 VLAN 能限制个别用户的访问并控制广播组的大小和位置，甚至锁定某台设备的 MAC 地址。

（3）简化网络的管理。网络管理员能借助 VLAN 技术轻松地管理整个网络。例如，需要为一个学校内部的行政管理部门建立一个工作组网络，其成员可能分布在学校的各个地方。此时，网络管理员只需设置几条命令就能很快地建立一个 VLAN，并将这些行政管理人员的计算机设置到该 VLAN 中。

4.7.2 VLAN 的组网方法

交换技术本身涉及网络的多个层次，因此 VLAN 也可以在网络的不同层次上实现。不同的 VLAN 组网方法的区别主要表现在对 VLAN 成员的定义方法上，通常有以下 4 种。

1. 使用交换机端口号定义 VLAN 成员

许多早期的 VLAN 都是根据局域网交换机的端口号来定义 VLAN 成员的。VLAN 从逻辑上把局域网交换机的端口号划分为不同的虚拟子网，各虚拟子网相对独立，如图 4-18（a）所示。图 4-18（a）中局域网交换机端口 1、2、3、7、8 组成 VLAN 1；端口 4、5、6 组成 VLAN 2。VLAN 也可以跨越多台交换机，如图 4-18（b）所示，局域网交换机 1 的端口 1、2 和局域网交换机 2 的端口 4、5、6、7 组成 VLAN 1；局域网交换机 1 的端口 3、4、5、6、7、8 和局域网交换机 2 的端口 1、2、3、8 组成 VLAN 2。

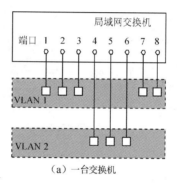

（a）一台交换机

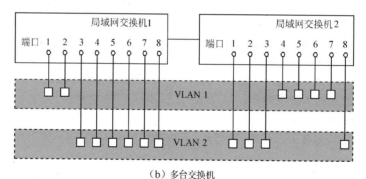

（b）多台交换机

图 4-18　使用交换机端口号定义 VLAN 成员

使用局域网交换机端口号划分 VLAN 成员是很通用的方法。但是，纯粹使用端口号定义 VLAN 时，不允许不同的 VLAN 包含相同的物理网段或交换机端口号。例如，交换机 1 的端口 1 属于 VLAN 1 后，就不能再属于 VLAN 2。使用端口号定义 VLAN 的缺点是当用户从一个端口移动到另一个端口时，网络管理者必须对 VLAN 成员进行重新配置。

2. 使用 MAC 地址定义 VLAN 成员

使用节点的 MAC 地址来定义 VLAN 成员的优点是因为节点的 MAC 地址是与硬件相关的地址，所以使用节点的 MAC 地址定义的 VLAN 成员允许节点移动到网络的其他物理网段。因为节点的 MAC 地址不变，所以该节点将自动保持原来的 VLAN 成员地位。从这个角度看，基于 MAC 地址定义的 VLAN 可以被视为基于用户的 VLAN。

使用 MAC 地址定义 VLAN 成员的缺点是要求所有用户在初始阶段必须被配置到至少一个 VLAN 中，初始配置通过人工完成，随后就可以自动跟踪用户。但在大规模网络中，初始化时把成千上万个用户配置到某个 VLAN 中显然是很麻烦的。

3. 使用网络层地址定义 VLAN 成员

使用节点的网络层地址（如 IP 地址）来定义 VLAN 成员具有独特的优势。首先，允许按照协议类型来组成 VLAN，这有利于组成基于服务或应用的 VLAN；其次，用户可以随意移动工作站而无须重新配置网络地址，这对 TCP/IP 用户特别有利。

与使用 MAC 地址定义 VLAN 成员或使用端口号定义 VLAN 成员的方法相比，使用网络层地址定义 VLAN 成员的缺点是性能较差。检查网络层地址比检查 MAC 地址要花费更多的时间，因此使用网络层地址定义 VLAN 成员的速度会比较慢。

4. 使用 IP 广播组定义 VLAN 成员

使用 IP 广播组定义 VLAN 成员时，VLAN 的建立是动态的，其中由被称为代理的设备对 VLAN 中的成员进行管理。当 IP 广播包要送达多个目的节点时，就动态建立 VLAN 代理，这个代理和多个 IP 节点组成 IP 广播组 VLAN。网络用广播信息通知各节点，表明网络中存在 IP 广播组，如果节点响应信息，则可以加入 IP 广播组，成为 VLAN 中的一员，与 VLAN 中的其他成员通信。IP 广播组中的所有节点属于同一个 VLAN，但只是特定时间段内特定 IP 广播组的成员。IP 广播组 VLAN 有很高的灵活性，可以根据服务灵活组建，且可以跨越路由器形成与广域网的互联。

4.8 无线局域网

无线局域网（Wireless Local Area Network，WLAN）的定义可以从"无线"和"局域网"两个方面来理解。其中，"无线"定义了网络连接的方式，无线连接利用红外线、微波、激光、蓝牙等进行信息传输；"局域网"定义了网络应用的范围，这个范围可以是一个房间、一栋建筑物，也可以是一个校园等区域。在实际应用中，通常会将 WLAN 与现有的有线局域网结合，不仅增加了原本网络的使用弹性，还扩大了无线网络的使用范围。

本节将详细介绍 WLAN 的基本含义、常见标准、常用设备和具体实现等内容。

4.8.1 WLAN 概述

1. WLAN 的基本含义

WLAN 就是指在距离受限制的区域内以无线信道作为传输介质的计算机局域网。WLAN 与有线网络的用途十分类似，最大的不同在于传输介质不同，即 WLAN 利用电磁波取代了网线。通常情况下，有线局域网主要以同轴电缆、双绞线或光纤作为主要传输介质，但有线网络在某些场合下会受到布线的限制。布线改线工程量大、线路容易损坏、网络中各节点移动不便等问题都严重限制了用户联网。WLAN 就是为了解决有线网络的以上问题而出现的。

2. WLAN 的常见标准

WLAN 的常见标准有以下 4 种。

（1）IEEE 802.11a，使用 5 GHz 频段，最大传输速率约为 54 Mbit/s，与 IEEE 802.11b 不兼容。

（2）IEEE 802.11b，使用 2.4 GHz 频段，最大传输速率约为 11 Mbit/s。

（3）IEEE 802.11g，使用 2.4 GHz 频段，最大传输速率约为 54 Mbit/s，可向下兼容 IEEE 802.11b。

（4）IEEE 802.11n，使用2.4 GHz频段，最大传输速率约为300 Mbit/s，可向下兼容IEEE 802.11b和IEEE 802.11g。

目前，IEEE 802.11 g和IEEE 802.11n两种标准较常用。

3. WLAN 的常用设备

（1）无线网卡。既然WLAN中没有了网线，改用电磁波方式发送和接收数据，那么起到信号接收作用的无线网卡显然是一个必不可少的部件。目前，无线网卡主要有以下3种类型。

① PCMCIA无线网卡，如图4-19所示，仅适用于笔记本计算机，支持热插拔，能非常方便地实现移动式无线接入。

② 外部组件互联（Peripheral Component Interconnect，PCI）接口无线网卡，如图4-20所示，适用于普通的台式计算机，但要占用主机的PCI插槽。

图4-19　PCMCIA无线网卡

图4-20　PCI接口无线网卡

③ 通用串行总线（Universal Serial Bus，USB）接口无线网卡，如图4-21所示，适用于笔记本计算机和台式计算机，支持热插拔。笔记本计算机一般内置了PCMCIA无线网卡，因此USB接口无线网卡通常被用于台式计算机。

（2）无线接入点（Wireless Access Point，WAP）。有了无线信号的接收设备，还需要有无线信号的发射源——WAP才能构成一个完整的无线网络环境，如图4-22所示。WAP所起的作用就是给无线网卡提供网络信号。WAP主要有不带路由功能的普通WAP和带路由功能的WAP两种。前者是基本的WAP，仅提供无线信号发射的功能；而路由WAP可以为拨号接入Internet的非对称数字用户线（Asymmetric Digital Subscriber Line，ADSL）等宽带上网方式提供自动拨号功能，简单地说，就是当客户机开机时，网络即可自动接通Internet，而无须手动拨号，且路由WAP具备相对完善的安全防护功能。

图4-21　USB接口无线网卡

图4-22　无线接入点

4.8.2　WLAN 的实现

简单地讲，WLAN的组建可分为以下两个步骤。

（1）将WAP通过网线与网络接口相连，如LAN或ADSL宽带网络接口等。

（2）为配置有无线网卡的笔记本计算机提供无线网络信号，当搜索到该无线网络并连接后，搭载无线网卡的笔记本计算机就可以在有效的信号覆盖范围内登录局域网或Internet。WLAN组网示意如图4-23所示。

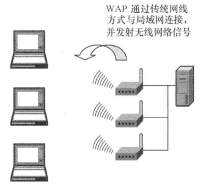

WAP 通过传统网线
方式与局域网连接,
并发射无线网络信号

配备有无线网卡的笔记本
计算机接收WAP发出的无线信
号便可接入局域网或Internet

图 4-23　WLAN 组网示意

目前高速无线网络还无法像手机信号那样进行普及性公共发射,只属于一种小范围的发射行为,如一个公司、一个校园、一个家庭的网络等。因此,用户只能在信号的有效覆盖范围内实现无线上网,实现从信号发射端到计算机的无线连接。

值得一提的是,在组建有线局域网时,通常是使用网线直接连接计算机和网络端口或使用网线将多台计算机连接在与网络端口相连的集线器或交换机上的。在无线环境中,网线实际连接的是WAP 和网络端口,计算机则是通过无线网卡接收 WAP 发射的信号来联网的,WAP 实际所起的主要作用是将连接集线器或交换机与计算机之间的网线"虚化"成了无线信号。因此,在设备投资上,相对于传统有线网络而言,只是追加了无线网络设备的投资,其他费用并未增加。

4.8.3　WLAN 组网实例——家庭 WLAN 的组建

下面通过一个具体的例子详细地介绍家庭 WLAN 的组建方法和步骤。

某用户家中原来有两台台式计算机,一台放在书房,与 ADSL 宽带连接;另一台放在儿童房,未连接宽带。后来又新购置了一台笔记本计算机,准备放在主卧室。为了让一家三口能够各自使用一台计算机上网,可考虑组建一个家庭局域网来共享 ADSL 宽带。若是设置一个有线局域网,则会影响居室美观,也不好走线。因此,建立一个家庭 WLAN 是非常理想的选择。

1. 方案设计

WLAN 结构如图 4-24 所示。ADSL Modem 连接到宽带无线路由器;书房的台式计算机(PC1)使用网线(直通双绞线)连接到宽带无线路由器的以太网接口(LAN);儿童房的台式计算机(PC2)使用购置的一块无线网卡连接到宽带无线路由器;笔记本计算机自带无线网卡,也通过无线网卡连接到宽带无线路由器。

2. 设备的选定及安装

需要新添加的设备是一台宽带无线路由器和一块无线网卡。这里以 TP-LINK TL-WR745N 无线路由器和 TP-LINK TL-WN220M USB 无线网卡为例。设备的摆放和安装要充分考虑到整个房子的布局,尤其是宽带无线路由器的摆放位置是非常讲究的,应遵循以下原则。

① 尽量将无线路由器摆放在整个房子的中央。

② 不要把宽带无线路由器摆放在彩电、冰箱、微波炉等大功率电器旁边。

③ 安装宽带无线路由器的房间尽量不要关门,因为无线路由器的室内有效距离是指不隔墙的数据,如果障碍物较多,则信号会衰减得比较厉害。

假设房子结构如图 4-25 所示,由于书房在整个房子的中间,所以正好可以安置无线路由器。

设备的安装过程也比较简单，具体步骤如下。

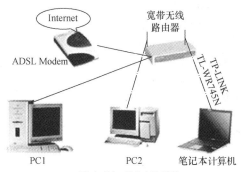

图 4-24　WLAN 结构

图 4-25　房子结构

（1）将 ADSL Modem 通过附带的网线（交叉双绞线）连接到宽带无线路由器 TP-LINK TL-WR745N 的 WAN 端口。

（2）将书房的台式计算机用网线（直通双绞线）直接连接到 TP-LINK TL-WR745N 的 LAN 端口。

（3）将 TP-LINK TL-WN220M USB 无线网卡插入儿童房的台式计算机的 USB 端口。

（4）安装无线网卡附带光盘中的驱动程序和工具软件。笔记本计算机有内置无线网卡，因此无须硬件安装。

3. 宽带无线路由器的配置

由于 TP-LINK TL-WR745N 提供了 Web 管理界面，可以通过书房的台式计算机（PC1）来配置无线宽带路由器。

在浏览器地址栏中输入"192.168.1.1"，按 Enter 键，就进入了 TP-LINK TL-WR745N 的 Web 管理页面（TP-LINK TL-WR745N 的用户名和密码默认都为 admin）。其管理页面提供了简单明了的中文菜单，用户只需做简单的修改，绝大多数选项使用默认设置即可。需要改动的设置如下。

（1）PPPoE 连接设置。如图 4-26 所示，先选择左侧的"网络参数"选项，再选择"WAN 口设置"选项，打开"WAN 口设置"对话框，并进行如下设置。

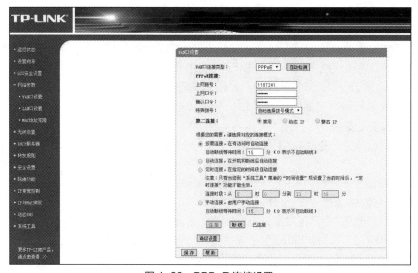

图 4-26　PPPoE 连接设置

- WAN 口连接类型：选择"PPPoE"选项。
- 上网账号和上网口令：填入用户申请 ADSL 服务时注册的用户名和密码。
- 特殊拨号：选择"自动选择拨号模式"选项。

（2）无线设置。选择左侧的"无线设置"选项，再选择"基本设置"选项，打开"无线网络基本设置"对话框，如图 4-27 所示，进行如下设置。

- SSID 号：填入自行命名的无线网络名称，如"zhouge"。
- 信道：选择"自动"选项。
- 模式：选择"11bgn mixed"选项。
- 频段带宽：选择"自动"选项，并勾选"开启无线功能"和"开启 SSID 广播"复选框。

图 4-27　无线设置

设置完成后，单击"保存"按钮，这样无线宽带路由器的配置就完成了。

4．计算机的设置

计算机的设置包括书房的台式计算机、儿童房的台式计算机和主卧室的笔记本计算机的设置。因为 TP-LINK TL-WR745N 的默认 IP 地址为 192.168.1.1，所以要对所有联网计算机的 TCP/IP 属性进行设置，将其 IP 地址设置为 192.168.1.2～192.168.1.255，使其和 TP-LINK TL-WR745N 处于同一个网段，具体设置如下。

（1）书房的台式计算机的设置。把书房的台式计算机的 IP 地址设置为 192.168.1.2、网关设置为 192.168.1.1。

（2）儿童房的台式计算机的设置。将 USB 无线网卡插入计算机的 USB 接口，启动无线网卡配套工具软件后，从可用网络中找到已经设置好的无线宽带路由器 TP-LINK TL-WR745N，选中该网络并选择连接即可。连接好后，再进行 TCP/IP 属性设置，将 IP 地址设置为 192.168.1.3、网关设置为 192.168.1.1。

（3）主卧室的笔记本计算机的设置。由于笔记本计算机自带无线网卡，因此可直接在可用网络中找到无线宽带路由器 TP-LINK TL-WR745N，选中并连接即可，并将其 IP 地址设置为 192.168.1.4、网关设置为 192.168.1.1。

5．安全设置

为了保证网络安全，有必要进行简单的安全设置。TP-LINK TL-WR745N 无线宽带路由器提供了多重安全防护，如禁止 WAP 广播网络名称、MAC 地址过滤、支持 64/128 位无线数据加密等。通常用户可以采用 MAC 地址过滤功能来保证无线网络的安全。

由于每个无线网卡都有唯一的物理地址，可以在 TP-LINK TL-WR745N 中手动设置一组允许访问的 MAC 地址列表，实现物理地址过滤。不在 MAC 地址列表的无线网卡将被无线宽带路由器拒绝进入。MAC 地址过滤设置如图 4-28 所示。

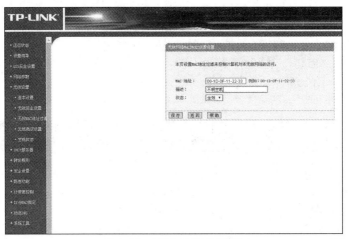

图 4-28　MAC 地址过滤设置

小结

（1）局域网技术是计算机网络中的重要技术，不仅涉及基础理论，还非常实用。

（2）局域网是一种在有限的地理范围内将大量微机及各种设备互联在一起，以实现数据传输和资源共享的计算机网络。局域网与广域网的最大区别在于覆盖的地理范围不同。局域网覆盖的仅仅是一个较小的地理范围，如一个办公室、一幢楼、一个学校等。因此，局域网的数据传输速率比广域网的高，而时延和误码率都比广域网的低。

（3）从局域网的组成来看，局域网由网络硬件和网络软件两部分组成。其中，网络硬件部分包括网络服务器、工作站、外部设备、网卡、传输介质等；网络软件部分包括协议软件、通信软件、管理软件、网络操作系统和网络应用软件。

（4）局域网的拓扑结构主要有星形、环形和总线 3 种。采用的网络传输介质主要有双绞线、同轴电缆和光纤。

（5）MAC 方法是局域网中的一项关键技术。目前，局域网中普遍采用的 MAC 方法有 3 种：带冲突检测的载波监听多路访问方法、令牌环方法、令牌总线方法。

（6）IEEE 802 各标准之间的关系。

（7）以太网在逻辑链路控制子层采用 802.2 标准，在 MAC 子层采用 CSMA/CD 方法。针对不同的传输介质，物理层中分别为传输速率为 10 Mbit/s 的传统以太网、100 Mbit/s 的快速以太网和 1000 Mbit/s 的吉比特以太网制定了多种物理层标准。

（8）以太网的核心技术是带冲突检测的载波监听多路访问方法，这种方法的特点是先听后发、边听边发、冲突停止、随机延迟后重发。

（9）交换式以太网从根本上改变了"共享介质"的工作方式，以太网交换机是交换式以太网的核心设备。交换机的每个端口可以单独与一个节点连接，并且每个端口都能为与之相连的节点提供专用的带宽。因此，交换式以太网可以增加网络带宽，改善局域网的性能与服务质量。

（10）令牌环网是除以太网之外最流行的局域网络之一，令牌环网的工作遵循 IEEE 802.5 标准。在令牌环网中，信息只能单方向进行传输，并且环上流通着一个称为"令牌"的特殊信息包，只有获得"令牌"的节点才可以发送信息。

（11）若网络中的节点按工作性质与需要划分成若干"逻辑工作组"，那么一个"逻辑工作组"就是一个 VLAN。VLAN 以软件方式实现逻辑工作组的划分和管理，逻辑工作组的节点组成不受物理位置的限制。当把一个节点从一个逻辑工作组转移到另一个逻辑工作组时，只需要简单地通过软件进行设置，而不需要改变其在网络中的物理位置，操作十分方便。

（12）根据 IEEE 802.1Q VALN 标准，VLAN 的组建主要有 4 种方式：使用交换机端口号定义 VLAN 成员、使用 MAC 地址定义 VLAN 成员、使用网络层地址定义 VLAN 成员和使用 IP 广播组定义 VLAN 成员。

（13）WLAN 利用电磁波作为信息传输的主要介质，是为了解决有线网络中存在的布线改线工程量大、线路容易损坏、网络中各节点移动不便等问题而出现的。

（14）WLAN 的常见标准包括 IEEE 802.11a、IEEE 802.11b、IEEE 802.11g、IEEE 802.11n 这 4 种，所需联网设备有无线网卡和 WAP。

习题 4

一、名词术语解释（将与术语匹配的定义序号填入括号）

1. 以太网（　　）　　　　　　　2. 令牌环网（　　）
3. 快速以太网（　　）　　　　　4. 吉比特以太网（　　）
5. 交换式局域网（　　）　　　　6. CSMA/CD（　　）
7. ATM（　　）

A. MAC 子层采用 CSMA/CD 方法，物理层采用 100 Base 标准的局域网

B. 符合 IEEE 802.3 标准，MAC 子层采用 CSMA/CD 方法的局域网

C. 符合 IEEE 802.5 标准，MAC 子层采用令牌控制方法的环形局域网

D. 带冲突检测的载波监听多路访问，可以减少或避免计算机发送数据时发生的冲突

E. 一种快速分组交换技术的国际标准，基于该技术的网络是一种能同时对数据、语音、视频等信号进行传输的新一代网络系统

F. 通过交换机多端口之间的并发连接实现多节点间数据并发传输的局域网

G. MAC 子层采用 CSMA/CD 方法，物理层采用 1000 Base 标准的局域网

二、填空题

1. 局域网可采用多种传输介质，如＿＿＿＿、＿＿＿＿和＿＿＿＿等。

2. 组建局域网通常采用 3 种拓扑结构，分别是＿＿＿＿、＿＿＿＿和＿＿＿＿。

3. 决定局域网性能的主要技术一般认为有 3 种，它们是＿＿＿＿＿＿、＿＿＿＿＿＿和＿＿＿＿＿。

4. 局域网通常采用的传输方式是＿＿＿＿＿＿。

5. 粗缆以太网的单段最大长度为＿＿＿＿m，网络的总长度最大为＿＿＿＿m。

6. IEEE 802.11 标准定义了＿＿＿＿＿技术规范。

7. 以太网是基带系统，采用＿＿＿＿编码。

8. 如果将符合 10 Base-T 标准的 4 个集线器连接起来，那么在这个局域网中相隔最远的两台计算机之间的最大距离为＿＿＿＿＿。

9. 数据链路层在局域网参考模型中被分成了两个子层：＿＿＿＿与＿＿＿＿。

10. VLAN 的划分方法主要有：基于＿＿＿＿的虚拟局域网、基于＿＿＿＿的虚拟局域网、基

于_____的虚拟局域网和基于_____的虚拟局域网。

三、单项选择题

1. 在共享式以太网中，采用的介质访问控制方法是_____。
    A. 令牌总线方法   B. 令牌环方法   C. 时间片方法   D. CSMA/CD 方法

2. _____在逻辑结构上属于总线局域网，在物理结构上可以看作星形局域网。
    A. 令牌环网   B. 广域网   C. 因特网   D. 以太网

3. 以下关于组建一个多集线器 10 Mbit/s 以太网的配置规则中，_____是错误的。
    A. 可以使用 3 类非屏蔽双绞线
    B. 每一段非屏蔽双绞线的长度不能超过 100 m
    C. 多个集线器之间可以堆叠
    D. 网络中可以出现环路

4. 交换式以太网的核心设备是_____。
    A. 中继器   B. 以太网交换机   C. 集线器   D. 路由器

5. IEEE 802.2 协议中的 10 Base-T 标准规定，在使用 5 类 UTP 时，从网卡到集线器的最大距离为_____。
    A. 100 m   B. 185 m   C. 300 m   D. 500 m

6. 在一个采用粗缆作为传输介质的以太网中，两个节点之间的距离超过 500 m，那么最简单的方法是选用_____来扩大局域网覆盖范围。
    A. 路由器   B. 网桥   C. 网关   D. 中继器

7. 在快速以太网中，支持 5 类 UTP 的标准是_____。
    A. 100 Base-T4   B. 100 Base-FX   C. 100 Base-TX   D. 100 Base-CX

8. 在 VLAN 的划分中，不能按照_____定义其成员。
    A. 交换机端口   B. MAC 地址   C. 操作系统类型   D. IP 地址

9. 以下关于各种网络物理拓扑结构的叙述中错误的是_____。
    A. 在总线结构中，任何一个节点的故障都不会影响其他节点完成数据的发送和接收
    B. 环形网上每台 MSAU 包括入口和出口电缆，每次信号经过一台设备后都要被重新发送一次，所以衰减小
    C. 星形网络容易形成级联形式
    D. 网状拓扑结构的所有设备之间采用点对点通信，没有争用信道现象，带宽充足

10. 以下有关令牌环网的描述正确的是_____。
    A. 数据沿令牌环网的一个方向传输，令牌就是要发送的数据
    B. 数据沿令牌环网的一个方向传输，令牌就是要接收的数据
    C. 数据沿令牌环网的一个方向传输，得到令牌的计算机可以发送数据
    D. 数据沿令牌环网的一个方向传输，得到令牌的计算机可以接收数据

11. 对于现有的传输速率为 10 Mbit/s 的共享式以太网，如果要保持介质访问控制方法、帧结构不变，则最经济的升级方案之一是_____。
    A. ATM   B. 帧中继   C. 100 Base-TX   D. ISDN

12. 局域网中使用得比较广泛的是以太网，以下关于以太网的叙述正确的是_____。
    A. ①和②   B. ③和④   C. ①、③和④   D. ①、②、③和④
    ① 以 CSMA/CD 方式工作的典型的总线网络
    ② 不需要路由功能
    ③ 采用广播方式进行通信（网络中的所有节点都可以接收同一信息）

④ 传输速率通常可达 10 Mbit/s～100 Mbit/s

13. 以下选项中，_____是正确的以太网 MAC 地址。

    A. 00-01-AA-08   B. 00-01-AA-08-0D-80

    C. 1203   D. 192.2.0.1

14. 局域网交换机先完整地接收一个数据帧，再根据校验结果确定是否转发，这种交换方法称为_____。

    A. 直接交换   B. 存储转发   C. 改进的直接交换   D. 查询交换

15. 交换机能比集线器提供更好的网络性能的主要原因是_____。

    A. 使用差错控制机制减少出错率   B. 使用交换方式支持多对用户同时通信

    C. 网络的覆盖范围更大   D. 无须设置，使用更方便

四、问答题

1. 什么是局域网？局域网的主要特点是什么？

2. 局域网由哪两大部分组成？

3. 局域网的物理拓扑结构有哪几种形式，分别有哪些特点？

4. 什么是介质访问控制方法？目前被普遍采用并成为国际标准的有哪几种？

5. 什么是 CSMA/CD？简述 CSMA/CD 的特点和基本工作原理。

6. IEEE 802 协议规定的以太网标准有哪些？双绞线以太网的拓扑结构和介质访问控制方法是什么？

7. 相对于共享式以太网，交换式以太网的优势有哪些？

8. 简述吉比特以太网 4 种物理层标准的主要特点及应用环境。

9. 什么是令牌？简述令牌环网的基本工作原理。

10. 什么是虚拟局域网？它有什么特点？常用的组网方法有几种？

第5章
网络互联技术与IP

　　随着计算机技术和通信技术的飞速发展，以及计算机网络技术的广泛应用，单一网络环境已经不能满足社会对信息网络的需求，需要一个将多个计算机网络互联在一起的更大的网络，以实现更广泛的资源共享和信息交流。Internet的巨大成功和人们对接入Internet的热情都充分证明了计算机网络互联的重要性。网络互联的核心是网络之间的硬件连接和网间互联协议，掌握网络互联的基础知识是进一步深入学习网络应用技术的前提。

　　本章将从介绍网络互联的基本概念入手，对各典型网络互联设备（如中继器、网桥、网关、路由器等）的功能、类型及其工作原理进行详细介绍，并对IP地址、IP地址结构、子网技术、超网技术、ARP和ICMP、路由协议、移动IP技术等问题进行详细探讨。理解和学好本章的知识，将为进一步掌握Internet应用技术奠定良好的基础。

　　本章的学习目标如下。
- 理解网络互联的基本概念、类型和层次。
- 掌握中继器的功能和特点。
- 掌握网桥的功能、特点和分类。
- 掌握网关的功能和特点。
- 掌握路由器的功能和基本工作原理。
- 掌握IP地址的含义、表示方法和分类。
- 掌握子网掩码的含义、划分和3类IP地址的标准子网掩码。
- 掌握超网的含义和IP地址的表示方式。
- 掌握ARP和ICMP的含义、特点及基本工作原理。
- 理解IPv4的优缺点，以及IPv4到IPv6的过渡方案。
- 掌握路由协议的含义，以及常用的内部路由协议和外部路由协议。
- 理解移动IP技术和相关概念的基本含义。
- 理解和掌握移动IP技术的基本工作原理。

5.1　网络互联的基本概念

　　当前，各种网络技术丰富多彩，令人目不暇接。网络互联技术是过去的几十年中最为成功的网络技术之一。本节将简要介绍网络互联的基本概念及特点。

5.1.1　网络互联概述

1. 网络互联的概念

网络互联是指对分布在不同地理位置、使用不同数据链路层协议的单个网络通过网络互联设备进行连接，以此建立一个更大规模的互联网络系统。网络互联的目的是使处于不同网络上的用户能够相互通信和相互交流，来实现更大范围的数据通信和资源共享。

2. 网络互联的优点

（1）扩大资源共享的范围。将多个计算机网络互联起来就构成了一个更大的网络——Internet。Internet 中的用户只要遵循相同的协议就能相互通信，且 Internet 中的资源可以被更多的用户所共享。

（2）提高网络的性能。总线网络随着用户数的增多，冲突发生的概率和数据的发送时延会显著增大，网络性能也会随之降低。如果采用子网自治和子网互联的方法，则可以缩小冲突域，有效提高网络性能。

（3）降低联网的成本。当同一地区的多台主机希望接入另一地区的某个网络时，一般会采用主机先行联网（构成局域网），再通过网络互联技术和其他网络连接的方法，大大降低了联网成本。例如，某个部门有 N 台主机要接入公用数据网，可以向电信部门申请 N 个端口，连接 N 条线路来实现联网的目的，但成本远比 N 台主机先行联网，再通过一条或少数几条线路连入公用数据网的成本要高。

（4）提高网络的安全性。将具有相同权限的用户主机组成一个网络，在网络互联设备上严格控制其他用户对该网的访问，从而提高网络的安全性。

（5）提高网络的可靠性。设备的故障可能导致整个网络的瘫痪，而通过划分子网可以有效地限制设备故障对网络的影响范围。

5.1.2　网络互联的要求

互联在一起的网络在进行通信时会遇到许多问题，如不同的寻址方式、不同的分组限制、不同的访问控制机制、不同的网络连接方式、不同的超时控制、不同的路由选择技术、不同的服务（面向连接服务和面向无连接服务）等。因此网络互联除了要为不同子网之间的通信提供路径选择和数据交换功能之外，还应采取措施屏蔽或者容纳这些差异，力求在不修改互联在一起的各网络原有结构和协议的基础上，利用网间互联设备协调和适配各个网络的差异。另外，网络互联应考虑虚拟网络的划分、不同子网的差错恢复机制对全网的影响、不同子网的用户接入限制和通过互联设备对网络的流量控制等问题。

在网络互联时，还应尽量避免为提高网络之间的传输性能而影响各个子网内部的传输功能和传输性能的情况发生。从应用的角度看，用户需要访问的资源主要集中在子网内部。一般而言，网络之间的信息传输量远小于网络内部的信息传输量。

5.2　网络互联的类型和层次

5.2.1　网络互联的类型

计算机网络可以分为局域网、城域网、广域网和 Internet 这 4 种。网络互联的类型主要有以下几种。

（1）局域网—局域网互联（LAN—LAN）。在实际的网络应用中，局域网—局域网互联是非常常见的一种，其结构如图5-1所示。

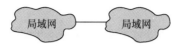

图5-1　局域网—局域网互联的结构

局域网—局域网互联一般又可分为以下两种。

① 同种局域网互联。同种局域网互联是指符合相同协议的局域网之间的互联。例如，两个以太网之间的互联，或两个令牌环网之间的互联。

② 异种局域网互联。异种局域网互联是指不符合相同协议的局域网之间的互联。例如，一个以太网和一个令牌环网之间的互联，或一个令牌环网和一个ATM网之间的互联。

局域网—局域网互联可利用网桥来实现，但是网桥必须支持互联网络使用的协议。

（2）局域网—广域网互联（LAN—WAN）。局域网—广域网互联也是常见的网络互联方式之一，其结构如图5-2所示。局域网—广域网互联一般可以通过路由器或网关来实现。

（3）局域网—广域网—局域网互联（LAN—WAN—LAN）。将两个分布在不同地理位置的局域网通过广域网实现互联，也是常见的网络互联方式，其结构如图5-3所示。局域网—广域网—局域网互联可以通过路由器和网关来实现。

图5-2　局域网—广域网互联的结构　　　　图5-3　局域网—广域网—局域网互联的结构

（4）广域网—广域网互联（WAN—WAN）。广域网与广域网之间的互联可以通过路由器和网关来实现，其结构如图5-4所示。

图5-4　广域网—广域网互联的结构

5.2.2　网络互联的层次

根据OSI参考模型的层次划分，网络协议分别属于不同的层次，因此网络互联一定存在层次的问题。根据网络层次结构模型，网络互联的层次可以进行如下划分。

（1）物理层互联。物理层通过中继器实现互联。中继器在物理层互联中起到的作用是对一个网段传输的数据信号进行放大和整形，然后发送到另一个网段上，克服信号经过长距离传输后引起的衰减。

（2）数据链路层互联。数据链路层通过网桥实现互联。网桥一般用于互联两个或多个同一类型的局域网，其作用是对数据进行存储和转发，并能够根据MAC地址对数据进行过滤，以实现多个网络系统之间的数据交换。

（3）网络层互联。网络层通过路由器实现互联。网络层互联主要用于解决路由选择、拥塞控制、差错处理与分段技术等问题。

（4）高层互联。高层通过网关实现互联。高层互联是指传输层以上各层协议不同的网络之间的互联，高层互联所使用的网关大多是应用层网关，或称为应用程序网关（Application Gateway）。

5.3 典型网络互联设备

前面已经提到，网络互联的目的是实现网络间的通信和更大范围的资源共享。但是，不同的网络所使用的通信协议往往也不相同，因此网络间的通信必须要依靠中间设备来进行协议转换，这种转换既可以由软件来实现，又可以由硬件来实现。但是软件的转换速度较慢，因此在网络互联中，往往使用硬件设备来完成不同协议间的转换，这种设备称为网络互联设备。网络互联的方式有多种，相应的网络互联设备也不相同。典型的网络互联设备有中继器、网桥、网关和路由器等。

5.3.1 中继器

1. 中继器的功能和特点

中继器是最简单的网络互联设备之一，常用于进行两个网络节点之间物理信号的双向转发。中继器工作在 OSI 参考模型的底层——物理层，所以只能用来连接具有相同物理层协议的局域网。数据信号在长距离的传输过程中存在损耗，因此在线路上传输的信号功率会逐渐衰减，衰减到一定程度时将会出现信号失真，从而会导致接收错误。中继器就是为解决这一问题而设计的，其主要作用就是负责将一个网段上传输的数据信号复制、整形和放大后再发送到另一个网段上，以此来延长网络的长度，如图 5-5 所示。

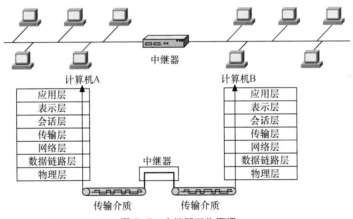

图 5-5 中继器工作原理

从理论上讲，中继器的使用是无限的，网络也因此可以无限延长。但实际上这是不可能的，因为网络标准都对信号的延迟范围做了具体的规定，中继器只能在此规定范围内进行有效工作，否则会引起网络故障。例如，10 Base-5 粗缆以太网的组网规则中规定：每个网段的最大长度为 500 m，最多可用 4 个中继器连接 5 个网段，其中只有 3 个网段可以挂接计算机终端，延长后的最大网络长度为 2500 m。

中继器的主要特点如下。

（1）中继器在数据信号传输过程中只是起到了放大电信号、延伸传输介质、将一个网络的范围扩大的作用，并不具备检查错误和纠正错误的功能。

（2）中继器工作在 OSI 参考模型的物理层，主要完成物理层的功能，所以中继器只能连接相同的局域网，即使用中继器互联的局域网应具有相同的协议（如 CSMA/CD）和传输速率。

（3）中继器既可用于连接相同传输介质的局域网（如细同轴电缆以太网之间的连接），又可用于连接不同传输介质的局域网（如细同轴电缆以太网与双绞线以太网之间的连接）。

（4）中继器支持数据链路层及其以上各层的任何协议。

2. 集线器

集线器是一种特殊的中继器，是多端口中继器，用于连接双绞线或光纤以太网系统，是组成 10 Base-T、100 Base-T、10 Base-F、100 Base-F 以太网的核心设备，如图 5-6 所示。

图 5-6　集线器

集线器起源于 20 世纪 90 年代初 10 Base-T（双绞线以太网）标准的实施。由于双绞线的价格较低，并且集线器的可靠性和可扩充性很强，集线器迅速得到了普及。集线器除了能够进行信号的转发之外，还克服了总线网络的局限，提高了网络的可靠性。例如，在使用总线进行连接时，往往会因为 T 形接头的接触不良或者碰线而使整个网络无法正常工作，改用集线器就可以保证连接的可靠性，减少节点之间的互相干扰。

集线器有无源集线器、有源集线器和智能集线器之分。无源集线器只负责将多段传输介质连接在一起，而不对信号本身做任何处理，而对于每一段传输介质，只允许扩展到最大有效距离的一半（通常为 100 m）。有源集线器和无源集线器相似，但有源集线器还具有信号放大、延伸网段的功能，起到了中继器的作用。智能集线器除具有有源集线器的全部功能之外，还将网络的很多功能集成到了集线器中，如网络管理功能、网络路径选择功能等。

5.3.2　网桥

1. 网桥的功能和特点

网桥是一种在 OSI 参考模型的数据链路层实现局域网之间互联的设备。网桥在数据链路层对数据帧进行存储转发，将两个以上独立的物理网络连接在一起，构成单个的逻辑局域网，以实现网络互联，如图 5-7 所示。

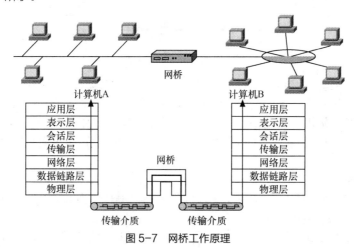

图 5-7　网桥工作原理

网桥连接的两个局域网可以基于同一类型的标准（如以太网之间的互联），也可以基于不同类型的标准（如以太网与令牌环网之间的互联），并且这些网络使用的传输介质可以不同（如粗、细同轴电缆以太网和光纤以太网的互联）。

网桥的主要作用是通过将两个以上的局域网互联为一个逻辑网，达到减少局域网中的通信量、提高整个网络系统性能的目的。网桥并不是复杂的网络互联设备，其工作原理也比较简单。当网桥收到一个数据帧后，会先将其传输到数据链路层进行分析和差错校验，根据该数据帧的 MAC 地址段来决定是删除这个帧还是转发这个帧。如果发送方和接收方处于同一个物理网络（网桥的同一侧），则网桥将该数据帧删除，不进行转发。如果发送方和接收方处于不同的物理网络，则网桥进行路径选择，通过物理层传输机制和指定的路径将该帧转发到目的局域网。在转发数据帧之前，网桥对帧的格式和内容不做或只做少量的修改。

和中继器相比，网桥的主要特点如下。

（1）网桥可实现不同结构、不同类型局域网的互联，并在不同的局域网之间提供转换功能；中继器只能实现同类局域网的互联。

（2）网桥不受定时特性的限制，可互联范围较大的网络（例如，可将多个距离较远的网络连接到主干网上，最远可达 10 km）；中继器受 MAC 定时特性的限制，一般只能连接 5 个网段的以太网，且不能超过一定距离。

（3）通过对网桥的设置，可以起到隔离错误信息的作用，保证网络的安全；中继器只能作为数字信号的整形放大器，并不具备检错、纠错功能。

（4）利用网桥可增加网络中工作站的数目，因为网桥只占用一个工作站地址，却可以将另一个网络上的许多工作站连接在一起；利用中继器互联的以太网，随着用户数的增加，总线冲突也会增加，网络的性能必然会大大降低。

2. 网桥的分类

可以根据网桥的不同特点对网桥的种类进行多种形式的划分，常用的分类方法主要有以下3种。

（1）根据连接的范围可将网桥分为本地网桥和远程网桥。本地网桥主要用于提供同一地理区域内的多个局域网段之间的直接连接。远程网桥则用于连接不同区域内的局域网段，一般需要使用电话线路。

（2）根据是运行在服务器上还是作为服务器外的一台单独的物理设备，可将网桥分为内桥和外桥。内桥又称为内部网桥，安装在文件服务器中，作为文件服务器的一部分来运行。实际上，内桥会在服务器内插入多块网卡，每块网卡与一个子网相连，由网络操作系统管理。内桥安装方便、组网灵活，但使用时网桥软件会占用文件服务器的资源，从而导致服务器性能下降。

外桥又称为外部网桥，是一块独立设备的网桥，即通过计算机或工作站内的专用硬件和固化软件来实现网络间的互联。外桥的优点是从一个网络转发到另一个网络的数据包的过程全由硬件来完成，其速度比内桥更快，并且不会影响文件服务器的性能。但是作为一台专门的外部设备，外桥需要增加额外的投资。

（3）根据其路径选择方法可将网桥分为 IEEE 802 委员会制定的两种网桥类型：透明网桥（Transparent Bridge）和源路由网桥（Source Routing Bridge）。透明网桥类似一个黑盒子，其存在和操作对网络主机是完全透明的。透明网桥的主要优点是易于安装，在使用时不用做任何配置就能正常工作。透明网桥与现有的 IEEE 802 产品完全兼容，能连接不同传输介质、不同传输速率的以太网，是当今应用非常广泛的一种网桥。但是，透明网桥由各网桥自己来决定路由的选择，网络上的各节点不负责路由的选择，因此无法获得最佳的数据传输路径。

源路由网桥要求网络各节点都参与路由选择，详细的路由信息放在数据帧的首部，网络上的每个节点在发送数据帧时都已经清楚地知道发往各个目的节点的路由。从理论上讲，源路由网桥能够选择最佳的数据传输路径，但是实际上实现起来并不容易。

5.3.3 网关

网关是让两个不同类型的网络能够互相通信的硬件或软件。在OSI参考模型中，网关工作在4~7层，即传输层到应用层。网关是实现应用系统级网络互联的设备。Internet是由无数相互独立的网络连接在一起构成的，大多数接入Internet的网络使用的通信协议都是TCP/IP，可以直接与Internet中的主机进行通信，这样的网络要连入Internet通过路由器即可实现。但是也有一些网络使用的不是TCP/IP，或者不能运行TCP/IP，这样的网络要连接到Internet就必须经过某种转换。实现这种转换功能的模块可以是硬件，也可以是软件，它们统称为网关。因此，网关不仅要具有路由器的功能，还要实现异种网络之间的协议转换。这就好比人们要进行语言交流就必须使用相同的语言，当语言不同时，就必须通过翻译来进行两种语言的转换。网关在Internet中的作用就相当于语言交流中的翻译，如图5-8所示。

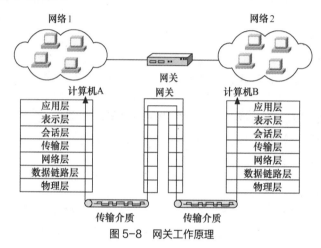

图5-8　网关工作原理

中继器、网桥和路由器都属于通信子网范畴的网间互联设备，与实际的应用系统无关，而网关在很多情况下是通过软件来实现的，并且与特定的应用服务一一对应。换句话说，网关总是针对某种特定情况的应用，通用型网关是不存在的。这是因为网关的协议转换总是针对某种特殊的应用协议或者有限的特殊应用的，如电子邮件收发、文件传输和远程登录等。

网关的主要功能是完成传输层以上的协议转换，一般有传输网关和应用程序网关两种。传输网关是在传输层连接两个网络的网关，应用程序网关是在应用层连接两部分应用程序的网关。网关既可以是专用设备，又可以用计算机作为硬件平台，由软件实现功能。

目前，网关已成为网络用户使用大型主机资源的通用的、经济的工具。例如，在一台计算机上安装网关软件后，通过专用接口卡和通信线路与大型主机连接，其他网络用户可以使用仿真软件成为主机的终端并通过该网关访问大型主机，共享大型主机的资源（如交换文件、输出报表和处理数据等）。

5.3.4 路由器

1. 路由器的功能和基本工作原理

路由器工作在OSI参考模型的网络层，属于网络层的互联设备。一般来说，异种网络互联与多个子网互联都是使用路由器完成的，如图5-9所示。全球最大的Internet就是使用路由器加专线技术将分布在各个国家的几千万个计算机网络互联在一起的。

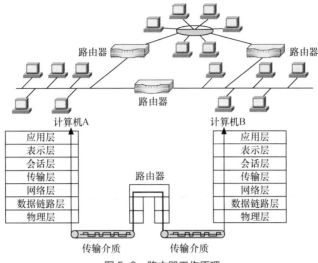

图 5-9　路由器工作原理

"路由"是指将数据包从一个网络送到另一个网络的设备上的路径信息。路由的完成离不开两个基本步骤：第一个步骤是选择合适的路径，第二个步骤是转发数据包。

路由器的主要功能就是为经过路由器的每个数据包寻找一条最佳传输路径，并将该数据包有效地传输到目的站点，因此选择最佳路径的策略（即路由算法）是路由器的关键所在。为了完成路由选择这项工作，路由器中保存着各种传输路径的相关数据——路由表（Routing Table），供路由选择时使用。路由表是路由器选择路径的基础，其中保存着子网的标志、网络中路由器的个数和下一台路由器的地址等信息。

路由表一般分为以下两种。

（1）静态路由表（Static Routing Table），由系统管理员事先设置好固定的传输路径，一般在系统安装时就根据网络的配置情况预先设定好，不会随未来网络结构的变化而改变。

（2）动态路由表（Dynamic Routing Table），根据网络系统的运行情况而自动调整。路由器根据路由选择协议提供的功能自动学习和记忆网络的运行情况，在需要时自动计算数据传输的最佳路径。

路由器的另一个重要功能是完成对数据包的传输，即数据转发。网络中各类信息的传输都是以数据包为单位进行的，数据包中除包括要传输的信息外，还包括要传输信息的目的 IP 地址（网络层地址）。当一台路由器收到一个数据包时，将根据数据包中的目的 IP 地址查找路由表，并根据查找的结果将此数据包送往对应端口。下一台路由器收到此数据包后继续转发，直至到达目的地。通常情况下，为每一个远程网络都建立一张路由表是不现实的，为了简化路由表，一般要在网络中设置一台默认路由器。一旦在路由表中找不到目的 IP 地址所对应的路由器，就将该数据包交给网络中的默认路由器来完成下一级的路由选择。

路由器还可充当数据包的过滤器，将来自其他网络的不需要的数据包阻挡在网络之外，从而减少网络之间的通信量，提高网络的利用率。

路由器的工作原理可以通过下面的例子来说明。

工作站 A 向工作站 B 传输信息，需要通过多台路由器接力传输，如图 5-10 所示。

路由器的工作原理如下。

（1）工作站 A 将工作站 B 的地址连同信息以数据包的形式发送给路由器 R1。

（2）路由器 1 收到工作站 A 的数据包以后，先从报头中取出工作站 B 的地址，并根据路由表计算出发往工作站 B 的最佳路径 R1→R2→R5→B，再将该数据包发往路由器 R2。

（3）路由器 R2 重复路由器 R1 的工作，并将数据包转发给路由器 R5。

（4）路由器 R5 同样取出工作站 B 的地址，发现工作站 B 就在该路由器所连接的网络上，于是将该数据包直接交给工作站 B。

（5）工作站 A 将数据包逐级转发给了目的工作站 B，一次通信过程宣告结束。

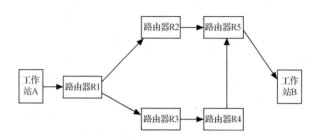

图 5-10　工作站 A、B 之间的路由选择

2. 路由器的主要品牌

路由器是局域网与 Internet 连接或远程局域网之间互联的关键产品，随着网络互联需求的不断增加，用户对路由器的需求量也随之大幅度增长。在我国路由器市场上，Cisco 公司一直是市场的领导者，在高端路由器市场上处于绝对领导地位，Nortel、Juniper 等国外著名的路由器厂商也不断涌入我国市场。在中、低端市场上，国产路由器近年来迅速崛起，华为、水星、迅捷、D-LINK、飞鱼星等已占据了一定的市场份额，而一些知名的信息技术（Information Technology，IT）企业（如方正、明基、清华、神州数码等）也纷纷开始抢占路由器市场，从而形成了群雄逐鹿的局面。下面针对一些常见路由器的技术性能与特点进行简单介绍。

（1）Cisco 1800 系列路由器。Cisco 的路由器有多种系列，Cisco 1800 系列路由器是 Cisco 公司为中小型网络接入 Internet 量身定做的，是中小企业和小型分支机构的理想选择。这是因为 Cisco 1800 系列除有一个固定的广域网端口和一个固定的以太网端口之外，还支持一个广域网接口卡，允许用户根据需要添加或改变广域网端口，使用起来非常灵活。Cisco 1800 系列路由器有 6 种：Cisco 1801、Cisco 1802、Cisco 1803、Cisco 1811、Cisco 1812 和 Cisco 1841。其中，前 5 种路由器都使用固定配置，Cisco 1841 使用模块化配置。所有型号均带有可选的 Cisco IOS 防火墙（Firewall）特性集。值得一提的是，Cisco 1800 系列路由器能够借助多种先进的安全服务和管理功能支持 Cisco 自防御网络，其中包括硬件加密加速、互联网络层安全协议（Internet Protocol Security，IPSec）虚拟专用网络（Virtual Private Network，VPN）防火墙保护、入侵防御系统（Intrusion Prevention System，IPS）、网络准入控制（Network Admission Control，NAC）和统一资源定位符（Uniform Resource Locator，URL）过滤支持等。为了简化管理和配置，Cisco 1800 预装有基于 Web 的、直观的路由器和安全设备管理工具（Security Device Manager，SDM）。

除 Cisco 1800 系列外，Cisco 还有 Cisco 1900 系列、Cisco 2800 系列等多种接入路由器型号可供选择。

（2）华为 AR1200 系列路由器。华为自进入数据通信领域以来，已经推出了全系列的路由器产品。华为 AR1200 系列路由器是面向中小企业的产品，具有接口丰富、灵活，处理报文能力强，配置维护简单等优点。华为 AR1200 系列路由器主要包含以下几款设备：AR1220、AR1220V、AR1220W、AR1220VW、AR1220L、AR1220-D 等。该系列路由器集路由、交换、语音、安全等功能于一身，且采用多核 CPU 和无阻塞交换架构，可充分满足用户未来业务扩展后的多元化应用需求，并为用户提供一体化的解决方案。

5.4 IP

网络层负责将分组从源主机传输到目的主机，提供无连接、不可靠但是"尽力而为"
（Best-Effort）的分组传输服务。网络层十分基本、十分重要的协议就是 IP，目前一般使用 32 位
的第 4 版互联网协议（Internet Protocol Version 4，IPv4），并正在逐步向 128 位的第 6 版互联
网协议（Internet Protocol Version 6，IPv6）过渡。

本节将介绍 IP 数据报的基本结构，IPv4 地址和 IPv6 地址的分类及表示方
法等内容。

V5-1　IP

5.4.1　IP 数据报

IP 中用于传输数据的数据单元称为 IP 数据报（或 IP 包），它代表一个互联网分组。IP 数据报
一般包含两部分：一部分是首部，另一部分是数据，如图 5-11 所示。

首部	数据

图 5-11　IP 数据报的一般格式

其中，首部大小一般是固定的或者有规律可循的，但是数据部分的大小是由发送网络数据的应
用程序决定的。例如，文字流应用程序可能会发送比较小的单个分组的数据，而视频流应用程序会
发送比较大的分组数据，它们的数据部分大小就会不同。

IPv4 数据报首部中的每个字段都有固定的大小，这样首部就可以被高效处理。图 5-12 显示了
IP 数据报首部结构。

版本	首部长度	服务类型	长度
认证		标志	段偏移量
存活时间	协议	校验和	
源IP地址			
目的IP地址			
选项			

图 5-12　IP 数据报首部结构

（1）版本：占 4 位，指 IP 的版本号，用于区分 IPv4 和 IPv6。在进行通信时，通信双方的 IP
版本号必须一致，否则无法直接通信。

（2）首部长度：占 4 位，指 IP 数据首部的长度。其最大长度为 15 个长度单位，这里的每个长
度单位为 4 字节，所以 IP 数据首部的最大长度为 60 字节，最小长度为 20 字节。

（3）服务类型：占 8 位，用来获得更好的服务质量。其中，前 3 位表示报文的优先级，报文优
先级分别为 0~7，共 8 个级别；后 5 位分别表示要求更低的时延、更高的吞吐量、更高的可靠性、
更低的路由代价等，对应位为 1 表示有相应要求，为 0 表示没有要求。

（4）长度：16 位，指报文的总长度，一个 IP 数据报的最大长度为 65535 字节。

（5）认证（Identification）：主机发送的每一个 IP 数据报的唯一标志。

（6）标志（Flag）：该字段用于标记该报文是否为分片报文（有一些可能不需要分片，或不希
望有分片），后面是否还有分片（是否为最后一个分片）。

（7）段偏移量：指当前分片在原数据报（分片前的数据报）中相对于用户数据字段的偏移量，
即在原数据报中的相对位置。

（8）存活时间（Time to Live，TTL）：该字段表明当前报文还能生存多久。每经过 1ms 或者一个网关，TTL 的值就自动减 1。当 TTL 为 0 时，认为目的主机不可到达，丢弃报文。

（9）协议：该字段指出此 IP 数据包在上层使用的协议，可能的协议有 UDP、TCP、ICMP、IGMP、内部网关协议（Interior Gateway Protocol，IGP）等。

（10）校验和：用于检验 IP 数据报首部在传播的过程中是否出错，主要校验报文首部中是否有某一个或几个位被污染或修改了。

（11）源 IP 地址：占 32 位，4 字节，每一个字节为 0～255 中的整数。

（12）目的 IP 地址：占 32 位，4 字节，每一个字节为 0～255 中的整数。

（13）选项：该字段长度可变，主要作用是支持排错、测量和安全等措施，内容很丰富。此字段的长度可变，从 1 字节到 40 字节，取决于所选择的项目。

5.4.2　IPv4 地址和 IPv6 地址

在全球范围内，每个家庭都有一个地址，每个地址都是由国家、省、市、区、街道、门牌号这样的层次结构组成的，因此每个家庭的地址都是全球唯一的。有了这个唯一的家庭地址，信件的投递才能够正常进行，不会发生冲突。同理，覆盖全球的 Internet 主机组成了一个"大家庭"，为了实现 Internet 上不同主机之间的通信，除使用相同的通信协议 TCP/IP 以外，每台主机都必须有一个不与其他主机重复的地址，这个地址就是 Internet 地址，其相当于通信时每台主机的名称。

IPv4 地址从 20 世纪 70 年代末开始被使用。随着网络规模的发展，IPv4 地址池逐渐耗尽，后续人们提出的解决方案中就有了使用拥有更大地址池的 IPv6 地址，这就是 IP 地址两个版本的由来。

1．IPv4 地址的组成

从逻辑上讲，在 Internet 中，每个 IPv4 地址都由网络号和主机号两部分组成，如图 5-13 所示。位于同一物理子网的所有主机和网络设备（如服务器、路由器、工作站等）

网络号	主机号

图 5-13　IPv4 地址的结构

的网络号是相同的，而通过路由器互联的两个网络一般被认为是两个不同的物理网络。对不同物理网络上的主机和网络设备而言，其网络号是不同的。网络号在 Internet 中是唯一的。主机号是用来区分同一物理子网中不同的主机和网络设备的，在同一物理子网中，必须给出每一台主机和网络设备的唯一主机号，以区别于其他主机。

在 Internet 中，网络号和主机号的唯一性决定了每台主机及网络设备的 IP 地址的唯一性。在 Internet 中，根据 IP 地址寻找主机时，会先根据网络号找到主机所在的物理网络，在同一物理网络内部，主机的寻找是网络内部的任务，主机间的数据交换则是根据网络内部的物理地址来完成的。因此，IP 地址的定义方式是比较合理的，这对 Internet 上不同网络间的数据交换非常有利。

2．IPv4 地址的表示方法

一个 IPv4 地址共有 32 位二进制数，即由 4 字节组成，平均分为 4 段，每段为 8 位二进制数（占 1 字节）。为了简化记忆，用户实际使用 IP 地址时，几乎都将组成 IP 地址的二进制数以 4 个十进制数表示，每个十进制数的取值范围是 0～255，每相邻两个字节的对应十进制数间用"."分隔。IP 地址的这种表示法称为点分十进制法，这显然比使用二进制表示更容易记忆。

下面是一个将二进制 IP 地址用点分十进制法来表示的例子。

二进制地址格式：11001010 01100011 01100000 01001100。

十进制地址格式：202.99.96.76。

计算机的网络协议软件很容易将用户提供的十进制地址格式转换为对应的二进制地址格式，并供网络互联设备识别。

3. IPv4 地址的分类

IP 地址的长度确定后，其网络号的长度将决定 Internet 中能包含多少个网络，主机号的长度将决定每个网络能容纳多少台主机。根据网络的规模大小，IP 地址一共可分为 5 类：A 类、B 类、C 类、D 类和 E 类。其中，A 类、B 类和 C 类 IP 地址是基本的 Internet 地址，是用户使用的地址，为主类地址；D 类和 E 类 IP 地址为次类地址。A 类、B 类、C 类 IP 地址的表示如图 5-14 所示。

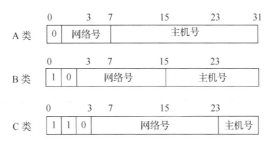

图 5-14　A 类、B 类、C 类 IP 地址的表示

（1）A 类 IP 地址的前 1 个字节表示网络号，且最前端一个二进制数固定是 0。因此，其网络号的实际长度为 7 位，主机号的长度为 24 位，表示的地址范围是 1.0.0.0～126.255.255.255。A 类 IP 地址允许有 $2^7-2=126$ 个网络（网络号的 0 和 127 保留，用于特殊目的），每个网络有 $2^{24}-2=16777214$ 台主机。A 类 IP 地址主要分配给具有大量主机而局域网络数量较少的大型网络。

（2）B 类 IP 地址的前 2 个字节表示网络号，且最前端的两个二进制数固定是 10。因此，其网络号的实际长度为 14 位，主机号的长度为 16 位，表示的地址范围是 128.0.0.0～191.255.255.255。B 类 IP 地址允许有 $2^{14}=16384$ 个网络，每个网络有 $2^{16}-2=65534$ 台主机。B 类 IP 地址适用于中等规模的网络，一般用于一些国际性大公司和政府机构等。

（3）C 类 IP 地址的前 3 个字节表示网络号，且最前端的 3 个二进制数是 110。因此，其网络号的实际长度为 21 位，主机号的长度为 8 位，表示的地址范围是 192.0.0.0～223.255.255.255。C 类 IP 地址允许有 $2^{21}=2097152$ 个网络，每个网络有 $2^8-2=254$ 台主机。C 类 IP 地址适用于小型网络，如一般的校园网、一些小公司的网络或研究机构的网络等。

（4）D 类 IP 地址不标识网络，一般用于其他特殊用途，如供特殊协议向选定的节点发送信息时使用，又称为广播地址，表示的地址范围是 224.0.0.0～239.255.255.255。

（5）E 类 IP 地址尚未使用，暂时保留以供将来使用，表示的地址范围是 240.0.0.0～247.255.255.255。

从 IP 地址的分类方法来看，A 类 IP 地址的数量最少，共可分配 126 个网络，每个网络中最多有 1600 余万台主机；B 类 IP 地址共可分配 16000 多个网络，每个网络最多有 65000 多台主机；C 类 IP 地址最多，共可分配 200 多万个网络，每个网络最多有 254 台主机。

值得一提的是，这 5 类 IP 地址是完全平等的，不存在任何从属关系。现在 IPv4 地址已被分配完，但 IPv6 方案的 128 位 IP 地址将会缓解目前 IP 地址的紧张状况。

4. 特殊类型的 IPv4 地址

除了上面 5 种类型的 IP 地址外，还有以下几种特殊类型的 IP 地址。

（1）多点广播地址。IP 地址中的第一个字节以 1110 开始的地址都称为多点广播地址。因此，第一个字节大于 223 而小于 240 的任何一个 IP 地址都是多点广播地址。

（2）0 地址。网络号的各位全为 0 的 IP 地址称为 0 地址。网络号全为 0 的网络被称为本地子网，当一台主机想和本地子网内的另一台主机进行通信时，可使用 0 地址。

（3）全 0 地址。IP 地址中的每一个字节都为 0 的地址（0.0.0.0），对应于当前主机。

（4）有限广播地址。IP 地址中的每一个字节都为 1 的 IP 地址（255.255.255.255）称为当前子网的广播地址。当不知道网络地址时，可以通过有限广播地址向本地子网的所有主机进行广播。

（5）环回地址。IP 地址一般不能以十进制数 127 作为开头。以 127 开头的地址，如 127.0.0.1，通常用于网络软件测试和本地主机进程间的通信。

5. IPv6 地址

（1）IPv6 地址表示方法。IPv6 地址大小为 128 位。首选 IPv6 地址表示法为 x:x:x:x:x:x:x:x，其中每一个 x 代表 4 位十六进制数。IPv6 地址范围为 0000:0000:0000:0000:0000:0000:0000:0000～FFFF:FFFF:FFFF:FFFF:FFFF:FFFF:FFFF:FFFF。例如，0123:2345:0000:0000:0A2B:CDEF:0000:0000，在每个 4 位一组的十六进制数中，若最高位为 0，则可省略 0，如可将 0123 写为 123，0000 可以写为 0，0A2B 可以写为 A2B，因此上述地址可以写为 123:2345:0:0:A2B:CDEF:0:0。

另外，还可以通过使用"::"替换一系列 0 来指定 IPv6 地址。例如，IPv6 地址 FF06:0:0:D4:0:0:0:C3 可写作 FF06::D4:0:0:C3 或 FF06:0:0:D4::C3。值得注意的是，一个 IPv6 地址中只可使用一次"::"，不能写作 FF06::D4::C3。

（2）IPv6 地址嵌套 IPv4 地址。在 IP 地址发展过程中，IPv4 地址与 IPv6 地址在网络中普遍存在共存的情况，而 IPv6 地址的替代格式组合了冒号与点分表示法，因此可将 IPv4 地址嵌入 IPv6 地址中。对 IPv6 地址最左边的 96 位指定十六进制数，对最右边的 32 位指定十进制数，由此来指示嵌入的 IPv4 地址。在混合的网络环境下工作时，此格式可以确保 IPv6 节点和 IPv4 节点之间的兼容性。

IPv4 映射的 IPv6 地址使用此替代格式，此类型的地址用于将 IPv4 节点表示为 IPv6 地址，它允许 IPv6 应用程序直接与 IPv4 应用程序通信。例如，0:0:0:0:0:FFFF:192.1.56.10 和::FFFF:192.1.56.10/96（短格式）。

5.4.3　IPv4 的局限性及缺点

1. IPv4 的局限性

IP 是 Internet 中的关键协议。IPv4 作为网络的基础设施，被广泛地应用在 Internet 和难以计数的小型专用网络中。IPv4 可以把数十个或数百个网络中的数以百计或数以千计的主机连接在一起，并已经在全球 Internet 上成功地连接了数以亿计的主机。

但 TCP/IP 的工程师和设计人员早在 20 世纪 80 年代初期就意识到了 IP 升级的需要，因为当时已经发现 IP 地址的空间随着 Internet 的发展只能支持很短的时间。在过去的几十年间，Internet 经历了迅猛的发展，连接到 Internet 的网络数量每隔不到一年就会翻番，主机递增的速度更是快得惊人，这使 IP 地址匮乏的问题显现了出来。

在前面已经讲到，IPv4 地址的长度为 32 位二进制数，通常用 4 个 0～255 的十进制数表示，数字间以小数点间隔。每个 IPv4 地址包括两部分：网络号，用于指出该主机属于哪一个网络（属于同一个网络的主机使用同样的网络号）；主机号，唯一地定义了网络中的主机。这种安排虽然利用了 IP 的优点，但是也导致了 IPv4 地址危机的产生。

由于 IPv4 的地址空间有 40 多亿个地址，有人可能会认为 Internet 很容易容纳数以亿计的主机，但是这只适用于 IP 地址以顺序分布的情况，即第一台主机的地址为 1，第二台主机的地址为 2，以此类推。通过使用分级地址格式，即每台主机首先依据它所连接的网络进行标识，IP 可支持简单的选路协议，主机只需要了解彼此的 IP 地址，就可以将数据从一台主机转移至另一台主机。这种分级地址把地址分配的工作交给了每个网络的管理者，从而不再需要中央授权机构为 Internet 上的每台主机指派地址。网络外的数据依据网络地址进行选路，数据在到达目的主机所连接的路由器之前不需要了解主机地址。通过中央授权机构顺序化地为每台主机指派地址可能会使地址指派更加高效，但是这几乎使所有其他的网络功能不可行。例如，选路实质上不可行，因为这将要求每个中间路由器去查询中央数据库以确定向何处转发包，而且每台路由器都需要最新的 Internet 拓扑图以获知向何处转发包。每一次主机的地址变动都将导致中央数据库的更新，因为需要在其中修改或删除该主机的表项。

2. IPv4 的缺点

IPv4 的设计思想成功地造就了目前的 Internet，其核心价值体现在简单、灵活和开放。但随着新应用的不断涌现，传统的 IPv4 已经难以支持 Internet 的进一步扩张和新业务的特性，其不足主要体现在以下几个方面。

（1）地址资源已经耗尽。IPv4 提供的 IP 地址位数是 32 位，即共有 40 多亿个地址。随着连接到 Internet 上的主机数目的迅速增加，2019 年 11 月 26 日，全球所有的 IPv4 地址已经分配完毕。

（2）路由表越来越大。因为 IPv4 采用与网络拓扑结构无关的形式来分配地址，所以随着连入网络数目的增长，路由器数目飞速增加，相应的，决定数据传输路由的路由表也在不断增大。

（3）缺乏服务质量保证。IPv4 遵循"尽力而为"原则，这虽然使 IPv4 简单高效，但对 Internet 上涌现出的新业务类型缺乏有效的支持，如实时业务和多媒体应用，这些应用要求提供一定的服务质量保证，如带宽、时延和抖动等。

（4）地址分配不便。IPv4 采用手动配置的方法来给用户分配地址，这不仅增加了管理和规划的复杂程度，还不利于为那些需要 IP 移动性的用户提供更好的服务。

5.4.4 IPv6 及其技术新特性

1. IPv6 的发展历史

IPv4 是在 20 世纪 70 年代末期设计的，从技术上看，尽管 IPv4 在过去的应用中具有辉煌的业绩，但是已经显露出很多弊端，如地址匮乏等。

1987 年，人们便准确地预测了在 1996 年 Internet 将接入 100000 多个网络。此外，虽然 32 位的 IPv4 地址结构能够支持 40 多亿台主机和 670 多万个网络，但实际的地址分配效率远远低于这个数值。使用 A、B、C 类 IP 地址，使这种低效率的情形变得更为严重。20 世纪 80 年代后期，研究人员注意到了这个问题，并提出了研究下一代 IP 的设想。

1990 年，人们预计按照当时的地址分配速率，到 1994 年 3 月 B 类 IP 地址将会用尽，并提出了简单的补救方法：分配多个 C 类 IP 地址以代替 B 类 IP 地址。但这样做带来了新的问题，即进一步增大了已经以惊人的速度增长的主干网路由器上的路由表。因此，Internet 面临着艰难的选择，要么限制 Internet 的增长率及最终规模，要么采用新的技术。

1990 年，因特网工程任务组（Internet Engineering Task Force，IETF）开始了一项长期的工作，选择接替现行 IPv4 的协议。此后，人们开展了许多工作，以解决 IPv4 地址的局限性，同时提供额外的功能。1991 年 11 月，IETF 组织了路由选择与地址工作组以指导解决以上问题。1992 年 9 月，ROAD 工作组提出了关于过渡性的、长期的解决方案和建议，包括采用无类别域间路由选择（Classless Inter-Domain Routing，CIDR）路由聚集方案以降低路由表增长的速度，以及建议成立专门工作组以探索采用较大 Internet 地址池的不同方案。

1993 年年末，IETF 又成立了 IPng 工作部，以研究各种方案并建议如何开展工作。该工作部制定了 IPng 技术准则，并根据此准则来评价已经提出的各种方案。在经过深入讨论之后，增强的简单因特网协议（Simple Internet Protocol Plus，SIPP）工作组提供了一个经过修改的方案，IPng 工作部建议 IETF 将这个方案作为 IPng 的基础，称为"第 6 版互联网协议"，即 IPv6，并集中精力制定有关的文档。自 1995 年年末起，IPng 工作部陆续发表了 IPv6 规范等一批技术文档，并确定了 IPng 的协议规范。

目前，国际上对 IPv6 的各项研究和实现工作已经展开。法国 INRIA、日本 KAME、美国 NRL 等研究机构，以及 IBM、Sun Microsystems、Trumpet、Hitachi 等公司，分别研制、开发了不同平台上的 IPv6 系统软件和应用软件，Cisco、Bay 等路由器厂商也已经开发出了面向 IPv6 网络的路由器产品。

2. IPv6 的新特性

IPv6 是在 IPv4 的基础上进行改进的，它的一个重要设计目标是与 IPv4 兼容。IPv6 能够解决 IPv4 的许多问题，如地址短缺、服务质量较差等。同时，IPv6 对 IPv4 做了大量的改进，包括路由和网络自动配置等。

IPv6 的新特性具体体现在以下几个方面。

（1）服务质量。基于 IPv4 的 Internet 设计之初，只有一种简单的服务质量，即采用"尽力而为"传输数据，从原理上讲，服务质量是无保证的。文本、静态图像等传输对服务质量是没有要求的。但随着多媒体业务的增加，如 IP 电话、视频点播、电视会议等实时应用，对传输时延和时延抖动等均有严格的要求，因此对服务质量的要求越来越高。

IPv6 数据报的格式包含一个 8 位的业务流类型（Class）和一个新的 20 位的流标记（Flow Label）。它的目的是允许发送业务流的源节点和转发业务流的路由器在数据报上加上标记，中间节点在接收到一个数据报后，通过验证流标记就可以判断该数据报属于哪一类业务流，从而可以明确数据报的服务质量需求，并进行快速转发。

（2）安全性。安全问题始终是与 Internet 相关的一个重要话题。IP 设计之初没有考虑其安全性，因此在早期的 Internet 上时常发生诸如企业或机构网络遭到攻击、机密数据被窃取的情况。为了提升 Internet 的安全性，从 1995 年起，IETF 着手研究、制定了一套用于保护 IP 通信的互联网络层安全协议。IPSec 是 IPv4 的一个可选扩展协议，但是 IPv6 的一个必不可少的组成部分。IPSec 提供了两种安全机制：认证和加密。认证机制使 IP 通信的数据接收方能够确认数据发送方的真实身份和数据在传输过程中是否被修改；加密机制通过对数据进行编码来保证数据的机密性，以防数据在传输过程中被他人截获而失密。IPSec 的鉴别头（Authentication Header，AH）用于保证数据的一致性，而封装安全负载（Encapsulating Security Payload，ESP）报头用于保证数据的保密性和数据的一致性。在 IPv6 数据报中，AH 和 ESP 都是扩展报头，可以同时使用，也可以单独使用其中一个。

通过 IPv6 中的 IPSec 可以实现对远程企业内部网的无缝接入。作为 IPSec 的一项重要应用，IPv6 中所集成的 VPN 的功能可以使得 VPN 的实现更加容易、安全和可靠。

（3）移动性。移动性无疑是 Internet 最重要的特性之一。移动 IPv6 为用户提供可移动的 IP 数据服务，让用户可以在世界各地都使用同样的 IPv6 地址，非常适用于无线联网。IPv4 的移动性支持是作为一种对 IP 附加的功能提出的，并非所有的 IPv4 都能够提供对移动性的支持。IPv6 的移动性支持是在制定 IPv6 的同时作为一个必需的协议内嵌的，IPv6 的效率远远高于 IPv4。更重要的是，IPv4 有限的地址空间资源无法提供所有潜在移动终端所需的 IP 地址，难以实现移动 IP 的大规模应用。和 IPv4 相比，IPv6 的移动性支持取消了异地代理，完全支持路由优化，彻底消除了三角路由问题，并且为移动终端提供了足够的地址资源，使移动 IP 的实际应用成为可能。

（4）组播技术。IPv6 为组播预留了一定的地址空间，其地址高 8 位为 11111111，后跟 120 位组播组标识。此地址仅用来作为组播数据报的目标地址，组播源地址只能是单播（Unicast）地址。发送方只需要发送数据给该组播地址，就可以实现对多个不同地点用户数据的发送，而不需要了解接收方的任何信息。

5.4.5　IPv4 和 IPv6 的共存局面

IETF 在制定 IPv6 时致力于一种开放的标准，因此邀请了许多团体来参加标准的制定。研究人员、计算机制造商、程序设计人员、管理人员、用户、电话公司和有线电视产业等都对下一代 IP 提出了要求和建议。但是作为一种新的协议，从诞生于实验室和研究所到实际应用于 Internet 是有很大距离的，不可能要求将 Internet 上的所有节点都立即演进到 IPv6，IPv6 还需要在发展中不断完善。所以，这两种协议还有一段相当长的共存时期，IPv6 可能需要在研究所和学术机构中进行足够的试验，才能像 IPv4 一样成功地投入商业运营。

在一定的时间内，IPv6 节点之间的通信还要依赖于原有 IPv4 网络的设施，且 IPv6 节点必不可少地要与 IPv4 节点进行通信，人们希望这种通信能够高效地完成，对用户隐藏下层细节。同时，IPv4 已经应用了多年，基于 IPv4 的应用程序和设施已经相当成熟且完备，人们希望以最小的代价来实现这些程序在 IPv6 环境下的应用。这些实际情况都提出了从 IPv4 网络向 IPv6 网络高效无缝互联的问题，对于过渡问题和高效无缝互联问题的研究已经取得了许多成果，并形成了一系列的技术和标准。

目前，IPv6 正处于第一个演进阶段，这一阶段的主要目标是将小规模的 IPv6 网络连入 IPv4 网络，并通过现有网络访问 IPv6 服务。现阶段的重要任务既包括继续维护这些服务，又包括支持 IPv4 和 IPv6 之间的互通性。

5.4.6　从 IPv4 过渡到 IPv6 的方案

IPv6 重要的设计目标之一就是与 IPv4 兼容。现有几乎所有网络及其连接设备都支持 IPv4，要想直接完成从 IPv4 到 IPv6 的转换是不切实际的，没有一个过渡方案，再先进的协议也没有实际意义。如何完成从 IPv4 到 IPv6 的转换，是 IPv6 发展需要解决的第一个问题。IPv6 必须要能够处理 IPv4 的遗留问题并保护用户在 IPv4 上的资金投入，因此 IPv4 向 IPv6 的演进应该是平滑渐进的。

目前，IETF 已经成立了专门的工作组，研究 IPv4 到 IPv6 的过渡问题，并且已提出了很多方案。IETF 一致认为 IPv4 向 IPv6 演进的主要目标有以下 4 个。

（1）逐步演进：已有的 IPv4 网络节点可以随时演进，而不受限于所运行 IP 的版本。

（2）逐步部署：新的 IPv6 网络节点可以随时被添加到网络中。

（3）地址兼容：当 IPv4 网络节点演进到 IPv6 时，IPv4 的 IP 地址还可以继续使用。

（4）降低费用：在演进过程中，只需要很低的费用和很少的准备工作。

为了实现以上目标，IETF 推荐了双栈（Dual Stack）、隧道（Tunneling）技术、网络地址转换-协议转换（Network Address Translation-Protocol Translation，NAT-PT）和地址分配方法等过渡方案。这些过渡方案已经在欧洲各国、日本和我国的商用及实验网络中得到了论证与实践。但要实现这些方案还需要进一步与具体的网络实践和运营实践相结合，还需要在大规模的商用实践中不断发展与完善。下面对这些过渡方案进行简单的介绍。

1. 双栈

双栈是指在节点中同时具有 IPv4 和 IPv6 两个协议栈，是使 IPv6 节点与 IPv4 节点兼容的直接方式，应用对象是主机、路由器等通信设备。IPv6 和 IPv4 是功能相近的网络层协议，又都基于相同的物理平台，且加载于其上的传输层协议 TCP 和 UDP 没有任何区别，因此，如果一台主机同时支持 IPv6 和 IPv4 两种协议，那么该主机既能与支持 IPv4 的主机通信，又能与支持 IPv6 的主机通信。IPv4/IPv6 双栈结构如图 5-15 所示。

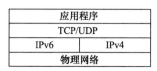

应用程序	
TCP/UDP	
IPv6	IPv4
物理网络	

图 5-15　IPv4/IPv6 双栈结构

支持双栈的 IPv6 节点与 IPv6 节点互通时将使用 IPv6 协议栈，与 IPv4 节点互通时将使用 IPv4 协议栈。当 IPv6 节点访问 IPv4 节点时，先向双栈服务器申请一个临时的 IPv4 地址，同时从双栈服务器得到网关路由器的 IPv6 地址。IPv6 节点在此基础上形成一个 6 over 4 的 IP 数据包，6 over 4 的 IP 数据包经过 IPv6 网络传到网关路由器，网关路由器将数据包中的 IPv6 头去掉，将 IPv4 数据包通过 IPv4 网络送往 IPv4 节点。网关路由器必须记住 IPv6 源地址与 IPv4 临时地址的对应关系，以便反方向将 IPv4 节点发送的 IP 数据报转发到 IPv6 节点。

双栈不需要购置专门的 IPv6 路由器和链路，节省了硬件投资。但是 IPv6 的流量和原有的 IPv4 流量之间会竞争带宽和路由器资源，从而影响 IPv4 网络的性能，且升级和维护费用高。在 IPv6 网络建设的初期，由于 IPv4 地址相对充足，这种方案的实施具有可行性，但当 IPv6 网络发展到一定规模时，为每个节点分配两个全局地址的方案将很难实现。

2. 隧道技术

随着 IPv6 的发展，出现了许多局部的 IPv6 网络，这些 IPv6 网络要想相互连接需要借助 IPv4 主干网络，且将这些孤立的"IPv6 岛"相互连接必须使用隧道技术。利用隧道技术可以通过现有的、运行 IPv4 的 Internet 主干网络（即隧道）将局部的 IPv6 网络连接起来，因此这种技术是 IPv4 向 IPv6 过渡的初期最易被采用的方案之一。

使用"隧道"封装 IPv4 数据报中的 IPv6 业务，使它们能够在 IPv4 主干网上发送，并与 IPv6 终端系统和路由器进行通信，而不必升级它们之间存在的 IPv4 基础架构。当 IPv6 节点 A 向 IPv6 节点 B 发送数据时，节点 A 首先将数据发送给路由器 R1，路由器 R1 将 IPv6 的数据报封装入 IPv4，再传输到路由器 R2，路由器 R2 将 IPv6 数据报取出转发给目的站点 B，如图 5-16 所示。隧道技术只要求在隧道的入口和出口处对数据报进行修改，对其他部分没有要求，因此非常容易实现。但是隧道技术不能实现 IPv4 主机与 IPv6 主机的直接通信。

图 5-16　隧道技术

3. 网络地址转换 – 协议转换

网络地址转换（Network Address Translation，NAT）技术原本是针对 IPv4 网络提出的，但只要将 IPv4 地址和 IPv6 地址分别看作 NAT 技术中的内部私有地址（Private Address）和公有地址（Public Address），这时 NAT 就演变成了网络地址转换-协议转换（NAT-PT）。利用转换网关在 IPv6 和 IPv4 网络之间转换 IP 报头的地址，同时根据协议的不同对数据报做相应的语义翻译，就能使 IPv4 和 IPv6 站点之间透明通信，如图 5-17 所示。

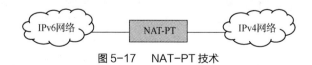

图 5-17　NAT-PT 技术

NAT-PT 技术虽然解决了 IPv4 主机和 IPv6 主机的互通问题，但是它不能支持所有的应用。

例如，FTP 需要在高层传递底层的 IP 地址、端口等信息，如果不对高层报文中的 IP 地址进行转换，则 FTP 无法正常工作。因此 NAT-PT 需要对每种类似 FTP 的应用做相应的更改，这一工作量是非常大的，而其他如在应用层进行认证、加密的应用几乎无法利用 NAT-PT 技术实现。这些缺点限制了 NAT-PT 技术的应用。

4. 地址分配方法

可以通过临时向一个双栈主机分配一个 IPv4 地址，并使用 IPv6 上的 IPv4 隧道来实现一个本地 IPv6 网络中的主机与 IPv4 网络中的 IPv4 节点的通信。这种方法是在短期进行 IPv6 测试和最初用于网络配置的情况下可以采用的一种过渡方案，但不能作为长期的过渡方案。

5.4.7 IPv6 的应用前景

IPv6 不仅解决了现有 IPv4 中所存在的各种问题，包括地址数量限制、安全性、自动配置、移动性、可扩展性等方面的问题，还为各种网络服务提供了强大的技术支持，尤其是对视频、语音、移动、安全等业务的发展起到了极大的促进作用。随着 IPv6 应用探索的进一步深入，IPv6 在网络通信行业和人们日常生活中将具有更加广阔的应用前景。

1. 视频应用

随着宽带业务的不断普及和发展，越来越多的行业、企业开始大量采用视频技术开展远程会议、视频点播、远程教学、远程医疗、远程监控、可视电话等多种应用，以满足人们的各种需要。IPv6 有效解决并优化了地址容量和地址结构问题，提高了选路效率和数据吞吐量，满足了大规模视频传输的需求。

IPv6 加强和扩展了组播功能，使用了更多的组播地址，对组播域进行了划分，取消了 IPv4 广播。这样可以更加有效地利用网络带宽来实现具有网络服务质量保证的大规模视频会议和高清晰电视图像。同时，IPv6 使用 IPSec 提供更高的安全性，使用流标记为数据报所属类型提供个性化的网络服务，协调视频应用中语音、视频、数据流的优先顺序，从而使网络用户获得更佳的信息服务质量。

2. VoIPv6

随着 Internet 的普及，其商业运营价值也被发现，互联网电话（Voice over IP，VoIP）技术作为 Internet 的增值应用，已被很多新兴的电信运营商引入电信运营中，并引来了爆炸式的增长。我国电信运营商从 1999 年开始展开了基于 H.323 协议的 VoIP 建设高潮，目前 VoIP 除基于 H.323 协议外，还基于 H.248/MGCP、会话起始协议（Session Initiation Protocol，SIP）等。

VoIP 最大的优势是低成本，并能利用 Internet 和全球 IP 互联的环境，提供比传统业务更多、更好的服务。IPv6 大容量的地址空间可以使每一部 VoIPv6 话机都得到一个 IP 地址，同时，IPv6 无状态地址自动配置技术使得 VoIPv6 话机能够快速连接网络，无须人工配置，为实现端到端的 VoIP 电话业务创造了条件。另外，由于电话的语音信息通过 VoIPv6 封装在 IPv6 数据报中并传输于网络间，且可对数据报的优先级进行设定，从而保证了高质量的语音传输。

3. 网络家电

网络家电是运营商开创的一项新的业务，它也是 IPv6 下一代网络中的重要应用之一。IPv6 大容量的地址结构能够实现为每一个家用电器分配一个 IP 地址，用户可以通过 PC、个人数字助理等设备对连接在家庭网络中的空调、电饭煲、微波炉、冰箱、电视、音响和照明设备等家用电器进行远距离控制，并可以通过网络对这些家电进行管理，方便用户随时了解家中状况，真正实现家庭安全、家庭健康和家庭能源的管理。

4. 移动 IPv6 业务

随着 4G、5G 等业务的推出，移动 IPv6 业务将是移动业务发展的主要方向，移动通信业务和互联网业务都将由 IPv6 来承载。IPv6 可以使每一个移动终端获得全球唯一的 IP 地址，无状态地址自动配置技术和强大的兼容性使手机、个人数字助理等移动终端都能够快速连接到网络上，实现真正的即插即用。相对于移动 IPv4，移动 IPv6 是 IPv6 技术中的一个重要特色。通过邻居发现、自动配置等技术可以直接发现外部网络并获得转交地址（Care of Address，CoA），同时配合 IPv6 中的服务质量技术，运营商就可以提供有效的端到端服务，以确保高质量的业务传输。尤其在开展移动视频会议和移动 VoIP 等业务方面，移动 IPv6 具有重要的意义。

5. 传感器网络

日常生活中的地质、环境（大气、水文、水质）等自然状况和人们的生产、生活息息相关，也关系到国民经济和可持续发展，因此，使用大量的传感设备对环境参数进行大规模的采集、分析，从而实现对地质和环境的监测及保护就显得尤为重要。例如，IPv6 大容量的地址空间可以为每个传感器分配一个单独的 IP 地址，并通过 IPv6 技术将各个地区的地质监测传感器联网，建立全国地震监测网，实时采集地质、大气、水文等各种环境监测数据，进行分析研究。同时，IPv6 的无状态地址自动配置技术能使分布在不同地域的大量传感器自动获得 IPv6 地址，而无须人工分配。

6. 智能交通系统

交通拥挤是当今各大城市都存在的问题。有些国家为了解决交通问题，已开始大规模地进行交通智能化的研究。随着我国经济的高速发展，车辆数量飞速攀升，日益严重的交通问题已经严重影响了人们的日常生活，因此急需通过使用现代信息与网络通信技术，使用智能交通系统来提高交通运行的效率。IPv6 的大容量地址结构可以为城市交通监控系统中的每个信号灯、监视器及各种感应设备分配单独的 IP 地址，实现系统整体联网，动态地对交通进行监控，提高交通运行效率。此外，IPv6 的大容量地址结构可以为车载终端系统分配单独的 IP 地址，实现无线系统互联，驾驶者可以通过车上的终端屏幕实时查看交通和路面信息，直接了解道路情况。IPv6 无状态地址自动配置技术可自动为各类终端配置 IP 地址，这样可大大减少网络维护的工作量，极大地推进智能交通的发展。

5.5 子网和超网

出于对管理、性能和安全方面的考虑，许多单位把单一的网络划分为多个物理网络，并使用路由器将它们连接起来，这些物理网络统称为子网。这样不仅有利于 IP 地址的充分利用，也更加便于网络的管理和网络性能的提高，增强网络的安全性。超网（Supernet）的出现消除了原来传统的 A 类、B 类、C 类、D 类 IP 地址，超网中使用了各种网络前缀来代替原来分类地址中的网络号和子网号，IP 地址由原来的 3 级分类变成了两级分类。

本节将着重介绍子网的含义、子网掩码及其确定方法、超网的含义、超网中的 IP 地址表示等内容。

5.5.1 子网

1. 什么是子网

IP 地址的 32 位二进制数所表示的网络数目是有限的，因为每一个网络都需要一个唯一的网络号来标识。在制定编码方案时，人们常常会遇到网络数目不够

V5-2 子网和超网

用的情况，解决这一问题的有效手段是采用子网寻址技术。所谓子网，是指把单一网络划分为多个物理网络，并使用路由器将其互联起来，如图 5-18 所示。

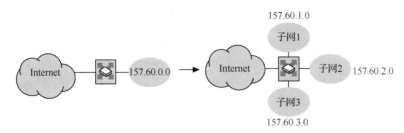

图 5-18　子网示意

划分子网的方法是从表示主机号的二进制数中划分出一定的位数作为本网的各个子网号，剩余的部分作为相应子网的主机号。划分多少位二进制数给子网主要根据实际所需的子网数目而定。这样在划分子网以后，IP 地址实际上就由 3 部分组成——网络号、子网号和主机号，如图 5-19所示。

网络号	子网号	主机号

图 5-19　划分子网后的 IP 地址结构

划分子网是解决 IP 地址空间不足的一个有效措施。把较大的网络划分成小的网段，并由路由器、网关等网络互联设备连接起来，这样既可以充分使用地址、方便网络的管理，又能够有效地减轻网络拥塞、提高网络的性能。

2. 子网掩码

进行子网划分时，必须引入子网掩码的概念。子网掩码是一个 32 位二进制数，用于屏蔽 IP 地址的一部分以区分网络号和主机号，并说明该 IP 地址是在局域网上还是在远程网上。子网掩码的表示形式和 IP 地址的表示形式类似，也是用"."分隔开的 4 段共 32 位的二进制数。为了便于记忆，通常用十进制数来表示。

使用子网掩码判断 IP 地址的网络号与主机号的方法是将 IP 地址与相应的子网掩码进行与（AND）运算，这样可以区分出网络号部分和主机号部分。二进制 AND 运算规则如表 5-1 所示。

表 5-1　二进制 AND 运算规则

组合类型	结果	组合类型	结果
0 AND 0	0	1 AND 0	0
0 AND 1	0	1 AND 1	1

请看以下例子。

IP 地址：　　　　11000000.00001010.00001010.00000110　　192.10.10.6

子网掩码：　　　11111111.11111111.11111111.00000000　　255.255.255.0

AND 　　　　　─────────────────────────────────────

　　　　　　　　11000000.00001010.00001010.00000000　　192.10.10.0

这是一组 C 类 IP 地址和子网掩码，该 IP 地址的网络号为 192.10.10.0，主机号为 6。该子网掩码的使用实际上是把一个 C 类 IP 地址作为一个独立的网络，前 24 位为网络号、后 8 位为主机号，一个 C 类 IP 地址可以容纳的主机数为 $2^8-2=254$ 台。

3. A 类、B 类和 C 类 IP 地址的标准子网掩码

由子网掩码的定义可以得出 A 类、B 类和 C 类 IP 地址的标准子网掩码，如表 5-2 所示。

表 5-2　A 类、B 类和 C 类 IP 地址的标准子网掩码

IP 地址类型	二进制子网掩码表示	十进制子网掩码表示
A 类	11111111 00000000 00000000 00000000	255.0.0.0
B 类	11111111 11111111 00000000 00000000	255.255.0.0
C 类	11111111 11111111 11111111 00000000	255.255.255.0

4. 子网掩码的确定

表示子网号和主机号的二进制位数分别决定了子网的数目和每个子网中的主机数目，因此在确定子网掩码前必须清楚实际要使用的子网数和主机数目。下面通过一个例子进行简单的介绍。

例如，某一私营企业申请了一个 C 类网络，假设其 IP 地址为 192.73.65.0，该企业由 10 个子公司构成，每个子公司都需要自己独立的子网络。确定该网络的子网掩码一般分为以下几个步骤。

（1）确定是哪一类 IP 地址。该网络的 IP 地址为 192.73.65.0，说明是 C 类 IP 地址，网络号为 192.73.65。

（2）根据现在所需的子网数和将来可能扩充到的子网数用二进制位来定义子网号。现在有 10 个子公司，需要 10 个子网，将来可能扩建到 14 个，所以将第 4 个字节的前 4 位确定为子网号（$2^4-2=14$）。前 4 位都置为 1，即第 4 个字节为 11110000。

（3）把对应初始网络的各个二进制位都置为 1，即前 3 个字节都置为 1，则子网掩码的二进制表示形式为 11111111.11111111.11111111.11110000。

（4）将该子网掩码的二进制表示形式转换为十进制形式 255.255.255.240，其即为该网络的子网掩码。

5.5.2　超网

1. 什么是超网

超网也称为 CIDR，CIDR 实际上是构成超网的一种技术实现，其基本思想是将大量的、容量小的地址聚合成大小可变的连续地址块，每个地址块就是一个超网。CIDR 在一定程度上解决了路由表项目过多、过大的问题。

2. 超网中的 IP 地址表示

CIDR 不再使用"子网"的概念而使用网络前缀，仅将 IP 地址划分为网络前缀和主机号两部分，如图 5-20 所示，可以说又回到了二级 IP 地址的表示形式。

IP地址 ::= {<网络前缀>，<主机号>}/ 网络前缀所占位数

图 5-20　超网中的 IP 地址结构

值得注意的是，IP 地址最后要用"/"分隔，并在其后写上网络前缀所占的位数，这样仅需通过网络前缀所占的位数就可以得到地址掩码。为了统一，CIDR 中的地址掩码依然称为子网掩码。

CIDR 表示法给出任何一个 IP 地址，就相当于给出了一个 CIDR 地址块，它是由连续的 IP 地址组成的。所以 CIDR 表示法构成了超网，实现了路由聚合，即从一个 IP 地址就可以得知一个 CIDR 地址块。例如，已知一个 IP 地址是 128.14.35.7/20，那么这个已知条件告诉大家的并不仅仅是一个 IP 地址这么简单，下面来分析一下以下 IP 地址。

128.14.35.7/20 = 10000000　00001110　00100011　00000111

其中，前 20 位是网络前缀，后 12 位是主机号，那么通过令主机号分别为全 0 和全 1 就可以得到一个 CIDR 地址块的最小地址和最大地址，即

最小地址是 128.14.32.0 = 10000000　00001110　00100000　00000000；

最大地址是 128.14.47.255 = 10000000　00001110　00101111 11111111；

子网掩码是 255.255.240.0 = 11111111　11111111　11110000　00000000。

因此，可以看出这个 CIDR 地址块可以指派(47-32+1)×256=4096 个地址，这里没有把全 0 和全 1 的 IP 地址排除。

5.6　ARP 和 ICMP

网络层除 IP 外，还有 4 个与 IP 配套使用的协议——ARP、RARP、ICMP、IGMP。IP 负责在主机和网络之间寻址和传输数据报；ARP 用于获取同一物理网络中的硬件主机地址；RARP 用于获取主机的 IP 地址；ICMP 用于发送消息，并报告有关数据包的传输错误；IGMP 被 IP 主机用来向本地多路广播路由器报告主机组成员。

本节将重点介绍 ARP 和 ICMP 的基本含义、功能及工作原理。

5.6.1　ARP

1. IP 地址和 MAC 地址的区别

TCP/IP 的物理层所连接的都是具体的物理网络,物理网络都有确切的 MAC 地址。IP 地址和 MAC 地址之间是有区别的，IP 地址是在网络层中使用的地址，其长度为 32 位。MAC 地址是指在一个网络中对其内部的一台计算机进行寻址时所使用的地址。MAC 地址工作在网络底层,其长度为 48 位。通常将 MAC 地址固化在网卡的只读存储器(Read-Only Memory,ROM)芯片中，因此有时也称其为硬件地址或物理地址。

IP 地址通常将 MAC 地址隐藏起来，使 Internet 表现出统一的地址格式。但在实际通信时，物理网络使用的依然是 MAC 地址，因为 IP 地址是不能被物理网络所识别的。对以太网而言，当 IP 数据报通过以太网发送时，以太网设备并不识别 32 位的 IP 地址，而是以 48 位的 MAC 地址传输以太网数据。因此，在两者之间要建立映射关系，这种映射被称为地址解析(Address Resolution, AR)。硬件编址方案不同，地址解析的算法也不同。例如，将 IP 地址解析为以太网地址的方法和将 IP 地址解析为令牌环网地址的方法是不同的，因为以太网编址方案与令牌环网编址方案不同。通常，Internet 中使用较多的是查表法，即在计算机中存放一个从 IP 地址到 MAC 地址的映射表，并经常动态更新该表，通过查表找到对应的 MAC 地址。

2. ARP 的具体解析过程

前面已经提到，地址解析工作由 ARP 来完成，如图 5-21 所示。ARP 是一种动态协议，之所以是"动态"的，是因为地址解析这个过程是自动完成的，用户不必关心。网络中的每台主机都有一个 ARP 缓存，其中装有 IP 地址到 MAC 地址的映射表。ARP 定义了两种基本信息：一种是请求信息，其中包含一个 IP 地址和对应 MAC 地址的请求；另一种是应答信息，其中包含发送过来的 IP 地址和相应的 MAC 地址。

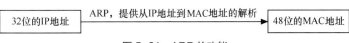

图 5-21　ARP 的功能

下面通过一个具体的例子来讲解 ARP 的工作过程。

假设在一个局域网中，如果主机 A 要向另一台主机 E 发送 IP 数据报，如图 5-22 所示，具体的 ARP 地址解析过程如下。

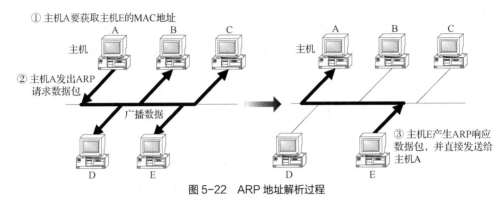

图 5-22　ARP 地址解析过程

（1）主机 A 在本地 ARP 缓存中查找是否有主机 E 的 IP 地址。如果有，则找出其对应的 MAC 地址，将其写入数据帧中并发送到此 MAC 地址。

（2）如果找不到主机 E 的 IP 地址，则主机 A 会将一个包含另一台主机 E 的 IP 地址的 ARP 请求消息写入一个数据帧中，并以广播的形式发送给网络中的所有主机。

（3）每台主机收到该请求后都检测其中的 IP 地址，相匹配的目的主机 E 会向请求者发出一个 ARP 响应数据包，其中写入了自己的 MAC 地址；不匹配的其他主机则丢弃收到的请求，不回复任何消息。

（4）主机 A 在收到主机 E 的 ARP 响应消息后，会向 ARP 缓存中写入主机 E 的 IP 地址和 MAC 地址的映射关系，以备后用。

如果一个网络中经常发生添加计算机、撤掉计算机和更换网卡的情况，则会使 MAC 地址发生改变，通过 ARP 可以很好地建立并动态刷新映射表，以保证地址转换的正确性。在进行地址转换时，还可能用到另一种协议——RARP。RARP 的作用和 ARP 刚好相反，是在只知道 MAC 地址的情况下解析出对应的 IP 地址。

5.6.2　ICMP

1. 什么是 ICMP

从 IP 的功能可以知道，IP 提供的是一种不可靠的无连接报文分组传输服务。在传输报文的过程中，若路由器发生故障使网络阻塞，则需要通知发送方主机采取相应措施。为了使 Internet 能报告差错或提供有关意外情况的信息，网络层加入了一类特殊用途的报文机制，称为互联网控制报文协议，即 ICMP。

由于 ICMP 数据报一般通过 IP 送出，因此 ICMP 实际上是 IP 的一部分，在功能上属于 TCP/IP 协议族的第二层。ICMP 是通过发现其他主机发送过来的报文有问题而产生的，接收方主机通常利用 ICMP 来通知发送方主机某些方面所需的修改。如果一个数据分组不能被传输，则 ICMP 会被用来警告分组源，说明有网络、主机或端口不可达。除此之外，ICMP 还可以用来报告网络阻塞等情况。

2. ICMP 报文格式

由于 ICMP 报文的类型有很多，且各自有各自的代码，因此 ICMP 并没有统一的报文格式，不同的 ICMP 类型有不同的报文字段。ICMP 报文只在前 4 个字节有统一的格式,共有类型、代码和校验和这 3 个字段,如图 5-23 所示。

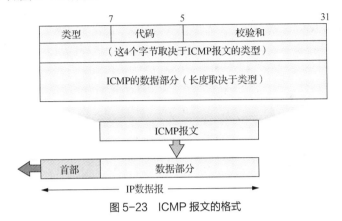

图 5-23 ICMP 报文的格式

其中,类型字段表示 ICMP 报文的类型;代码字段的作用是进一步区分 ICMP 某种类型的几种不同情况;校验和字段用来检验整个 ICMP 报文;接下来 4 个字节的内容与 ICMP 的类型有关;其后是数据部分,其长度取决于 ICMP 的类型。

5.7 路由协议

在路由器中,路由选择是通过路由器中的路由表来进行的,每台路由器都有一个路由表。路由表中定义了从该路由器到目的地的下一台路由器的路径。因此,路由选择是通过在当前路由器的路由表中找出对应该数据包目的地址的下一台路由器来实现的。

要判定到达目的地的最佳路径,就要靠路由选择算法来实现。路由选择算法将收集到的不同信息填入路由表中,并通过不断更新和维护路由表使之正确反映网络的拓扑变化,最后由路由器根据量度来决定最佳路径。路由协议(Routing Protocol)是指实现路由选择算法的协议,常见的路由协议有路由信息协议(Routing Information Protocol,RIP)、开放式最短路径优先(OSPF)协议和边界网关协议(Border Gateway Protocol,BGP)等。

一个由 ISP 运营的网络称为一个自治域,自治域是一个具有统一管理机构、统一路由策略的网络。根据是否在一个自治域内部使用,路由协议又有内部网关协议(IGP)和外部网关协议(Exterior Gateway Protocol,EGP)之分。RIP 和 OSPF 协议是自治域内部采用的路由协议,属于内部网关协议。BGP 是多个自治域之间的路由协议,是一种外部网关协议。

5.7.1 路由信息协议

1. RIP 概述

RIP 是推出时间最长的路由协议之一,也是最简单的动态路由协议之一,最初是为 Xerox 网络系统设计的,是 Internet 中常用的路由协议。

RIP 采用了距离向量算法,即路由器根据距离选择路由,所以也称为距离向量协议。RIP 通过 UDP 报文交换路由信息,每隔 30 s 向外发送一次更新报文。如果路由器经过 180 s 没有收到更新报文,则将所有来自其他路由器的路由信息标记为不可达,若在其后的 120 s 内仍未收到更新报文,就将这些路由信息从路由表中删除。

RIP 使用跳段计数(Hop Count,简称跳数)来衡量到达目的地的距离,称为路由权(Routing

Metric）。在 RIP 中，路由器到与其直接连接的网络的跳数为 0，通过一个路由器可达的网络的跳数为 1，其余以此类推。为限制收敛时间，RIP 规定路由权的取值是 0～15 的整数，大于或等于 16 的跳数被定义为无穷大，即目的网络或主机不可达。

RIP 有 RIP-1 和 RIP-2 两个版本，RIP-2 支持明文认证和信息摘要算法（Message Digest Algorithm 5，MD5）密文认证，并支持变长子网掩码。为了提高性能、防止产生路由环路，RIP 支持水平分裂（Split Horizon）、毒性逆转（Poison Reverse），并采用了触发更新（Triggered Update）机制。每个运行 RIP 的路由器管理一个路由数据库，该路由数据库包含到网络所有可达目的地的路由项，这些路由项包含下列信息。

- 目的地址：主机或网络的地址。
- 下一条地址：为到达目的地，本地路由器要经过的下一台路由器的地址。
- 接口：转发报文的接口。
- 路由权值：本地路由器到达目的地的开销，可取值 0～15 的整数。
- 定时器：该路由项最后一次被修改的时间。
- 路由标记：区分该路由为内部路由协议路由还是外部路由协议路由的标记。

2. RIP 的工作过程

RIP 的启动和运行的整个过程可描述如下。

（1）路由器 A 启动 RIP 时，以广播形式向其相邻路由器发送请求报文，相邻路由器收到请求报文后响应该请求，并回复包含本地路由器信息的响应报文。

（2）路由器 A 收到响应报文后，修改本地路由表，同时向相邻路由器发送触发修改报文。相邻路由器收到触发修改报文后，又向其各自的相邻路由器发送触发修改报文，在一连串的触发修改报文广播后，各路由器都能得到并保持最新的路由信息。

（3）RIP 每隔 30 s 向其相邻路由器广播本地路由表，相邻路由器在收到报文后对本地路由进行维护，选择一条最佳路由，并向其各自相邻网络广播修改信息，使更新的路由最终能全局有效。

RIP 作为内部网关协议的一种，通过前面介绍的这些机制使路由器了解到整个网络的路由信息。

3. RIP 的局限性

虽然 RIP 简单、可靠、便于配置，目前已被大多数路由器厂商广泛使用，但它还是有较大的局限性，主要体现在以下两个方面。

（1）支持站点的距离有限。RIP 允许的最大跳数为 15，任何跳数超过 15 的站点均被标记为不能到达。RIP 每隔 30 s 一次的路由信息广播也是造成网络广播风暴的重要原因之一。因此，RIP 只适用于较小的同构网络，如校园网和结构简单的地区性网络。

（2）依靠固定度量计算路由。RIP 不能实时更新度量值来适应网络发生的变化，在人为更新之前，由网络管理员定义的度量值始终是固定不变的。

5.7.2　内部路由协议

20 世纪 80 年代中期，RIP 已不能适应大规模异构网络的互联，OSPF 协议随之产生。OSPF 协议是 IETF 的内部网关协议工作组为 IP 网络开发的一种路由协议。

OSPF 协议是一种基于链路状态（Link-State）的路由协议，需要每台路由器向其同一管理域的所有其他路由器发送链路状态广播信息，包括所有接口信息、所有的量度和其他变量等。利用 OSPF 协议的路由器必须先收集有关的链路状态信息，并根据一定的路由选择算法计算出到达每个站点的最短路径。

与 RIP 不同的是，OSPF 协议将一个自治域再划分为区，相应地就产生了两种路由选择方式：当源工作站和目的工作站在同一区时，采用区内路由选择；当源工作站和目的工作站在不同区时，采用区间路由选择。这样大大减少了网络开销，并提高了网络的稳定性。当一个区内的路由器发生故障时，不影响自治域内其他区路由器的正常工作，这就给网络的管理和维护带来了方便。

5.7.3 外部路由协议

外部路由协议是一种不同自治系统的路由器之间进行通信的外部网关协议。BGP 既不是纯粹的链路状态算法，又不是纯粹的距离向量算法。其主要功能是与其他自治域的 BGP 交换网络可达信息，各个自治域可以运行不同的内部网关协议。

BGP 与 RIP、OSPF 协议的主要区别在于 BGP 使用 TCP 作为传输层协议。两个运行 BGP 的系统之间首先建立一条 TCP 连接，然后交换整个 BGP 路由表。一旦路由表发生变化，就发送 BGP 更新信息。BGP 更新信息包括网络号/自治域路径的成对信息，自治域路径包括到达某个特定网络需经过的自治域序列号，这些更新信息通过 TCP 传输出去，以保证传输的可靠性。

从本质上讲，BGP 还是距离向量协议，不同的是，RIP 使用跳数来衡量到达目的地的距离，BGP 则详细地列出了自治系统到每个目的地址的路由（自治系统到达目的地址的序列号），避免了一些距离向量协议中存在的问题，这在实际中得到了广泛的使用。

5.8 移动 IP 技术

随着移动计算机日益广泛的使用和人们对网络依赖性的增加，研究一种成熟的移动计算机接入技术已成为当务之急。如何让人们能够随时随地访问 Internet，是当前 Internet 技术研究的一个热点，也是下一代真正的个人通信技术的目标。移动计算机用户也迫切地希望能接入 Internet，以便移动时方便地建立或断开连接。例如，当某企业员工离开北京总公司，出差到上海分公司时，只要简单地将移动节点（如笔记本计算机或个人数字助理设备）连接至上海分公司的网络上，那么用户就可以拥有和在北京总公司中一样的所有服务，该用户依旧能使用北京总公司的共享打印机，或者依旧可以访问北京总公司的共享文件及相关数据库资源。

本节主要介绍移动 IP 技术的基本概念、重要术语及工作原理等内容。

5.8.1 移动 IP 技术的概念

移动 IP 技术从广义上讲就是移动通信技术和 IP 技术的结合，即移动通信网和 Internet 的融合。但它不只是移动通信技术和 Internet 技术的简单叠加，而是一种深度融合，即对 IP 进行扩展，使其支持终端的移动并拥有固定的 IP 地址，且不论移动到什么地区或者通过什么方式连接到 Internet 上都是如此。简单来说，移动 IP 是一种计算机网络通信协议，它能够保证计算机在移动过程中，在不改变现有网络 IP 地址、不中断正在进行的网络通信、不中断正在执行的网络应用的情况下，实现对网络的不间断访问。

传统 IP 技术的主机使用固定的 IP 地址和 TCP 端口号进行通信。在通信期间，它们的 IP 地址和 TCP 端口号必须保持不变，否则 IP 主机之间的通信将无法继续。移动 IP 主机在通信期间可能需要在网络中移动，它的 IP 地址也许会经常发生变化。若依然采用传统方式，那么 IP 地址的变化将会导致通信中断。如何解决因节点的移动（即 IP 地址的变化）而导致的通信中断是移动 IP 技术需要解决的首要问题。蜂窝移动电话提供了一个非常好的解决此类问题的先例，因此解决移动 IP 问题的基本思路与处理蜂窝移动电话呼叫相似。它使用漫游、位置登记、隧道、鉴权等技术，使移动节点使用固定不变的 IP 地址，一次登录即可实现在任意位置上保持与 IP 主机的单一链路层连接，使通信持续进行。

目前 IETF 正在开发一套用于移动 IP 的技术规范，主要包括以下内容。

- RFC 2002（IP 移动性支持）。
- RFC 2003（IP 内的 IP 封装）。
- RFC 2004（IP 内的最小封装）。
- RFC 2290 [用于点对点协议（Point to Point Protocol，PPP）的网际协议控制协议（Internet Protocol Control Protocol，IPCP）的移动 IPv4 配置选项]。

5.8.2 与移动 IP 技术相关的几个重要术语

下面对移动 IP 技术中的一些常见术语进行简单的介绍。

1. 移动节点

移动节点（Mobile Node）是指从一个移动子网移动到另一个移动子网的通信节点，如主机或路由器。

2. 移动代理

移动代理（Mobile Agent）又分为本地代理（Home Agent）和外地代理（Foreign Agent）两类。本地代理是本地网络中的移动代理，实际上就是一个移动子网路由器，它是移动节点本地 IP 所属网络的代理，它至少有一个接口在本地网络中。移动代理的主要任务是当移动节点离开本地网络，并接入某一外地网络时，接收发往该节点的数据包，再使用隧道技术将这些数据包转发到移动节点的转发节点。除此之外，本地代理还负责维护移动节点的当前位置信息。

外地代理位于移动节点当前连接的外地网络中，它向已登记的移动节点提供选路服务。当使用外地代理转交地址时，外地代理负责拆分原始数据包的隧道封装，取出原始数据包，并将其转发到该移动节点。对那些由移动节点发出的数据包而言，外地代理可作为已注册的移动节点的默认路由器。

3. 移动 IP 地址

移动 IP 节点拥有两个 IP 地址。

第一个是本地地址（Home Address），这是用来识别端到端连接的静态地址，也是移动节点与本地网络连接时使用的地址，不管移动节点移至网络何处，其本地地址保持不变。

第二个是转交地址，即隧道终点地址。转交地址既可能是外地代理的转交地址，又可能是驻留本地的转交地址。外地代理的转交地址是外地代理的一个地址，移动节点利用它进行登记。在这种地址模式中，外地代理就是隧道的终点，它接收隧道数据包，拆分数据包的隧道封装，并将原始数据包转发到移动节点。因为这种地址模式可使很多移动节点共享同一个转交地址，而且不对有限的 IPv4 地址空间提出不必要的要求，所以这种地址模式被优先使用。

转交地址是一个临时分配给移动节点的地址。它由外部获得（如通过动态主机配置协议），移动节点将其与自身的一个网络接口相关联。当使用这种地址模式时，移动节点自身就是隧道的终点，执行解除隧道功能，取出原始数据包。一个驻留本地的转交地址仅能被一个移动节点使用。转交地址是仅供数据包选路使用的动态地址，也是移动节点与外地网络连接时使用的临时地址。每当移动节点接入一个新的网络，转交地址就会发生变化。

4. 位置登记

移动节点必须将其位置信息向其本地代理进行登记，以便被找到。在移动 IP 技术中，根据不同的网络连接方式，有两种不同的登记规程。

一种是通过外地代理登记。移动节点先向外地代理发送登记请求报文，外地代理接收并处理登记请求报文，并将报文中继到移动节点的本地代理。本地代理处理完登记请求报文后向外地代理发送登记答复报文（接受或拒绝登记请求），外地代理处理登记答复报文，并将其转发到移动节点。

另一种是直接向本地代理进行登记，即移动节点向其本地代理发送登记请求报文，本地代理处理后向移动节点发送登记答复报文（接受或拒绝登记请求）。登记请求报文和登记答复报文使用 UDP 进行传输。

当移动节点收到来自其本地代理的代理通告（Agent Advertisement）报文时，便可以判断出自身已返回本地网络。此时，移动节点应向本地代理撤销登记。在撤销登记之前，移动节点应配置适用于其本地网络的路由表。

5. 发现移动代理

为了随时随地与其他节点进行通信，移动节点必须先找到一个移动代理。移动 IP 定义了两种发现移动代理的方法：一是被动发现，即移动节点等待本地代理周期性地广播代理通告报文；二是主动发现，即移动节点广播一条请求代理的报文。移动 IP 使用扩展的 ICMP 路由发现机制作为发现移动代理的主要机制。

使用以上任何一种方法都可使移动节点识别出移动代理并获得转交地址，从而获悉移动代理可提供的任何服务，并确定其连至本地网络还是某一外地网络中。使用代理发现可使移动节点检测到它何时从一个 IP 网络（或子网）漫游（或切换）到另一个 IP 网络（或子网）。

所有移动代理（不管其能否被数据链路层协议所发现）都应具备代理通告功能，并对代理请求做出响应。所有移动节点都必须具备代理请求功能，但是移动节点只有在没有收到移动代理的代理通告，并且无法通过数据链路层协议或其他方法获得转交地址的情况下，方可发送代理请求报文。

6. 隧道技术

当移动节点在外地网络中时，本地代理需要将原始数据包转发给已登记的外地代理。此时，本地代理使用 IP 隧道技术，将原始 IP 数据包封装在转发的 IP 数据包中，从而使原始 IP 数据包被原封不动地转发到处于隧道终点的转交地址处。在转交地址处拆分数据包的隧道封装，从而取出原始数据包，并将原始数据包发送到移动节点。当转交地址为驻留本地的转交地址时，移动节点本身就是隧道的终点，它完成了拆分数据包的隧道封装，取出原始数据包的工作。

RFC 2003 和 RFC 2004 中分别定义了两种利用隧道封装数据包的技术。RFC 2003 中规定，为了实现在 IP 数据包中封装作为有效载荷的原始 IP 数据包，需要在原始数据包的现有头标前插入一个外层 IP 头标，如图 5-24 所示。外层 IP 头标中的源地址和目的地址分别标识隧道的两个边界节点。内层 IP 头标（即原始 IP 头标）中的源地址和目的地址则分别标识原始数据包的发送节点和接收节点。内层 IP 头标在被传送到隧道出口节点期间将保持不变，因此原始 IP 数据包会被原封不动地转发到处于隧道终点的转交地址。

RFC 2004 中定义的是一种 IP 内的最小封装技术。该技术规定，数据包在封装之前是不能被分片的。因此，对移动 IP 技术来讲，最小封装技术是可选的。为了使用最小封装技术来封装数据包，移动 IP 技术需要在原始 IP 数据包已修改的 IP 头标和未修改的 IP 有效载荷之间插入最小转发头标，如图 5-25 所示。当拆分数据包时，隧道的出口节点会将最小转发头标的字段保存到 IP 头标中，并移走这个转发头标。

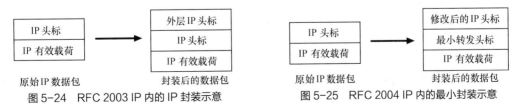

图 5-24　RFC 2003 IP 内的 IP 封装示意　　　　图 5-25　RFC 2004 IP 内的最小封装示意

5.8.3　移动IP的工作原理

移动IP系统结构如图5-26所示。移动IP的工作原理如下。

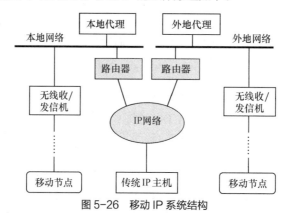

图5-26　移动IP系统结构

（1）移动代理（本地代理和外地代理）不停地向网络中发送代理通告，以证明自己的存在。

（2）移动节点分析收到的代理公告，确定自己是在本地网络还是在外地网络中。

（3）若移动节点检测到自己位于本地网络，即收到的是本地代理发来的消息，则不启动移动功能；如果节点是从注册的其他外地网络返回本地网络，则向本地代理发出撤销其外地网络注册信息的请求，声明自己已回到本地网络中。

（4）当移动节点检测到自己已漫游到某一外地网络时，它将获得该外地网络中的一个转交地址。这个转交地址可能通过外地代理的通告获得，也可能通过外部分配机制获得（如动态主机配置协议），即移动节点在外地网络暂时获得的新的IP地址。

（5）离开本地网络的移动节点向本地代理登记其新的转交地址，它也可能借助于外地代理向本地代理进行注册。

（6）注册完毕后，所有发往移动节点的数据包被其本地代理接收。本地代理利用隧道技术封装该数据包，并将封装后的数据包发送到处于隧道终点的转交地址处。隧道终点（外地代理或移动节点本身）负责接收、拆分数据包的隧道封装，并最终将其传输到移动节点。这样，即使移动节点已由一个子网转移到另一个子网，移动节点的数据传输仍能继续进行。

小结

（1）网络互联是指将分布在不同地理位置、使用不同数据链路层协议的单个网络通过网络互联设备进行连接，使之成为一个更大规模的互联网络系统。网络互联的目的是使处于不同网络中的用户能够相互通信和相互交流，以实现更大范围的数据通信和资源共享。

（2）网络互联的类型主要有以下4种：局域网—局域网互联、局域网—广域网互联、局域网—广域网—局域网互联和广域网—广域网互联。

（3）根据网络层次结构模型，网络互联的层次可以分为物理层互联、数据链路层互联、网络层互联和高层互联。

（4）在网络互联中，往往采用不同的网络互联设备来实现不同网络间的连接。常用的网络互联设备有中继器、网桥、网关和路由器等。

（5）中继器是最简单的网络互联设备之一，其工作在OSI参考模型的底层——物理层，所以只能用来连接具有相同物理层协议的局域网。中继器的主要功能是放大物理信号、延伸传输介质、将一个网络的范围扩大，但是中继器并不具备检查错误和纠正错误的功能。

（6）网桥是在 OSI 参考模型的数据链路层上实现网络互联的设备，其能够互联两个采用不同数据链路层协议、不同传输介质和不同传输速率的网络。网桥的主要功能是实现不同结构、不同类型局域网的互联；通过设置来隔离错误信息，保证网络的安全；增加网络中工作站的数目等。根据连接范围的不同，网桥可分为本地网桥和远程网桥；根据网桥是运行在服务器上还是作为服务器外的一台单独的物理设备，网桥可分为内桥和外桥；根据网桥路径选择方法的不同，网桥可分为透明网桥和源路由网桥。

（7）网关是在 OSI 参考模型的传输层及以上的高层实现多个网络互联的设备。网关既可以是硬件又可以是软件，主要功能是完成传输层及以上高层协议的转换。网关一般可分为两种：传输网关和应用程序网关。传输网关是指在传输层连接两个网络的网关；应用程序网关是指在应用层连接两部分应用程序的网关。

（8）路由器是在 OSI 参考模型的网络层上实现网络互联的设备。异种网络间的互联与多个子网间的互联一般是采用路由器来完成的。路由器具有数据包过滤、存储转发、路径选择和协议转换等功能。

（9）网络层比较基本、比较重要的协议就是 IP，IP 中用于传输数据的数据单元称为 IP 数据报，其主要包含两部分：一部分是首部，另一部分是数据。

（10）IPv4 地址共由 32 位二进制数组成，为了方便记忆，通常采用点分十进制法来进行表示。根据网络的规模大小，IP 地址一共可分为 5 类：A 类、B 类、C 类、D 类和 E 类。其中，A 类、B 类和 C 类 IP 地址为主类地址，D 类和 E 类 IP 地址为次类地址。

（11）目前，32 位的 IPv4 地址正逐步向 128 位的 IPv6 地址过渡，IPv6 地址大小为 128 位，其表示法为 x:x:x:x:x:x:x:x，其中每一个 x 代表 4 位十六进制数。IPv6 地址范围为 0000:0000:0000:0000:0000:0000:0000:0000～FFFF:FFFF:FFFF:FFFF:FFFF:FFFF:FFFF:FFFF。

（12）IPv4 作为网络的基础设施被广泛地应用在 Internet 和各种专用网络中。随着 Internet 的迅猛发展，IP 地址资源匮乏等问题相继显现出来，因此必须对 IPv4 进行升级。IPv6 的提出很好地解决了地址短缺问题，还考虑了 IPv4 中的一些不好解决的问题，如端到端 IP 连接、服务质量、安全性、组播、移动性、即插即用等。

（13）IPv4 和 IPv6 还有一段相当长的共存时期，IPv6 还需在发展中不断完善和改进。现阶段的主要目标是将小规模的 IPv6 网络连入 IPv4 网络，并通过现有网络访问 IPv6 服务。其主要任务是继续维护 IPv6 服务，以及支持 IPv4 和 IPv6 之间的互通性。

（14）IPv6 是在 IPv4 的基础上进行改进的，它的一个重要设计目标就是要与 IPv4 兼容。因此，设计一个从 IPv4 向 IPv6 演进的平滑渐进方案就显得尤为重要。IETF 推荐了双栈、隧道技术和 NAT-PT 等过渡方案来实现上述目标。

（15）子网是指把单一网络划分为多个物理网络，并使用路由器将其互联起来。划分子网是解决 IP 地址空间不足的一种有效措施，为了进行子网划分，必须知道子网掩码的概念。子网掩码也是一个 32 位二进制的值，主要用于屏蔽 IP 地址的一部分以区分网络号和主机号，其表示形式和 IP 地址的表示形式类似，也采用点分十进制法。

（16）超网又称 CIDR（无类别域间路由选择）。CIDR 实际上是构成超网的一种技术实现，它在一定程度上解决了路由表项目过多、过大的问题。CIDR 中的 IP 地址结构仅划分为网络前缀和主机号两部分，即重新回到了二级 IP 地址的表示。

（17）以太网设备并不识别 32 位 IP 地址，而是以 48 位的 MAC 地址传输以太网数据，因此当通过以太网发送 IP 数据报时，就必须通过 ARP 来实现 IP 地址和 MAC 地址的映射。

（18）ICMP 是为了报告其他主机发来的问题报文而产生的，它是在网络层加入的一类特殊用途的报文机制，主要为了使 Internet 能报告差错或提供有关意外情况的信息。

（19）路由选择算法是用于判定数据到达目的地的最佳路径的方法，而路由协议则是实现路由选择算法的一系列规则和约定。常见的路由协议有路由信息协议、开放式最短路径优先协议和边界网关协议等。

（20）移动 IP 技术是移动通信技术和 IP 技术的结合，即移动通信网和 Internet 的融合。但它不只是移动通信技术和 Internet 技术的简单叠加，而是一种深度融合，即对 IP 进行扩展，使其支持终端的移动并拥有固定的 IP 地址，且不论移动到什么地区或者通过什么方式连接到 Internet 都是如此。

（21）理解移动 IP 技术中所涉及的一些基本概念，包括移动节点、移动代理、移动 IP 地址、位置登记、发现移动代理和隧道技术等。

（22）移动 IP 同时是一种计算机网络通信协议，其基本工作原理如下：它能够保证计算机在移动过程中，在不改变现有网络 IP 地址、不中断正在进行的网络通信、不中断正在执行的网络应用的情况下，实现对网络的不间断访问。

习题 5

一、名词术语解释（将与术语匹配的定义序号填入括号）

1. 中继器（　　　） 　　　2. 网桥（　　　　）

3. 路由器（　　　） 　　　4. 路由协议（　　　）

5. 网关（　　　） 　　　6. 网络互联（　　　）

A. 将分布在不同地理位置的网络或设备相连构成更大规模的网络系统

B. 在物理层实现网络互联的设备，具有放大物理信号、延伸传输介质、将一个网络的范围扩大的作用

C. 在网络层实现网络互联的设备，具有包过滤、存储转发、路径选择和协议转换等功能

D. 在数据链路层实现网络互联的设备，具有互联不同结构、不同类型的局域网络，隔离错误信息、保证网络的安全等功能

E. 在传输层及以上的高层实现网络互联的设备，主要功能是完成传输层及以上高层协议的转换

F. 实现路由选择算法的一系列规则和约定

二、填空题

1. 网络互联的形式有局域网—局域网、局域网—广域网、_____和_____。

2. 网桥是一种存储转发设备，主要用于_____间的互联，网桥用于在数据链路层上对数据进行存储转发。

3. 网桥的功能就是在互联局域网之间存储、转发帧和实现_____转换。

4. 在中继系统中，中继器处于_____层，具有完全再生网络中传输的原有_____信号的能力。

5. 根据连接的范围，网桥可分为_____和_____。

6. 高层互联是指_____层及其以上各层协议不同的网络之间的互联。

7. 路由器的功能包括包过滤、存储转发、_____和_____等。

8. 网关是用于_____转换的网间连接器。

9. IP 地址由_____和_____两部分组成。其中，_____用

于区分同一物理子网中不同的主机和网络设备。

10. 190.168.2.56 属于_____类 IP 地址，其广播地址是_____；202.114.2.56 属于_____类 IP 地址，其广播地址是_____。

11. Internet 上某主机的 IP 地址为 128.200.68.101，子网掩码为 255.255.255.240，该连接的主机号为_____。

12. _____协议用来将 Internet 的 IP 地址转换成 MAC 地址。

13. 路由协议是指_____协议，常见的内部网关协议有_____和_____，外部网关协议有_____。

14. 移动 IP 节点拥有两个 IP 地址：_____和_____。

三、选择题

1. 在网络互联的层次中，_____是在数据链路层实现互联的设备。
   A. 网关　　　　　　　B. 中继器　　　　　　C. 网桥　　　　　　D. 路由器

2. 如果有多个局域网需要互联，并且希望将局域网的广播信息很好地隔离开，那么最简单的方法是采用_____。
   A. 中继器　　　　　　B. 网桥　　　　　　　C. 路由器　　　　　D. 网关

3. 中继器的作用就是将信号_____，使其传播得更远。
   A. 缩小　　　　　　　B. 滤波　　　　　　　C. 整形和放大　　　D. 压缩

4. 对 10 Base-5 以太网来说，一个网段长为 500 m，最多可有 5 个网络段，共 2500 m，用于互联网段的设备是_____。
   A. 中继器　　　　　　B. 网桥　　　　　　　C. 路由器　　　　　D. 网关

5. 从通信协议的角度来看，网桥在局域网之间存储转发数据帧是在_____上实现网络互联的。
   A. 物理层　　　　　　B. 数据链路层　　　　C. 网络层　　　　　D. 传输层

6. 下列有关集线器的说法正确的是_____。
   A. 利用集线器可将总线网络转换为星形网络
   B. 集线器只能和工作站相连
   C. 集线器只能对信号起传递作用
   D. 集线器不能实现网段的隔离

7. _____可以由文件服务器兼当网桥。
   A. 外桥　　　　　　　B. 内桥　　　　　　　C. 远程桥　　　　　D. 组合桥

8. 在不同网络之间实现分组的存储和转发，并在网络层提供协议转换的网间连接器被称为_____。
   A. 网关　　　　　　　B. 网桥　　　　　　　C. 路由器　　　　　D. 中继器

9. 各种网络在物理层互联时要求_____。
   A. 数据传输速率和链路协议都相同　　　B. 数据传输速率相同，链路协议可不同
   C. 数据传输速率可不同，链路协议相同　　D. 数据传输速率和链路协议都不同

10. 在以下关于网络技术的叙述中，_____是错误的。
   A. 中继器可用于协议相同但传输介质不同的 LAN 之间的连接
   B. 若网络中的集线器失效，则整个网络处于故障状态而无法运行
   C. 网桥独立于网络层协议，网桥工作的最高层为数据链路层
   D. 中继器具有信号恢复、隔离功能，但没有管理功能

11. 在 Internet 中，路由器必须实现的网络协议为_____。
   A. IP　　　　　　　　B. IP 和 HTTP　　　　C. IP 和 FTP　　　　D. HTTP 和 FTP

12. IP 地址 127.0.0.1 表示_____。
   A. 一个暂未使用的保留地址　　　　　　　B. 一个属于 B 类的地址
   C. 一个属于 C 类的地址　　　　　　　　　D. 一个环回地址
13. _____属于 B 类 IP 地址。
   A. 127.233.12.59　　B. 152.96.209　　C. 192.196.29.45　D. 202.96.209.5
14. 子网掩码的设置正确的是_____。
   A. 对应于网络地址的所有位都设为 0　　　B. 对应于主机地址的所有位都设为 1
   C. 对应于网络地址的所有位都设为 1　　　D. 以上说法都不对
15. 在 TCP/IP 环境下，如果以太网上的站点初始化后只有自己的物理地址而没有 IP 地址，则可以通过广播请求自己的 IP 地址，负责这一服务的协议应是_____。
   A. ARP　　　　　　　B. ICMP　　　　　　C. IP　　　　　　　D. RARP

四、问答题

1. 什么是网络互联？网络互联的类型有哪几种形式？
2. 网络互联的目的是什么？有哪些基本要求？
3. 网络互联的常用设备有哪几种，分别工作在 OSI 参考模型的哪一层？
4. 什么是中继器？中继器从哪个层次上实现了不同网络的互联？简述中继器的功能和主要特点。
5. 什么是集线器？集线器可分为哪几类？它们彼此之间有什么区别？
6. 什么是网桥？网桥从哪个层次上实现了不同网络的互联？网桥和中继器的主要区别是什么？
7. 路由器从哪个层次上实现了不同网络的互联？简述路由器转发数据的过程。
8. 什么是网关？网关从哪些层次上实现了不同网络的互联？网关的主要功能是什么？
9. 什么是 IP 地址？简述 IP 地址的结构和 IP 地址的表示方法。
10. IP 地址可分为几类？其各自的范围是什么？
11. 什么是子网？子网掩码的概念是怎样被提出来的？写出 A 类、B 类、C 类 IP 地址的标准子网掩码。
12. 什么是超网？超网有哪些优点？超网中的 IP 地址如何表示？
13. 什么是路由协议？常见的路由协议有哪些，各有什么特点？
14. 什么是移动 IP 技术？简述移动 IP 技术的基本工作原理。

第6章
Internet基础知识

06

Internet是目前世界上最大的计算机网络，确切地说，Internet是最大的全球互联网络，其连接着全世界成千上万个网络。Internet面向社会开放，已从单纯的研究工具演变为世界范围内个人及机构之间的重要信息交换工具。虽然Internet还只是人们所设想的"信息高速公路"的雏形，但从其现在的发展和应用可以看到Internet对社会的巨大影响力。21世纪是计算机与网络的时代，因此，掌握Internet基础知识是十分重要的。

为了让初学者对Internet有全面的、感性的认识，本章将从介绍Internet的产生和发展、基本概念、特点入手，然后对Internet的物理结构、协议结构、TCP和UDP、DNS等进行详细的讨论。理解和学好本章的知识，将为进一步掌握Internet应用技术奠定良好的基础。

本章的学习目标如下。
- 了解Internet产生和发展的历史背景。
- 理解Internet的基本概念和基本特点。
- 掌握Internet的主要功能和服务。
- 掌握TCP/IP结构和TCP/IP协议族中主要协议的功能。
- 掌握TCP和UDP的含义、服务功能及报文格式等。
- 掌握TCP连接管理（"3次握手"与"4次挥手"）的基本原理和过程。
- 掌握域名地址的表示方式和域名的解析过程。

6.1 Internet 的产生和发展

Internet 起源于 20 世纪 50 年代末，其雏形为 ARPANET，此后提出的 TCP/IP 为 Internet 的发展进一步奠定了基础。1986 年，美国国家科学基金会（National Science Foundation，NSF）的 NSFNet 加入了 Internet 主干网，大大推动了 Internet 的发展。此后，世界各地无数的企业和个人纷纷加入，使其逐步发展并演变为如今成熟的 Internet。

6.1.1 ARPANET 的诞生

Internet 起源于 ARPA 主持研制的用于支持军事研究的计算机实验网 ARPANET，建立该实验网的初衷是帮助美国的研究人员利用计算机进行信息交换。ARPANET 是世界上第一个采用分组交换的网络。在这种通信方式下，数据被分割成若干大小相等的数据包来进行传输，即使在某条线路遭到破坏时，只要还有迂回线路可供使用，便可正常进行通信。此外，主干网络没有设立控制中心，网络中各台计算机都遵循统一的协议自主工作。在 ARPANET 的研制过程中，建立了一种网络通信协议，称为 IP。IP 的产生使异种网络互联的一系列理论与技术问题得到了解决，并由此产生了网络共享、分散控制和网络通信协议分层等重要思想。针对 ARPANET 的一系列研究成果标志着一个崭新的网络时代的开始，并奠定了当今计算机网络的理论基础。

与此同时，局域网和其他广域网的产生对 Internet 的发展也起到了重要的推动作用。随着 TCP/IP 的标准化，ARPANET 的规模不断扩大，不但美国国内有许多网络和 ARPANET 相连，而且世界范围内很多国家和地区也开始进行远程通信，将本地的计算机和网络接入 ARPANET，并采用相同的 TCP/IP。

6.1.2 NSFNet 的建立

1985 年，美国国家科学基金会为了鼓励大学与研究机构共享其非常昂贵的 4 台计算机主机，并希望通过计算机网络把各大学和研究机构的计算机与这些巨型计算机连接起来，利用 ARPANET 发展起来的 TCP/IP 将全国的五大超级计算机中心用通信线路连接起来，建立了一个名为美国国家科学基金会网络（NSFNet）的广域网。由于美国国家科学基金会的鼓励和资助，许多机构纷纷把自己的局域网并入 NSFNet。NSFNet 最初以 56 kbit/s 的传输速率通过电话线进行通信，连接的范围包括美国所有的大学及国家资助的研究机构。1986 年，NSFNet 建设完成，随即正式取代了 ARPANET 而成为 Internet 的主干网。现在 NSFNet 已是 Internet 主要的远程通信设施的提供者，主通信干道能够以 45 Mbit/s 的传输速率传输信息。

6.1.3 全球范围 Internet 的形成与发展

除 ARPANET 和 NSFNet 外，美国国家航空航天局（National Aeronautics and Space Administration，NASA）的国家航空航天局科学互联网（NASA Science Internet，NSINet）和美国能源部的能源科学网（Energy Science Network，ESNet）也相继建成，欧洲、日本等地区/国家也积极发展本地网络，于是在此基础上互联形成了现在的 Internet。在 20 世纪 90 年代以前，Internet 由美国政府资助，主要供大学和研究机构使用。但 20 世纪 90 年代以后，该网络商业用户数量日益增加，并逐渐从研究教育网络向商业网络过渡。今天，Internet 已经渗透到了社会生活的各个方面，人们通过 Internet 可以了解最新的新闻动态、旅游信息、气象信息和金融股票行情，可以在家进行网上购物、预订火车票和飞机票、发送和阅读电子邮件、到各类网络数据库中搜索和查询所需的资料等。

6.2 Internet 概述

在 IT 技术飞速发展的今天，人们可以真正感觉到世界开始"变小"了。通过计算机，人们能够访问到世界上著名大学的图书馆，能够与远在地球另一端的人进行语音通信和视频聊天，能够看电影、听音乐、阅读各种多媒体杂志，还可以在家里买到所需要的任何商品……这一切都是通过世界上最大的计算机网络——Internet 来实现的。那么到底什么是 Internet？Internet 的主要特点有哪些？Internet 又包含哪些组织机构？下面将逐一对其进行介绍。

6.2.1 Internet 的基本概念

什么是 Internet？Internet 通常又被称为"因特网""互联网""网际网"。Internet 是由成千上万个不同类型、不同规模的计算机网络通过路由器互联在一起组成的、采用 TCP/IP 协议族作为通信规则的、覆盖世界范围的、开放的全球性网络。Internet 拥有上亿的计算机和用户，是全球信息资源的超大型集合体，所有采用 TCP/IP 的计算机都可加入 Internet，实现信息共享和相互通信。

与传统的书籍、报刊、广播、电视等传播媒体相比，Internet 使用起来更方便，查阅资料更快捷，内容更丰富。Internet 已在世界范围内得到了广泛的普及与应用，并且正在迅速地改变人们的工作和生活方式。

6.2.2　Internet 的特点

Internet 是由全世界众多的网络互联组成的国际化网络。组成 Internet 的计算机网络包括小规模的局域网、城市规模的城域网和大规模的广域网。网络中的计算机包括 PC、工作站、微机、小型机、大型机，甚至巨型机。这些成千上万的网络和计算机通过电话线、高速专线、光缆、自由空间等通信介质连接在一起，在全球范围内构成了一个四通八达的网络。在这个网络中，核心的几个较大的主干网络组成了 Internet 的骨架，它们主要属于美国 ISP，如 GTE、MCI、Sprint 和 AOL 的 ANS 等。通过相互连接，主干网络之间建立起了一条非常快速的通信线路，承担了网络中大部分的通信任务。因为 Internet 最早是从美国发展起来的，所以这些线路主要在美国交织，并扩展到欧洲、亚洲和世界其他地方。

Internet 是世界范围的信息和服务资源宝库。Internet 能为每一个入网的用户提供有价值的信息和其他相关的服务。通过 Internet，用户不仅可以互通信息、交流思想，还可以实现全球范围的电子邮件服务、网站信息查询和浏览、文件传输服务、语音和视频通信服务等功能。目前，Internet 已成为覆盖全球的信息基础设施之一。

组成 Internet 的众多网络共同遵守 TCP/IP。TCP/IP 从功能、概念上描述了 Internet，由大量的计算机网络协议和标准的协议族组成，但主要的协议是 TCP 和 IP。凡是遵守 TCP/IP 标准的物理网络，与 Internet 互连后便能够成为全球 Internet 的一部分。

6.2.3　Internet 的组织机构

Internet 不受某一个政府或个人控制，但它本身却以自愿的方式组织了一个帮助和引导 Internet 发展的最高组织，即因特网协会（Internet Society，ISOC）。该协会成立于 1992 年，是非营利性组织，其成员是由与 Internet 相关的组织和个人组成的。ISOC 本身并不经营 Internet，但它支持因特网体系结构委员会（Internet Architecture Board，IAB）开展工作，并通过 IAB 实施。IAB 负责定义 Internet 的总体结构和技术上的管理，对 Internet 存在的技术问题及未来将会遇到的问题进行研究。

IAB 下设的分支机构主要有互联网研究专门工作组（Internet Research Task Force，IRTF）、IETF 和因特网编号分配机构（Internet Assigned Numbers Authority，IANA），它们的任务分别如下。

（1）IRTF：促进网络和新技术的开发和研究。

（2）IETF：解决 Internet 出现的问题，帮助和协调 Internet 的改革和技术操作，使 Internet 的各组织之间的信息沟通更方便。

（3）IANA：对诸多注册 IP 地址和协议端口地址等 Internet 地址方案进行控制。

几乎所有的 Internet 的文字资料都可以在征求意见稿（Request for Comments，RFC）中找到。RFC 是 Internet 的工作文件，其主要内容除包括对 TCP/IP 标准和相关文档的一系列注释及说明外，还包括政策研究报告、工作总结和网络使用指南等。

6.3 Internet 的主要功能与服务

作为全球最大的互联网，Internet 上的丰富资源和服务功能具有极大的吸引力，人们正在享受着 Internet 提供的各种服务功能。下面将详细介绍 Internet 的主要功能及其提供的主要服务。

V6-1 Internet 的主要功能与服务

6.3.1 Internet 的主要功能

Internet 的主要功能基本上可以归为 3 类：资源共享、信息交流和信息的获取与发布。网络中的任何活动都与这 3 个基本功能有关。

1. 资源共享

充分利用计算机网络中提供的资源（包括软件、硬件和数据）是 Internet 建立的目标之一。计算机的许多资源是十分昂贵的，不可能为每个用户所使用，如进行复杂运算的巨型计算机、大容量存储器、高速激光打印机等，但是用户可通过远程登录服务来共享网络计算机中的各类资源。例如，如果用户在家里或其他地方通过远程登录服务来访问单位的各种服务器，只要在这些服务器上拥有合法的账号，那么一旦登录到了服务器上，用户就可以在其权限范围内执行各种命令，这和直接面对服务器进行操作是完全一样的。

2. 信息交流

Internet 中交流的方式有很多，常见的是通过电子邮件进行交流。与打电话和发传真相比，电子邮件可以说是既便宜又方便，一封电子邮件通常只需几分钟就可以发送到世界上任何和 Internet 相连的地方。

Internet 提供了很多人们可以自由进行学术交流的方式和场所。例如，网络新闻（Usenet）就是一个由众多趣味相投的用户共同组织起来的进行各种专题讨论的公共网络场所，通常也称为全球性的公告板系统（Bulletin Board System，BBS）。通过 Usenet，用户可以发布公告、新闻、评论及各种文章供网络中的用户使用和讨论。网络中的任何一个人都可以加入感兴趣的小组，和世界各地的爱好者进行广泛交流。

此外，Internet 还提供了很多实时的、多媒体通信手段。例如，人们可以使用一些实时通信软件（如微信、QQ 等）和朋友聊天，还可以利用音频、视频系统（如声卡、麦克风、摄像头、视频卡等）实现在线欣赏音乐、实时语音通信和桌面视频会议等功能。

3. 信息的获取与发布

Internet 是近年来出现的一种全新的信息传播媒体，为人们提供了一个了解世界、认识世界的窗口。Internet 实质上就是一片浩瀚的信息海洋，在 Internet 中，网络图书馆、网络新闻、网上超市、各类网络电子出版物等应有尽有。人们可以很方便地通过网站来访问各类信息系统，获取有价值的信息资源。随着 Internet 的日益普及，许多政府部门、科研机构、企/事业单位、高等学府等都在 Internet 中设立了图文并茂、独具特色、内容不断更新的网站，以此作为对外宣传、发展的重要手段。

随着 Internet 的不断发展和完善，今后 Internet 的功能还将不断增强，更多的信息服务会以 Internet 为介质来进行传播，如远程教育、远程医疗、工业自动控制、全球情报检索与信息查询、电视会议、电子商务等。

6.3.2　Internet 的主要服务

Internet 在拥有丰富资源的同时，也提供了各种各样的服务，包括电子邮件服务、远程登录服务、文件传输服务，以及 WWW 服务、网络新闻服务、文件检索服务（Archie）、分类目录查询服务（Gopher）、广域信息服务（Wide Area Information Service，WAIS）与电子商务服务等。

1. 电子邮件服务

电子邮件即 E-mail，是一种通过计算机网络与其他用户进行联系的快速、简便、高效、经济的现代化通信手段，也是目前 Internet 用户频繁使用的一种服务。

电子邮件系统是采用"存储转发"方式为用户传输电子邮件的。当用户通过 Internet 给某人发送邮件时，先要与为自己提供电子邮件服务的邮件服务器连接，再将要发送的邮件与收信人的邮件地址输入自己的电子邮箱中，电子邮件系统会自动根据收件人地址将用户的邮件通过网络传输到对方的邮件服务器中。当邮件送到目的地后，接收方的邮件服务器会根据收件人的地址将电子邮件分发到相应的电子邮箱中，等候用户自行读取。用户可随时随地打开自己的电子邮箱来查阅邮件。电子邮件的具体工作过程如图 6-1 所示。

图 6-1　电子邮件的具体工作过程

2. 远程登录服务

远程登录即 Telnet，是一种早期的 Internet 应用。Telnet 给用户提供了一种通过其连网的终端登录远程服务器的方式。Telnet 使用的传输层协议为 TCP，使用的端口号为 23。Telnet 要求有一个 Telnet 服务器程序，此服务器程序驻留在主机上，用户终端通过运行 Telnet 客户机程序远程登录到 Telnet 服务器来实现资源的共享。

利用远程登录服务，用户可以通过自己的计算机进入 Internet 的任何一台计算机系统中，远距离操纵其他计算机以满足自己的需要。当然，要在远程计算机上登录，要先成为该系统的合法用户，并拥有要使用的那台计算机的相应用户名及口令。当用户通过客户机向 Telnet 服务器发出登录请求后，该 Telnet 服务器将返回一个信号，要求本地用户输入自己的登录名和口令，只有返回的登录名与口令正确，才能登录成功。在 Internet 中，有些主机同时装载有寻求服务的程序和提供服务的程序，这些主机既可以作为 Telnet 客户机，又可以作为 Telnet 服务器使用。Telnet 的工作模式如图 6-2 所示。

图 6-2　Telnet 的工作模式

在 Internet 中，很多信息服务机构提供开放式的远程登录服务。登录这些服务机构的 Telnet 服务器时，不需要事先设置用户账号，使用公开的用户名就可以进入系统。用户可以使用 Telnet 命令使自己的计算机暂时成为远程计算机的一个仿真终端。一旦用户成功地实现了远程登录，就可以像远程主机的本地终端一样进行工作，并可以使用远程主机对外开放的全部资源，如硬件、程序、操作系统、应用软件及信息资料等。

Telnet 经常用于公共服务或商业目的，用户可以使用 Telnet 服务远程检索大型数据库、公共图书馆的信息资源或其他信息。

3. 文件传输服务

Internet 中有许多公用的免费软件，允许用户无偿转让、复制、使用和修改。这些公用的免费软件种类繁多，从多媒体文件到普通的文本文件，从大型的 Internet 软件包到小型的应用软件和游戏软件，应有尽有。充分利用这些软件资源，能极大地节省软件编制时间，提高工作效率。用户要想获取 Internet 中的免费软件，可以利用文件传送协议（File Transfer Protocol，FTP）。

FTP 是一种实时的联机服务。在进行文件传输时，本地计算机上启动客户机程序，并利用客户机程序与远程计算机系统建立连接，激活远程计算机系统中的 FTP 服务程序，本地 FTP 程序就成为客户机，远程 FTP 程序成为服务器，彼此通过 TCP 进行通信。

当用户请求传输文件时，远程 FTP 服务器负责找到用户请求的文件，并利用 FTP 将文件通过 Internet 传输给客户机。客户机程序收到文件后，便将文件写到本地计算机系统的硬盘。文件传输一旦完成，客户机程序和服务器程序就终止 TCP 连接。需要说明的是，FTP 客户机与 FIP 服务器之间建立的连接是双重连接：一个是控制连接，主要用于传输 FTP 命令和服务器的回送信息；另一个是数据连接，主要用于数据传输，如图 6-3 所示。这样就可以将数据控制和数据传输分开，从而使 FTP 的工作更加高效。

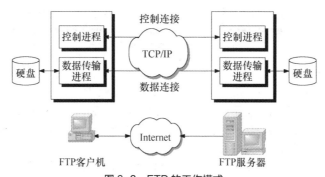

图6-3　FTP 的工作模式

FTP 服务器通常由因特网信息服务器（Internet Information Server，IIS）和 Server-U 软件来构建，以便在 FTP 服务器和 FTP 客户机之间完成文件的传输。传输是双向的，既可以从 FTP 服务器下载到 FTP 客户机，也可以从 FTP 客户机上传到 FTP 服务器。FTP 服务器使用 21 作为默认的 TCP 端口号。用户可以采用两种方式登录到 FTP 服务器：一种是匿名登录（以英文单词 Anonymous 作为用户名，以自己的电子邮箱作为口令）；另一种是使用授权账号和密码登录。对于一般匿名登录的用户，FTP 需要加以限制，不宜开启过高的权限；对于使用授权账号和密码登录的用户，管理员则可以根据不同的用户设置不同的访问权限。

现在越来越多的政府机构、公司、大学、科研单位将大量的信息以公开的文件形式（如文本文件、二进制文件、图像文件、声音文件、数据压缩文件等）存放在 Internet 中，因此使用 FTP 几乎可以获取任何领域的信息。

4. WWW 服务

WWW 并不是独立于 Internet 的另一个网络，而是一个基于超文本（Hypertext）方式的信息查询工具。其最大的特点之一是拥有非常直观的图形界面、非常简单的操作方法和图文并茂的显示方式。

超文本技术是指将许多信息资源连接成一个信息网，由节点和超链接（Hyperlink）所组成的、方便用户在 Internet 中搜索和浏览信息的超媒体（Hypermedia）信息查询服务系统。超媒体是一个与超文本类似的概念。在超媒体中，超链接的两端既可以是文本数据，又可以是图像、语音等各种媒体数据。WWW 服务通过 HTTP 向用户提供多媒体信息，所提供的基本单位是网页，每一个网页中包含文字、图像、动画、声音等多种信息。

WWW 系统采用客户机/服务器结构。在服务器端，其定义了一种组织多媒体文件的标准——超文本标记语言（Hypertext Markup Language，HTML），按 HTML 格式存储的文件被称为超文本文件，每一个超文本文件都是通过一些超链接与其他超文本文件连接起来而构成一个整体的。在客户机端，WWW 系统通过使用浏览器（如 Internet Explorer、Netscape Navigator 等）就可以访问全球任何地方的 WWW 服务器中的信息。

5. 网络新闻服务

网络新闻又称论坛，是由许多有共同爱好的 Internet 用户为了相互交换意见而组成的一种无形用户交流网络，其是按照不同的专题组织的。Internet 中分布着众多新闻服务器（News Server），志趣相同的用户可以借助这些新闻服务器来开展各种类型的专题讨论，世界各地的人们可以在一起讨论任何问题。

网络新闻是由多个讨论组组成的一个大集合，迄今为止，其中包括全世界数以百万计的用户和上万种不同类型的讨论组。因为存在专题讨论组，所以有必要建立一套命名规则以便用户找到自己感兴趣的小组。这套命名规则通常将专题讨论组的名称分为以下 3 部分。

（1）专题讨论组所属的大类。根据大类可以判断某一讨论组是关于社会的、科学的、娱乐的，还是其他内容的。例如，soc 表示社会类，sci 表示科学类，comp 表示计算机类，rec 表示娱乐类等。

（2）讨论组大类中的不同主题。例如，sci.physics 表示在 sci（科学）这个大类中的 physics（物理学）主题。

（3）不同主题下的特定领域。例如，rec.games.shooting 就是在 rec（娱乐）大类中 games（游戏）主题下的关于 shooting（射击）的讨论组。

6. 文件检索服务

全球的文件浩如烟海，如果既知道文件位于哪个站点，又知道具体的文件名，则可以随手获取相应文件。但是如果什么信息都不知道，逐个站点去查询就太费时了。为了帮助用户在全世界的服务器中寻找所需要的文件，Internet 中的一些计算机提供了一种文件检索服务器（Archie Server）。用户只需给出希望查找的文件类型及文件名，就可以通过文件检索服务器很快地找到目标文件的存放地点。即使不知道文件全名，也可以通过只提供部分文件名、扩展名加通配符的方式或其他更灵活的方式查询到符合要求的文件及其存放地点。

7. 分类目录查询服务

文件检索服务主要是按文件名来组织的，但文件名不一定能反映文件的内容，且有时也不知道文件名，为此美国明尼苏达大学研制出了一种名为 Gopher 的分类目录查询工具。Gopher 分类目录查询服务的好处在于其按文件类别对文件进行编排，一般以目录树的形式出现，查找起来比 Archie 更为方便。用户查到自己感兴趣的内容后，只需单击所需的文件，Gopher 即可将用户的请求自动转换为 FTP 或 Telnet 命令去将文件下载到用户的计算机中。通过 Gopher，用户可以对 Internet 中的远程联机信息系统进行实时访问。对不熟悉网络资源、网络地址和网络查询命令的用户来说，利用 Gopher 在网络中查询资料十分方便。

8. 广域信息服务

广域信息服务（Wide Area Information Service，WAIS），是供用户查询分布在 Internet 中的各类数据库的通用工具。由于 Internet 中数据库种类很多，并且内容在不断更新，数量也一直在增长，因此通过使用 WAIS，用户可以在不需要知道网络中又增加了什么新事物的情况下查找自己感兴趣的信息。

WAIS 以各类文本数据库作为检索对象，用户只要选择好数据库，再输入关键词，WAIS 服务器即可自动对数据库进行远程查询，并将结果送回供用户联机浏览。WAIS 搜索的结果是文章的题录，以菜单的形式把确切的题录显示出来。根据这个题录，用户可以要求 WAIS 显示出自己喜爱的文章。

9. 电子商务服务

电子商务服务是指在通信网络的基础上，利用计算机、软件所进行的一种经济活动。电子商务服务以 Internet 作为通信手段，在计算机信息网络中建立企业形象，宣传产品和服务，同时进行电子交易和资金结算。

6.4 Internet 的结构

Internet 的结构一般包括物理结构和协议结构。物理结构通常是指物理连接的拓扑结构，协议结构是指 TCP/IP 的构成及层次。

6.4.1 Internet 的物理结构

V6-2　Internet 的结构

Internet 的物理结构实际上是指连入 Internet 的网络之间的物理连接方式。Internet 采用的是客户机/服务器工作模式。凡是使用 TCP/IP 并能与 Internet 的任意主机进行通信的计算机，无论是何种类型、采用何种操作系统，均可看作 Internet 的一部分。但严格地讲，用户并不是将自己的计算机直接连接到 Internet 中的，而是连接到其中的某个网络（如校园网、企业网等）中；该网络再通过路由器、Modem 等网络设备，并租用数据通信专线与广域网相连，成为 Internet 的一部分，如图 6-4 所示。这样，各个网络中的计算机可相互进行数据和信息传输。例如，用户的计算机通过拨号上网，连接到本地的某个 ISP 的主机上，而 ISP 的主机通过高速专线与本国及世界各国、各地区的无数主机相连。这样，用户仅通过 ISP 的主机即可访问 Internet。

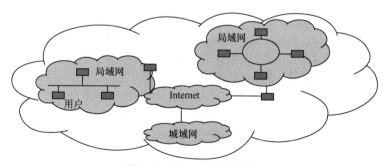

图 6-4　Internet 的物理结构

Internet 中的网络速度是有区分的。例如，某些计算机之间利用光缆建立了高速的网络连接，形成了 Internet 的主干网络，这些主干网络的连接速度远远高于 Internet 的平均速度，而其他计算机将以较低的速度连接到主干网的计算机上。

6.4.2 Internet 的协议结构

Internet 使用的协议是 TCP/IP。在第 3 章中已经讲到，TCP/IP 参考模型与 OSI 参考模型类似，也采用分层体系结构，自上而下分为 4 层。TCP/IP 不仅包含 TCP 和 IP 两种协议，还包含其他协议,所有的协议都包含在 TCP/IP 组的 4 个层次中。TCP/IP 参考模型与 OSI 参考模型间 TCP/IP 协议族的对应关系如表 6-1 所示。

表 6-1　TCP/IP 参考模型与 OSI 参考模型间 TCP/IP 协议族的对应关系

TCP/IP 参考模型	TCP/IP 协议族	OSI 参考模型
应用层	Telnet、FTP、SMTP、HTTP、SNMP、DNS 等	应用层
		表示层
		会话层
传输层	TCP、UDP	传输层
互联层	IP、ARP、RARP、ICMP	网络层
主机—网络层	Ethernet、X.25、ATM 等	数据链路层
		物理层

6.4.3　TCP/IP 协议族

Internet 允许世界各地的网络接入作为其通信子网，而接入各个通信子网的计算机和计算机所使用的操作系统都可以是不相同的。为了保证这样一个复杂和庞大的系统能够顺利、正常地运转，要求所有接入 Internet 的计算机都使用相同的通信协议，这个协议就是 TCP/IP。

TCP/IP 是 ARPA 为实现 ARPANET 而开发的，也是很多大学及研究所多年的研究及商业化的结果。TCP/IP 是一组协议的代名词，其核心协议是 TCP 和 IP，其还包括许多其他协议，它们共同组成了 TCP/IP 协议族。

TCP/IP 具有以下特点。

（1）开放的协议标准，可以免费使用，并且独立于具体的计算机硬件和操作系统。

（2）可应用在各类计算机网络中，包括局域网、城域网、广域网，更适用于 Internet。

（3）统一的网络地址分配方案，使所有 TCP/IP 设备在网络中都具有唯一的地址。

（4）标准化的高层协议，可以提供多种可靠的用户服务。

6.4.4　客户机/服务器的工作模式

与 Internet 相连的任何一台主机，既可能是为广大用户提供服务的巨型机或大型机，也可能是 PC 和工作站，只要和 Internet 相连就都是主机。连接 Internet 的主机都是平等的。

客户机和服务器都是独立的主机。当一台接入网络的主机向其他主机提供各种网络服务（如数据、文件的共享等）时，被称为服务器。那些用于访问服务器资源的主机则被称为客户机。Internet 采用的就是客户机/服务器模式，因此理解客户机和服务器的功能及两者的关系对掌握 Internet 的工作原理至关重要。

客户机的主要功能是执行用户方的应用程序，与服务器建立连接，并接收服务器送来的结果，以可读的形式显示在本地计算机上。此外，客户机还提供了图形用户界面（Graphical User Interface，GUI）或面向对象用户接口（Object Oriented User Interface，OOUI）供用户和数据进行交互。服务器的主要功能是执行共享资源的管理应用程序、完成客户请求、形成结果，并将结果传输给客户机。

客户机上所运行的程序是请求某些服务的程序，服务器上所运行的程序则是提供某些服务的程序。一个客户机可以向许多不同的服务器发出请求，一个服务器也可以同时向多个不同的客户机提供服务。客户机/服务器模式的最好实例是网络数据库。在客户机端，一个数据库前端应用程序接收用户查询请求并产生必要的结构化查询语言（Structured Query Language，SQL）请求，通过网络将该请求传输给数据库服务器，服务器解释该查询请求，从一个或多个数据库中取出数据，并将查询结果送回客户机，如图6-5所示。

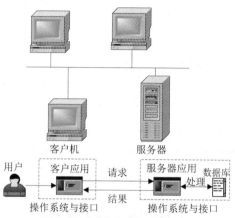

图6-5　客户机/服务器模式示意

严格地说，客户机/服务器模式并不是从物理分布的角度来定义的，其所体现的是一种网络数据访问的实现方式。Internet中的大多数信息访问方式是客户机/服务器模式。Internet中有成千上万个服务器，如文件服务器、WWW 服务器、FTP 服务器、DNS 服务器、SMTP 服务器、邮局协议（Post Office Protocol，POP）服务器等，为联网的客户机提供各种各样的服务。Internet 中的各种资源和信息服务都是由这些服务器提供的。

6.5　TCP 与 UDP

传输层有两种主要协议，即 TCP 和 UDP。TCP 和 UDP 都要使用 IP，也就是说，这两种协议在发送数据时，其协议数据单元（Protocol Data Unit，PDU）都作为 IP 数据报中的数据。在接收数据时，IP 数据报将 IP 首部去掉后，根据上层使用的传输协议将数据部分交给上层的 UDP 或 TCP。因此 TCP 和 UDP 都与 IP 有着非常密切的关系。本节将对 TCP 和 UDP 的含义、报文格式、连接管理等问题进行详细介绍。

6.5.1　TCP 概述

1. TCP 的含义

TCP 是 TCP/IP 协议族中的一种非常复杂的核心协议，也是一种面向连接的、可靠的、基于字节流的协议，由 IETF 的 RFC 793 定义。该协议指定两台计算机之间进行可靠传输而交换的数据和信息的格式，以及计算机为了确保数据的正确到达而需要采取的措施。

TCP 从应用程序接收字节流，然后把字节流分割为多个适当长度的数据段（Segment），并按照顺序编号发送。TCP 会在每个数据段前添加 TCP 报头，其中包括各种控制信息，接收端通过这些控制信息向发送端做出响应，并将 TCP 报头剥离后，把收到的多个数据段重组为字节流，最后把字节流传输给应用层程序。

TCP 是通过 IP 数据报作为载体的。在网络层，每一个 TCP 包被封装在一个 IP 数据报中，并通过网络传输。当数据报到达目的主机后，IP 将数据报的内容传输给 TCP。在此过程中，IP 只把每个 TCP 看作数据来传输，并不关心这些消息的内容。可以形象地将数据传输过程理解为以下过程：TCP 和 IP 像两种信封，要传输的信息被划分为若干段，每一段装入一个 TCP 信封，并在信封上记录分段号的信息，再将 TCP 信封装入 IP 大信封中，发送到网络中；在接收端，每个 TCP 软件包收集信封，抽出其中的数据，按照发送前的序列还原，并加以校验，若发现差错，则 TCP 将会要求重传，因此 TCP 在 Internet 中几乎可以无差错地传输数据。

2. TCP 提供的服务

TCP 提供的服务如下。

（1）面向连接的传输。应用程序在使用 TCP 之前，必须先建立 TCP 连接，在数据传输结束后必须释放所建立的 TCP 连接。应用程序之间的通信就如同"打电话"一样，通话前先拨号建立连接，通话结束后要挂机释放连接。

（2）端到端的通信。每一个 TCP 连接只能有两个端点，只有连接的发送端和接收端之间才可以通信。

（3）高可靠数据传输。TCP 确保发送端发出的消息能够被接收端无误地接收，且不会发生数据丢失、重复或乱序的现象。接收端的应用程序判断从 TCP 接收缓存中读出的数据是否正确，一般通过检查传输的序列号（Sequence Number）、肯定应答（Acknowledgement，ACK）和出错重传（Retransmission）等措施保证数据无误。

（4）采用字节流方式，即以字节为单位传输字节序列。这种字节流是无结构的，因此不能确保数据块传输到接收端应用进程时还保持从发送端发出时同样的大小，但接收端应用程序收到的字节流必须和发送端应用程序发出的字节流完全一样。因此，使用字节流的应用程序必须在开始连接之前就了解字节流的内容并对格式进行协商。

（5）全双工通信。TCP 连接的两端都设有发送缓存和接收缓存用来临时存储通信数据，因此 TCP 连接允许任何一个应用程序在任何时刻双向传输数据。发送数据时，应用程序把数据传输给 TCP 发送缓存，TCP 在合适的时刻把数据发送出去；接收数据时，TCP 把接收到的数据放入接收缓存，上层的应用进程在适当的时候将缓存数据读取出来，整个过程如图 6-6 所示。

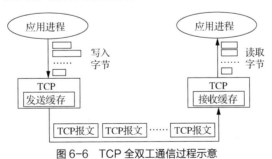

图 6-6　TCP 全双工通信过程示意

6.5.2　TCP 报文格式

一个 TCP 报文分为首部和数据两部分，首部是 TCP 为了实现端到端可靠传输所加上的控制信息，首部的前 20 字节是固定的；数据段部分则是由应用层传输下来的数据。TCP 报文格式如图 6-7 所示。

（1）16 位源端口号和 16 位目的端口号。先分别写入源端口号和目的端口号，再将 TCP 报文中的源端口和目的端口加上 IP 数据报中的源 IP 地址和目的 IP 地址，就可以构成一个四元组，即

<源端口,源 IP 地址,目的端口,目的 IP 地址>，它可唯一地标识一个 TCP 连接。

（2）32 位发送序号。为了确保数据传输的正确性，TCP 对每一个传输的字节按顺序进行编号，这个编号不一定从 0 开始，发送序号的值表示该报文所发送的数据的第一个字节的编号。例如，某个 TCP 报文的发送序号为 1500，报文中包含 100 字节数据，这个 TCP 连接产生的下一个 TCP 报文的发送序号为 1500+100=1600。这样 TCP 的接收端就能够通过跟踪所接收 TCP 报文的发送序号来判断是否有报文丢失、重复或乱序等情况发生，并做出相应的修正。

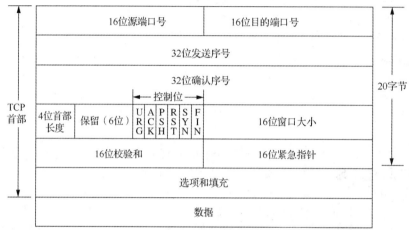

图 6-7　TCP 报文格式

（3）32 位确认序号。确认序号也称为接收序号，是期望收到的对方下一个报文的第一个数据字节的编号。例如，发送端 A 发送了一个发送序号为 1500、包含 100 字节的 TCP 报文，接收端 B 收到了这个 TCP 报文且校验正确，B 就可以返回 A 一个确认序号为 1600 的确认报文，即告诉 A 它已经收到序号为 1600 以前的报文了，A 可以继续发送序号为 1600 的新报文了。

（4）4 位首部长度。首部长度也称为数据偏移，其可以表示的最大十进制数是 15，因此数据偏移的最大值为 60 字节（15×32÷8=60 字节），这也是 TCP 报文首部的最大长度，故选项字段的长度不能超过 40 字节（首部前 20 字节固定不变）。

（5）保留。未使用的 6 位，为将来应用而保留，目前全部置为 0。

（6）控制位。6 个控制位主要用于完成 TCP 的主要传输控制功能，各控制位的功能说明如表 6-2 所示。

表 6-2　TCP 报文首部 6 个控制位的功能说明

控制位	功能说明
URG	当 URG=1 时，表示本报文包含紧急数据，应该优先处理
ACK	当接收到的一个 TCP 报文的 ACK=1 时，表示对方已经正确接收到这个确认号之前的所有字节，并希望对方继续发送从该确认号开始的新数据。当 ACK=0 时，表示确认号无效
PSH	当发送端 PSH=1 时，便立即创建一个报文发送出去；接收端收到 PSH=1 的报文后立即递交给应用程序，即使其接收缓冲区尚未填满
RST	当 RST=1 时，表示 TCP 连接中出现严重差错，必须释放连接，并重新建立连接
SYN	用于初始化 TCP 连接时同步源系统和目的系统之间的序号。SYN=1、ACK=0 时表示这是一个连接请求报文；SYN=1、ACK=1 时表示这是一个连接请求接收报文
FIN	当 FIN=1 时，表示报文发送端的数据已发送完毕，请求释放连接

（7）16 位窗口大小。该字段定义了滑动窗口的大小，用来告知发送端接收端的缓存大小，以此控制发送端发送数据的速率，从而实现流量控制。该字段的长度是 16 位，因此窗口的最大长度是 65535 字节。

（8）16 位校验和。校验和是对整个 TCP 报文段，包括 TCP 报文的首部、TCP 报文的数据，以及来自 IP 数据首部的源地址、目的地址等进行计算得来的，由发送端计算和存储，并由接收端进行验证。TCP 报文校验和的计算过程和 UDP 校验和的计算过程是基本相同的，不同之处在于，UDP 报文的校验和是可选择的，而 TCP 报文的校验和是强制的。

（9）16 位紧急指针。紧急指针是一个正偏移量，用于给出从当前顺序号到紧急数据位置的偏移量，这是发送端向另一端发送紧急数据的一种方式。但只有当 URG 标志置 1 时紧急指针才有效。

（10）选项。其提供了一种增加额外设置的方法，长度可变，最长可达 40 字节，当没有使用该选项时，TCP 首部的长度是 20 字节。

（11）填充。当选项长度不足 32 字节时，将会在 TCP 报文的尾部出现若干字节的全 0 填充。

（12）数据。来自高层（即应用层）的数据。

6.5.3　TCP 连接管理

TCP 是一种面向连接的协议，连接的建立和释放是每一次面向连接的通信中必不可少的过程。TCP 连接管理的作用就是使连接的建立和释放都能正常进行。

1. TCP 连接的建立

TCP 连接的建立使用了"3 次握手"机制，连接可以由任何一方发起，也可以由双方同时发起，图 6-8 所示为建立 TCP 连接的"3 次握手"。

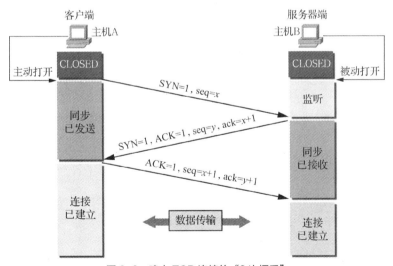

图 6-8　建立 TCP 连接的"3 次握手"

假设客户端主机 A 向服务器端主机 B 请求一个 TCP 连接。服务器端主机 B 运行了一个服务器进程，它要想提供相应的服务，会先发出一个被动打开命令，要求它的 TCP 随时准备接收客户进程的连接请求，此时服务器进程就处于"监听"状态，等待客户的连接请求。这里以 SYN、ACK 表示 TCP 报文段中的控制位，以 seq、ack 分别表示 TCP 的发送序号和确认序号。

整个 TCP 连接过程分为以下 3 个步骤。

（1）若客户端主机 A 中运行了一个客户进程，当它需要服务器端主机 B 的服务时，就发起 TCP 连接请求，以 SYN=1 表示连接请求，并产生一个随机发送序号 x。如果连接成功，则主机

A 将以 x 作为其发送序号的初始值：seq=x。主机 B 收到主机 A 的连接请求报文后，就完成了第一次"握手"。

（2）如果主机 B 同意建立连接，则向主机 A 发送确认报文，以 SYN=1 和 ACK=1 表示同意连接，以 ack=x+1 表示正确收到主机 A 的序号为 x 的连接请求，同时为自己选择一个随机发送序号 y 作为其发送序号的初始值。主机 A 收到主机 B 的请求应答报文后，就完成了第二次"握手"。

（3）主机 A 收到主机 B 的确认报文后，还要向主机 B 发出确认报文，以 ACK=1 表示同意连接，以 ack=y+1 表示收到主机 B 对连接的应答，同时发送主机 A 的第一个数据 seq=x+1。主机 B 收到主机 A 的确认报文后，就完成了第三次"握手"。此时双方就可以使用协定好的参数和各自分配的资源进行正常的数据通信了。

"3 次握手"的过程就如同两个人的谈话，假设 A 想对 B 说话，于是 A 说："我想和你说话。"（SYN=1）。B 回答："好的，我愿意和你说话。"（SYN=1，ACK=1）。A 说："好，那咱们开始说话吧。"（ACK=1）。

值得注意的是，为什么在 TCP 连接建立阶段客户机端主机和服务器端主机要相互交换初始序号呢？建立连接的双方都从已知的序号开始（例如，每次都从 0 开始）不是更简单吗？实际上，TCP 要求连接的每一方随机地选择一个初始序号，这是为了防止黑客想要猜测初始序号而进行攻击。

2. TCP 连接的释放

一个 TCP 连接是全双工通信的，因此每个通信方向都必须单独进行关闭。关闭的原则是，当一方完成了它的数据发送任务后，就立即发送一个结束段（Finish Segment，FIN）来终止这个方向的连接，即当一端收到一个 FIN 后，必须通知应用层的另一端终止该方向的数据传输。

TCP 连接的释放过程是通过"4 次挥手"来实现的，如图 6-9 所示。

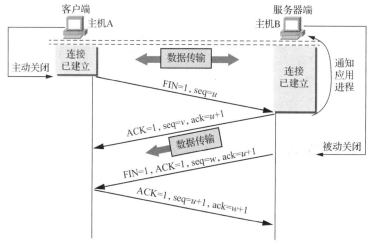

图 6-9 "4 次挥手"释放 TCP 连接

（1）客户端主机 A 的应用进程先向其 TCP 发出连接释放请求，并不再发送数据。TCP 通知对方要释放从主机 A 到主机 B 这个方向的连接，便发送 FIN=1 的报文给服务器端主机 B，其序号 u 表示已传送过的数据的最后一个字节的序号加 1。此时，主机 A 处于等待主机 B 确认的状态。

（2）服务器端主机 B 的 TCP 收到释放连接的通知后，立即发出确认，其确认序号 ack=u+1，而这个报文自己的序号是 v，等于主机 B 已经传送过的数据的最后一个字节的序号加 1，同时通知高层的应用进程。这样，从主机 A 到主机 B 的连接就处于半关闭状态，即主机 A 已经没有数据要发送了，但主机 B 发送数据时，主机 A 仍可以接收。也就是说，从主机 B 到主机 A 这个方向的数据还可以继续发送，主机 A 只要收到数据，仍应向主机 B 发送确认报文。

（3）在主机 B 向主机 A 的数据发送结束后，其应用进程就通知 TCP 释放连接。主机 B 发出的连接释放报文也必须将 FIN 置为 1，假设序号为 w（在半关闭状态下主机 B 可能又发送了一些数据），同时必须重复上次已发送过的确认序号 ack=u+1。此时，主机 B 进入等待主机 A 的确认状态。

（4）主机 A 收到主机 B 的连接释放报文后，必须对此进行确认。在确认报文中将 ACK 置为 1，给出确认序号 ack=w+1，而自己的序号是 seq=u+1。这样，从主机 B 到主机 A 的连接也被关闭了。当主机 A 的 TCP 再向其应用进程报告后，整个 TCP 连接就全部释放完毕了。

6.5.4 UDP 概述

1. UDP 的含义
UDP 是面向无连接的传输层协议，它除提供进程到进程的通信之外，没有给 IP 服务增加太多功能，也基本上不提供差错控制和流量控制的功能。UDP 是一种非常简单的协议，开销极小。如果一个进程想要发送很短的报文，而且又不在意可靠性，就可以使用 UDP。使用 UDP 发送一个短报文，发送方和接收方之间的交互要比使用 TCP 少得多。

2. UDP 报文格式
用户数据报称为 UDP 分组，其有 8 字节的固定首部，这个首部由 4 个字段组成，每个字段长度为 2 字节（16 位），如图 6-10 所示。

图 6-10 UDP 报文格式

（1）源端口：包含 16 位长度的发送端 UDP 端口号。

（2）目的端口：包含 16 位长度的接收端 UDP 端口号。

（3）长度：UDP 长度，用于记录该数据报的长度，即首部加数据的长度，16 位可以定义的总长度范围是 0～65535 字节。

（4）校验和：防止 UDP 在传输中出错，通常校验和字段是可选择的，若该字段为 0，则表示不进行校验。

UDP 校验和包含 3 部分，即 UDP 伪首部、UDP 首部和从应用层传输过来的数据，如图 6-11 所示。

UDP 伪首部是 IP 数据报首部的一部分，其中有些字段要填入 0。UDP 伪首部包含 5 个字段，总长度为 12 字节。第 1 个字段为源 IP 地址，占 4 字节（32 位）；第 2 个字段为目的 IP 地址，占 4 字节（32 位）；第 3 个字段是全 0；第 4 个字段是 IP 数据报首部中的协议字段的值，对 UDP 而言，此协议字段值为 17；第 5 个字段是 UDP 长度。

值得注意的是，UDP 伪首部并不是 UDP 真正的首部，只是在计算校验和时，将其临时和 UDP 连接在一起，从而得到一个过渡的临时 UDP。校验和就是按照这个临时的 UDP 来计算的，这样就可以验证 UDP 能否在两个端点之间正确传输。UDP 中包含源端口号和目的端口号，而 UDP 伪首部包含源 IP 地址和目的 IP 地址，假如 UDP 在通过网络传输时，有人恶意篡改了 IP 地址，则这种情况会通过计算 UDP 的校验和检查出来。

图 6-11　UDP 校验和中的各个字段

增加协议字段可确保这个分组是属于 UDP 的，而不是属于其他传输层协议的，在后面将会看到，如果一个进程既可以使用 UDP 又可以使用 TCP，则端口号可以是相同的。UDP 的协议字段是 17，如果传输过程中这个值改变了，则在接收端计算校验和时可以检测出来，UDP 可丢弃这个包，这样就不会传递错误的协议了。

UDP 校验和的计算方法与 IP 数据报首部校验和的计算方法相似，都是使用二进制反码运算求和再取反。但不同之处在于，IP 数据报首部的校验和只校验 IP 数据报首部，而 UDP 的校验和对首部和数据部分一起校验。另外，UDP 校验和字段是可选的，如果该字段为 0，则说明发送方没有进行校验和计算，这样设计的目的是使那些在可靠性很高的局域网中使用 UDP 的应用程序尽可能减少开销。

3. UDP 的多路复用与多路分用

UDP 的多路复用是指多个应用进程使用同一个 UDP 发送数据，而多路分用是指在接收方由 UDP 将用户数据报中的数据传输给不同的应用进程，如图 6-12 所示。

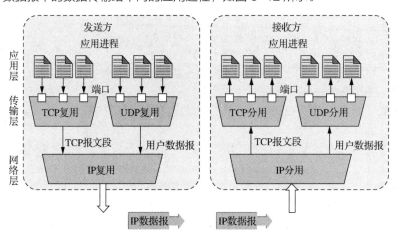

图 6-12　多路复用与多路分用示意

UDP 的多路复用和多路分用都是通过端口实现的。前面已经提到，UDP 端口只用来标识同一台主机上的不同应用进程，而对 Internet 中不同主机的标识是通过 IP 地址来实现的。因此，在 Internet 中使用 UDP 进行通信的两个应用进程是通过<源 IP 地址,源端口,目的 IP 地址,目的端口>四元组来表示的。

6.6 DNS

Internet 技术的发展极大地丰富了应用层的内容，各种应用进程通过应用层协议来使用网络所提供的通信服务。每个应用层协议都是为了解决某一类具体的应用问题而出现的，问题的解决往往是通过位于不同主机中的多个应用进程之间的通信和协同工作来完成的。应用层协议中常用的协议有 FTP、HTTP、Telnet、E-mail、DNS 等，其中 FTP、Telnet 和 E-mail 在 6.3.2 小节中已经做了详细介绍，这里不赘述，本节仅对 DNS 作详细介绍。

6.6.1 什么是 DNS

第 5 章已经讲到，IP 地址是 Internet 中主机的唯一标识，数字型 IP 地址对计算机网络来讲自然是非常有效的，但是对使用网络的用户来说存在不便记忆的缺点。与 IP 地址相比，人们更喜欢使用具有一定含义的字符串来标识 Internet 中的计算机。因此，Internet 中的用户可以用各种各样的方式来命名自己的计算机。但是这样就可能出现重名，如提供 WWW 服务的主机都被命名为 WWW，提供 E-mail 服务的主机都被命名为 E-mail 等，不能唯一地标识 Internet 中的主机位置。为了避免重复，Internet 采取了在主机名后加上后缀名的方法，这个后缀名称为域名，用来标识主机的区域位置，域名是通过申请合法得到的。

DNS 就是一种帮助人们在 Internet 中用名称来唯一标识自己的计算机，并保证主机名和 IP 地址一一对应的网络服务。

6.6.2 DNS 的层次命名机制

所谓层次命名机制，就是按层次结构依次为主机命名。在 Internet 中，首先由网络信息中心（Network Information Center，NIC）将第一级域名（又称顶级域）划分为若干部分，包括一些国家/地区代码，如中国用 cn 表示、英国用 uk 表示、日本用 jp 表示等。由于 Internet 的形成有其历史的特殊性，其主要是在美国发展壮大的，Internet 的主干网都在美国，因此第一级域名中还包括美国的各种组织机构的域名，它们与其他国家/地区的国家/地区代码同级，都作为第一级域名。

第一级域名将其各部分的管理权授予相应的机构，如中国域名 cn 授权给国务院信息化工作办公室，其再负责分配第二级域名。第二级域名往往表示主机所属的网络性质，如是属于教育界还是政府部门等。中国地区的用户第二级域名有教育网（edu）、科研网（ac）、团体（org）、政府（gov）、商业（com）、军队（mil）等。

第二级域名又将其各部分的管理权授予若干机构，如图 6-13 所示。

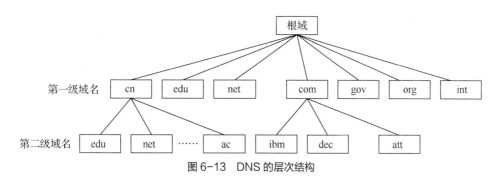

图 6-13 DNS 的层次结构

第一级域名的国家/地区代码如表6-3所示。

表6-3　第一级域名的国家/地区代码

国家/地区名称	国家/地区域名代码	国家/地区名称	国家/地区域名代码
美国	us	西班牙	es
中国	cn	意大利	it
英国	uk	日本	jp
法国	fr	俄罗斯	ru
德国	de	瑞典	se
加拿大	ca	挪威	no
澳大利亚	au	韩国	kr

第一级域名的组织机构代码如表6-4所示。

表6-4　第一级域名的组织机构代码

机构代码	机构名称	机构代码	机构名称
com	商业组织	gov	政府部门
edu	教育机构	mil	军事部门
org	各种非营利性组织	int	国际组织

Internet的域名结构是由TCP/IP协议族的DNS定义的。域名结构也和IP地址一样，采用典型的层次结构，域名地址的格式如图6-14所示。

| 第四级域名 | · | 第三级域名 | · | 第二级域名 | · | 第一级域名 | · |

图6-14　域名地址的格式

例如，在www.scu.edu.cn中，www为主机名，由服务器管理员命名；scu.edu.cn为域名，由服务器管理员合法申请后使用。其中，scu表示四川大学，edu表示教育机构，cn表示中国。www.scu.edu.cn就表示中国教育机构四川大学的www主机。

域名地址是比IP地址更高级、更直观的一种地址表示形式，因此实际使用时人们通常使用域名地址。应该注意的是，在实际使用中，有人将IP地址称为IP号，而将域名地址称为IP地址或者直接称为地址。但是，Internet中的地址还是应该分为IP地址和域名地址两种，叫法上也要严格区分，域名地址可以直接称为地址。

域名服务器的功能和域名的解析过程介绍如下。

1. 域名服务器的功能

Internet中的主机之间是通过IP地址来进行通信的，而为了用户使用和记忆方便，通常习惯使用域名来表示一台主机。因此，在网络通信过程中，主机的域名必须要转换为IP地址，实现这种转换的主机称为域名服务器。域名服务器是一个基于客户机/服务器的数据库，在这个数据库中，每台主机的域名和IP地址是一一对应的。域名服务器的主要功能是回答有关域名、地址、域名到地址或地址到域名的映射的询问，以及维护关于询问类型、分类或域名的所有资源记录的列表。

为了对询问提供快速响应，域名服务器一般对以下两种类型的域名信息进行管理。

① 区域所支持的或被授权的本地数据。本地数据中可包含指向其他域名服务器的指针，而这些域名服务器可能提供所需要的其他域名信息。

② 包含从其他服务器的解决方案或回答中所采集的信息。

2. 域名的解析过程

域名与 IP 地址的转换可分为两种情况。一种情况是当目的主机（要访问的主机）在本地网络中时，由于本地域名服务器中含有本地主机域名与 IP 地址的对应表，这种情况下的解析过程比较简单。本地用户主机先向本地域名服务器发出请求，请求将目的主机的域名解析为 IP 地址，本地域名服务器检查其管理范围内主机的域名，查询出目的主机的域名所对应的 IP 地址，并将解析出的 IP 地址返回给本地用户主机。另一种情况是目的主机不在本地网络中，这种情况下的解析过程稍微复杂一些。

例如，当某台本地用户主机发出一个请求，要求本地域名服务器解析 www.sina.com.cn 的地址时，具体的解析过程如下。

① 本地用户主机先向自身指定的本地域名服务器发送一个 DNS 请求，请求得到 www.sina.com.cn 的 IP 地址。

② 若收到查询请求的本地域名服务器未能在数据库中找到对应 www.sina.com.cn 的 IP 地址，则从根域层的域名服务器开始自上而下地逐层查询，直到找到对应该域名的 IP 地址。

③ sina.com.cn 域名服务器给本地域名服务器返回 www.sina.com.cn 所对应的 IP 地址。

④ 本地域名服务器向本地用户主机发送一个响应报文，其中包含 www.sina.com.cn 的 IP 地址。

域名的解析过程如图 6-15 所示。

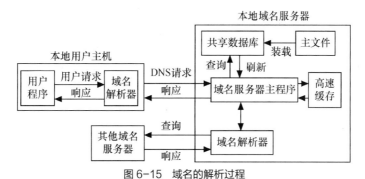

图 6-15　域名的解析过程

小结

（1）Internet 是由成千上万个不同类型、不同规模的计算机网络互联在一起所组成的覆盖世界范围的、开放的全球性网络，也是世界范围的信息资源宝库，所有采用 TCP/IP 的计算机都可以加入 Internet，实现信息共享和相互通信。

（2）Internet 的主要功能可以归为 3 类：资源共享、信息交流和信息的获取与发布。网络中的任何活动都和这 3 个基本功能有关。

（3）用户通过 Internet 可获得各种各样的服务，如 E-mail 服务、Telnet 服务、FTP 服务、WWW 服务、网络新闻服务、信息检索服务、分类目录查询服务和电子商务服务等。

（4）从 Internet 的物理结构来看，Internet 是将分布在世界各地的、数以千万计的计算机网络通过路由器等网络设备互联在一起所形成的国际 Internet。用户并不是将自己的计算机直接连接到 Internet 中的，而是先连接到其中的某个网络（如校园网、企业网等）中，该网络再通过使用路由器、Modem 等网络设备，租用数据通信专线与广域网相连，成为 Internet 的一部分。

（5）从 Internet 的协议结构来看，TCP/IP 是 Internet 中计算机之间通信所必须共同遵守的一组通信协议。TCP/IP 是一组协议的代名词，其核心协议是 TCP 和 IP，并包括许多其他协议，如网络层的协议（ARP、RARP、ICMP）、传输层的协议（UDP）、应用层的协议（FTP、SMTP、Telnet、DNS）等，它们共同组成了 TCP/IP 协议族。

（6）向网络中的其他主机提供各种网络服务（如数据、文件的共享等）的计算机被称为服务器，而那些访问服务器资源的主机被称为客户机。Internet 中的大多数信息访问方式都采用了客户机/服务器的工作模式。

（7）TCP 是 TCP/IP 协议族中的一种非常复杂且核心的协议，也是一种面向连接的、可靠的、基于字节流的协议。该协议指定了两台计算机之间进行可靠传输而交换的数据和信息的格式，以及计算机为了确保数据的正确到达而需要采取的措施。

（8）TCP 所提供的服务主要包括面向连接的传输、端到端的通信、高可靠数据传输、以字节为单位传输字节序列和全双工通信等。

（9）TCP 报文分为首部和数据两部分。其中，首部是 TCP 为了实现端到端可靠传输所加上的控制信息，由若干字段和控制位所组成；数据则是应用层传递下来的数据。

（10）TCP 连接管理的作用就是使连接的建立和释放都能正常进行。TCP 连接的建立是通过"3 次握手"实现的，TCP 连接的释放是通过"4 次挥手"实现的。

（11）UDP 是面向无连接的传输层协议，它非常简单且开销极小，但除提供进程到进程之间的通信之外，基本不提供差错控制和流量控制的功能，因此无法保证数据传输的可靠性。

（12）UDP 用户数据报由报头和数据两部分组成。报头即 8 字节的固定首部，首部由源端口、目的端口、长度和校验和 4 个字段组成，每个字段长度为 2 字节，共占 8 字节。其中，校验和字段又包含 3 部分：UDP 伪首部、UDP 首部和从应用层传输过来的数据。

（13）UDP 的多路复用是指多个应用进程使用同一个 UDP 发送数据，多路分用是指在接收方由 UDP 将用户数据报中的数据传输给不同的应用进程。多路复用和多路分用都是通过端口实现的。在 Internet 中使用 UDP 进行通信的两个应用进程是通过<源 IP 地址,源端口,目的 IP 地址,目的端口>四元组来表示的。

（14）DNS 是一种帮助人们在 Internet 中用名称来唯一标识自己的计算机并保证主机名和 IP 地址一一对应的网络服务。域名通常是按照层次结构来进行命名的，域名地址是比 IP 地址更高级、更直观的一种地址表示形式，实际中人们一般会使用域名地址。

（15）主机域名地址与 IP 地址之间的转换称为域名解析，实现这种转换的主机称为域名服务器。域名服务器的主要功能是回答有关域名、地址、域名到地址或地址到域名的映射的询问，以及维护关于询问类型、分类或域名的所有资源记录的列表。

习题 6

一、名词术语解释（将与术语匹配的定义序号填入括号）

1. Internet （   ）　　　　　　2. 电子邮件 （   ）

3. WWW （   ）　　　　　　　4. 超文本 （   ）

5. 子网掩码 （   ）　　　　　6. IP 地址 （   ）

7. 文件传输 （   ）　　　　　8. TCP/IP （   ）

A. 将许多信息资源连接为一个信息网，由节点和超链接所组成的、方便用户在 Internet 中搜索和浏览信息的超媒体信息查询服务系统

B. 利用 Internet 发送与接收邮件的 Internet 基本服务功能

C. 并不是独立于 Internet 的另一个网络，而是一种基于超文本方式的信息查询工具

D. Internet 中所有计算机之间通信所必须共同遵守的一组通信协议

E. 由成千上万个不同类型、不同规模的计算机网络互联在一起所组成的覆盖世界范围的、开放的全球性网络

F. 利用 Internet 在两台计算机之间传输文件的 Internet 基本服务功能

G. 用于屏蔽 IP 地址的一部分，以区分网络号和主机号，其采用点分十进制法进行表示

H. 为每个连接在 Internet 上的主机分配的一个在全世界范围内唯一的 32 位二进制字符串

二、填空题

1. 在 TCP/IP 协议族中，_____是建立在 IP 上的无连接的端到端的通信协议。

2. _____协议用来将 Internet 的 IP 地址转换为 MAC 地址。

3. 文件传输服务是一种联机服务，使用的是_____模式。

4. 如果 sam.exe 文件被存储在一个名为 ok.edu.cn 的 FTP 服务器上，那么下载该文件使用的命令为_____。

5. _____是 WWW 浏览器浏览的基本文件类型。

6. 很多 FTP 服务器提供匿名 FTP 服务，如果没有特殊说明，则匿名 FTP 账号为_____。

7. TCP 报头长度是_____字节到_____字节，其中固定部分长度为_____字节。

8. 在 TCP 连接中，主动发起连接建立的进程是_____，被动等待连接的进程是_____。

9. TCP 发送一段报文时，其序号是 35～150，如果正确到达，则接收方对其确认的序号为_____。

10. UDP 在 IP 的数据报服务之上增加了_____功能和_____功能。

三、选择题

1. 以下关于 TCP/IP 的叙述中，_____是错误的。

    A. TCP/IP 成功地解决了不同网络之间难以互联的问题

    B. TCP/IP 参考模型分为 4 个层次：主机—网络层、互联网层、传输层、应用层

    C. IP 的基本任务是通过互联网传输报文分组

    D. Internet 中的主机标识是 IP 地址

2. E-mail 地址的格式为_____。

    A. 用户名@邮件主机域名   B. @用户邮件主机域名

    C. 用户名邮件主机域名   D. 用户名@域名邮件

3. 如果访问 Internet 时只能使用 IP 地址，则这是因为没有配置 TCP/IP 的_____。

    A. IP 地址   B. 子网掩码   C. 默认网关   D. DNS

4. 电子邮件中所包含的信息_____。

    A. 只能是文字   B. 只能是文字与图形图像信息

    C. 只能是文字与声音信息   D. 可以是文字、声音和图形图像信息

5. 在 Internet 的基本服务功能中，远程登录所使用的命令是_____。

    A. FTP   B. Telnet   C. MAIL   D. OPEN

6. HTML 是_____。

    A. 传输协议   B. 超文本标记语言   C. 文本文件   D. 应用软件

7. 将文件从 FTP 服务器传输到客户机的过程称为_____。

    A. 下载   B. 浏览   C. 上传   D. 邮寄

8. 在 TCP/IP 环境下，如果以太网上的站点初始化后只有自己的物理地址而没有 IP 地址，则可以通过广播请求自己的 IP 地址，负责这一服务的协议应是_____。

    A. ARP   B. ICMP   C. IP   D. RARP

9. _____属于网络层的协议，_____属于应用层协议。（此题多选）

    A. TCP/IP   B. DNS   C. ARP   D. SMTP

    E. RARP   F. IP   G. POP   H. Telnet

10. Ally@yahoo.com.cn 是一种典型的用户_____。

    A. 数据   B. 硬件地址   C. 电子邮件地址   D. WWW 地址

11. 在应用层协议中，_____既依赖于 TCP 又依赖于 UDP。

    A. SNMP   B. DNS   C. FTP   D. IP

12. _____服务使用 POP3 协议。

    A. FTP   B. E-mail   C. WWW   D. Telnet

13. 关于因特网中的主机和路由器，以下说法中错误的是_____。

    A. 主机通常需要实现 TCP/IP   B. 主机通常需要实现 IP

    C. 路由器必须实现 TCP   D. 路由器必须实现 IP

14. 以下关于 TCP 支持可靠传输服务的特点中，错误的是_____。

    A. TCP 使用确认机制来检查数据是否完且完整到达，并提供拥塞控制功能

    B. TCP 对发送和接收的数据进行跟踪、确认和重传，以保证数据能够到达接收端

    C. TCP 建立在不可靠网络层协议 IP 之上，只能够通过流量控制来弥补缺陷

    D. 传输层传输的可靠性建立在网络层的基础上，同时会受到网络层的限制

15. 以下关于 TCP 工作原理与工程的描述中，错误的是_____。

    A. TCP 建立连接过程需要经过"3 次握手"

    B. 当 TCP 传输连接建立之后，客户端与服务器端的应用程序会进行全双工的字节流传输

    C. TCP 连接的释放过程很复杂，只有客户端可以主动提出释放连接请求

    D. 客户端主动提出请求的连接释放需要经过"4 次挥手"

16. 在 TCP 中，建立连接需要经过_____阶段，释放连接需要经过_____阶段。

    A. "直接握手"，"两次挥手"   B. "两次握手"，"4 次挥手"

    C. "3 次握手"，"4 次挥手"   D. "4 次握手"，"两次挥手"

17. 以下关于 UDP 报文格式的描述中，错误的是_____。

    A. UDP 报文报头长度固定为 8 字节

    B. UDP 报头主要有以下字段：端口号、长度和校验和

    C. 长度字段的长度是 16 位，它定义了用户数据报的总长度

    D. UDP 校验和字段是可选项

18. 要传输一个短报文，TCP 和 UDP 中，_____更快。

    A. TCP   B. UDP   C. 两个都快   D. 不能比较

四、问答题

1. 什么是 Internet? Internet 有哪些特点?

2. 简述 Internet 的产生与发展过程。

3. Internet 有哪些主要功能?

4. Internet 能提供哪些主要的信息服务?

5. 简述 Internet 的物理结构和协议结构。

6. 描述 OSI 参考模型与 TCP/IP 参考模型层次间的对应关系，并简述 TCP/IP 参考模型各层

次的主要功能。

    7. TCP/IP 只包含 TCP 和 IP 两个协议吗？为什么？

    8. 以下是十六进制表示的 UDP 首部：9B9A00150030B348。请回答如下问题。

（1）源端口号和目的端口号分别是多少？

（2）用户数据报的总长度是多少？数据长度是多少？

（3）该分组是从客户端发往服务器端还是服务器端发往客户端？

（4）客户进程是什么？

    9. 简述"3 次握手"建立 TCP 连接的过程。

    10. 简述"4 次挥手"释放 TCP 连接的过程。

    11. 什么是域名系统？简述域名系统的分层结构。

    12. 举例说明域名的解析过程。

第7章
Internet接入技术

07

如果把Internet骨干层的链路比作人体的主动脉，那么接入层的线路就像毛细血管。虽然接入层的线路对于可靠性和带宽的要求并不是特别高，但是如果处理得不好，就很容易成为用户上网的瓶颈。在实际的应用中，因为接入层的线路需要接入每一个用户的家庭中，所有线路的总数就成为一个极其庞大的数字。相对骨干线路来说，更换接入层线路的代价要大得多。因此，当在接入层上应用新技术的时候，更多的是考虑如何尽可能地使用原有线路，从而节省成本。

为了让读者深入理解各种有线和无线访问Internet的基本技术，并在实际场景中熟练地选择和应用，本章首先详细阐述包括拨号接入Internet、局域网接入Internet、ADSL和电缆调制解调器（Cable Modem）在内的多种有线接入技术；然后对当前国内、国际上流行的一些无线接入技术进行仔细梳理，并比较有线和无线两类技术的差异；最后介绍连通性测试。本章的实用性较强，读者应结合实验部分多进行上机实践。

本章的学习目标如下。
- 理解接入Internet的两类基本方式及其相互间的差异。
- 理解和掌握各类有线访问Internet的方式及其技术特点。
- 理解WAP在无线网络中的重要地位。
- 了解当今流行的一些无线接入Internet的新技术及其技术特点。
- 掌握连通性测试的基本步骤。

7.1 Internet 接入概述

虽然 Internet 是世界上最大的互联网，但它本身不是一种具体的物理网络技术。Internet 实际上是把全世界各个地方已有的网络，包括局域网、PSTN、分组交换网等各种网络互连起来，从而形成的一个跨国界的庞大互联网。因此，接入 Internet 的问题，实际上是接入各种网络的问题。下面将简要介绍接入 Internet 的主要方式和 ISP。

7.1.1 接入 Internet 的主要方式

任何一个用户要想使用 Internet 所提供的服务，都必须先以某种方式接入 Internet。目前，Internet 的接入方式主要有两类：有线接入和无线接入。其中，

V7-1 Internet
接入概述

有线接入包括基于 PSTN 的拨号接入、局域网接入、ADSL 接入和基于有线电视网的 Cable Modem 接入等，这类接入方式通过利用已有的传输网络提供经济实用的接入服务。光纤到户（Fiber to the Home，FTTH）等光纤接入方式虽然需要重新铺设线路，但提供了远远高于前几种接入方式的传输速率。无线接入包括 IEEE 802.11b、Wi-Fi、蓝牙（Bluetooth）等无线接入技术。相对有线接入来说，无线接入的用户终端无须使用线缆与网络相连，从而使连网变得更加自由和方便。

7.1.2　ISP

提供 Internet 服务的机构称为 ISP，是用户接入 Internet 的入口点。ISP 一般具有以下 3 个方面的功能。

（1）可以为用户提供 Internet 接入服务。

（2）可以为用户提供各类信息服务。

（3）可以为申请接入 Internet 的用户计算机分配 IP 地址。

另外，ISP 的好坏将直接影响用户的网络质量，用户在选择 ISP 时应慎重考虑，要选择较为理想的 ISP。目前，我国的几大骨干广域网都相当于 ISP。其中，ChinaNet 是专门向公众提供 Internet 接入服务的。此外，还有一些公司（如首都在线、中国在线、东方网景等）也可为用户提供接入服务。用户计算机、ISP 服务器和 Internet 的连接关系如图 7-1 所示。

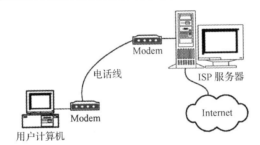

图 7-1　用户计算机、ISP 服务器和 Internet 的连接关系

7.2　电话拨号接入技术

7.2.1　SLIP/PPP 概述

个人在家里或单位使用计算机接入 Internet 时，可采用的方法是电话拨号方式，如图 7-2 所示。电话拨号可以得到与专线上网相同的 Internet 服务。

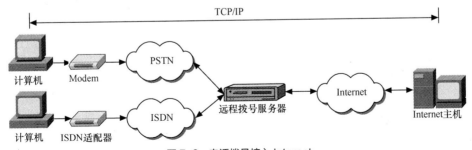

图 7-2　电话拨号接入 Internet

145

串行线路 IP 协议（Serial Line IP Protocol，SLIP）和点对点协议（Point-to-Point Protocol，PPP）是在串行线路上实现 TCP/IP 连接的两种标准协议。通过 SLIP/PPP 连接到 ISP 的主机后，用户计算机就成为 Internet 中的一个节点，享有 Internet 的全部服务。

SLIP 是一种较为早期的连接方式，目的是提供通过串行线路（如电话线）访问 Internet 的方法，优点是实现起来比较容易，缺点是其只负责完成数据报的封装和传输，没有提供区分多种协议、检错、纠错和数据报压缩等功能。

PPP 是目前广域网中应用最广泛的协议之一，其优点是简单，具备用户验证能力，支持异步、同步通信和数据报的差错检测、压缩，以及可以解决 IP 分配问题等。目前，家庭电话拨号接入采用的就是通过 PPP 在用户端和 ISP 的接入服务器之间建立通信链路来访问 Internet 的方法。

7.2.2　Winsock 概述

在用户工作平台方面，利用 Windows 操作系统访问 Internet 是目前流行的一种上网方式，Windows 的图形用户界面能够得到诸如 WWW 等的 Internet 服务。同时，目前许多软件制造商竞相开放了基于 Windows 环境的 Internet 客户端软件，如 Microsoft 公司的 IE、Netscape 公司的 Netscape Navigator、腾讯公司的 Tencent Traveler 等。同 UNIX 环境下的文本文件相比，这些图形化的客户端软件为用户提供了更为方便、高效、迅捷的 Internet 访问服务。但是，要想在 Windows 环境下使用这些客户端软件访问基于 TCP/IP 的 Internet，用户必须先使用一个 Winsock（Windows Socket）程序接口。

套接字（Socket）原是 UNIX 环境下的一种通信机制，是在 TCP/IP 应用程序（如 IE）和底层的通信驱动程序（如 Modem 驱动程序）之间运行的 TCP/IP 驱动程序。我们知道，网络中任何两个节点（如正在联网的计算机和 ISP 服务器）之间要进行数据通信都必须遵守 TCP/IP，Socket 的功能就是将应用程序同具体的 TCP/IP 隔离开，使应用程序不必了解 TCP/IP 的细节就能实现数据传输。

Winsock 即在 Windows 环境下运行的 Socket，也就是 TCP/IP 的驱动程序。它提供了基于 Windows 环境的网络应用程序（如 Netscape Navigator、IE 等）与 TCP/IP 协议栈之间进行数据通信的标准的应用程序接口（Application Program Interface，API）规范，并规定各软件商开发的应用程序在运行时，都可使用一个由任何一方提供的、可兼容的 Windows 动态链接库（Dynamic Link Library，DLL）——Windows.dll。Windows.dll 是 Windows 环境下的 TCP/IP 协议栈的核心部分，其承担了应用程序与 TCP/IP 之间的通信功能。Winsock 接口规范的制定，使不同厂商开发的应用程序可以通过 Winsock 接口很好地运行，并确保彼此之间不发生冲突。

值得一提的是，在 Windows 95 以前的各版本中（如 Windows 3.x），由于没有内置 TCP/IP，用户在接入 Internet 之前必须要预先安装一个 Winsock 程序，并在访问 Internet 时运行它，以实现在 Windows 环境下与 TCP/IP 的连接。但此后的各 Windows 版本（如 Windows 95/98/2000/XP/8/10/11）均内置 TCP/IP，并提供了 Winsock.dll，因此没有必要再安装其他的 Winsock 程序。

7.3　局域网接入技术

如果本地的用户计算机较多，而且有很多用户需要同时使用 Internet，那么可以先把这些计算机组成一个局域网，再使用路由器通过专线与 ISP 相连，最后通过 ISP 的连接通道接入 Internet。这种接入方式被称为局域网接入 Internet，也被称为专线接入，如图 7-3 所示。

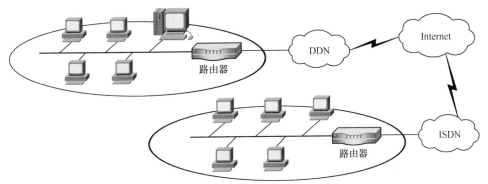

图 7-3　局域网接入 Internet（专线接入）

专线的类型有多种，如 DDN、ISDN、X.25、ADSL 和帧中继等，它们都由电信部门经营和管理。采用专线接入 Internet 的优点是传输速率较快（传输速率普遍在 10 Mbit/s 左右，有时甚至可以达到 100 Mbit/s），用户可以实现 Internet 主机所有的基本功能，包括通过各个网站浏览 Internet 中的信息、收发电子邮件、使用 FTP 传输文件等。但是采用专线接入方式时，租用线路的费用比较高。

7.4　ADSL 接入技术

1989 年于美国贝尔实验室诞生的非对称数字用户线（Asymmetric Digital Subscriber Line，ADSL）是 x 数字用户线（x Digital Subscriber Line，xDSL）家族中的一员，被誉为"现代信息高速公路上的快车"。ADSL 因下行速率快、频带宽、性能优等特点而深受广大用户的喜爱，成为继 Modem、ISDN 之后的又一种全新的更快捷、更高效的接入方式。

下面将介绍 ADSL 的主要特点、安装和主要协议等。

7.4.1　ADSL 概述

ADSL 是一种通过标准双绞线给家庭、办公室用户提供宽带数据服务的技术。它是运行在原有普通电话线上的一种新的高速宽带技术，且能使电话和数据业务互不干扰。ADSL 接入方式充分利用了现有的大量的固定电话用户电缆资源，可以在不影响开通传统业务的同时，在同一对用户双绞线上为用户提供各种宽带的数据业务。

当用户在电话线两端分别放置两个 ADSL Modem 时，这段电话线上便产生了 3 条信息通道：一条是传输速率为 1.5 Mbit/s～9 Mbit/s 的高速下行通道，用于用户下载信息；一条是传输速率为 640 kbit/s～1 Mbit/s 的中速双工通道，用于用户上传输出信息；还有一条是传统电话服务通道，用于普通电话服务。这 3 个通道可以同时工作，传输距离为 3 km～5 km。

ADSL 上网无须拨号，接通线路和电源即可，还可以同时连接多台设备，包括 ADSL Modem、普通固定电话和 PC 等。ADSL 目前已经被广泛地应用于家庭网络。

7.4.2　ADSL 的主要特点

ADSL 是目前 xDSL 技术中非常成熟、非常常用的一种接入技术，它一般具有以下特点。

（1）ADSL 在一条电话线上同时提供了电话和高速数据服务，且电话与数据服务互不影响。

（2）ADSL 提供了高速数据通信功能，其数据传输速率远高于电话拨号上网，为交互式多媒体应用提供了载体。

（3）ADSL 提供了灵活的接入方式。ADSL 支持专线方式与虚拟拨号方式。专线方式即用户 24 小时在线，用户具有静态 IP 地址，可将用户局域网接入，主要面向的对象是中小型公司。虚拟拨号方式主要面向上网时间短、数据量不大的用户，如个人用户及中小型公司等。但与传统电话拨号不同的是，这里的"虚拟拨号"是指根据用户名与口令认证接入相应的网络，而并没有真正地拨电话号码，费用也与电话服务无关。

（4）ADSL 可提供多种服务。ADSL 用户可选择 VOD 服务。ADSL 专线可选择不同的接入速率，如 256 kbit/s、512 kbit/s、2 Mbit/s 等。ADSL 接入网与 ATM 网配合，可为公司用户提供组建 VPN 及远程局域网互联的能力。

7.4.3 ADSL 的安装

ADSL 的安装非常简易、方便，只需将电话线接上滤波器（话音分离器），滤波器与 ADSL Modem 之间用一条电话线连接，ADSL Modem 与个人计算机的网卡之间用一条网线连通即可完成硬件安装，如图 7-4 所示。

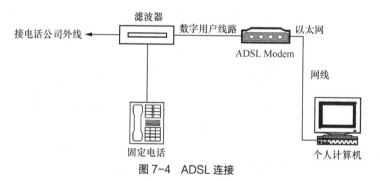

图 7-4　ADSL 连接

ADSL 的使用就更加简单了，只需在 Windows 操作系统下的"连接到 Internet"对话框中，输入申请的用户名和密码，如图 7-5 所示。用户只需通过花费几秒时间进行认证就可以享受高速上网服务，且用户在上网的同时可以打电话。

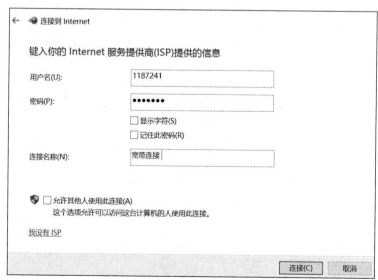

图 7-5　"连接到 Internet"对话框

7.4.4　PPP 与 PPPoE

7.2 节中已讲解过 PPP，该协议是目前广域网中应用最广泛的协议之一，其优点是简单、具备用户验证能力、可以解决 IP 分配问题等。家庭电话拨号上网就是通过 PPP 在用户端和 ISP 的接入服务器之间建立通信链路来访问 Internet 的。

目前，宽带接入方式已经逐渐取代了电话拨号接入方式，在宽带接入技术日新月异的今天，PPP 也衍生出了新的应用。典型的应用就是在 ADSL 接入方式中，PPP 与其他的协议共同衍生出了符合宽带接入要求的新的协议，如基于以太网的点对点协议（Point-to-Point over Ethernet，PPPoE）。PPPoE 既保护了用户方的以太网资源，又达到了 ADSL 的接入要求，是目前 ADSL 接入方式中应用非常广泛的技术标准。

7.5　Cable Modem 接入技术

电缆调制解调（Cable Modem）接入技术是随着网络应用的扩大而发展起来的，主要用于有线电视网的数据传输。Cable Modem 接入技术在全球尤其是北美洲的发展速度很快，每年用户数以超过 100%的速度增长。在我国，已有广东、深圳、南京等省市开通了 Cable Modem 的接入。它是电信公司鼎力发展的基于传统电话网络的 xDSL 接入技术的最大竞争对手。

下面将简要介绍 CATV 与 HFC、Cable Modem 的安装方法和主要特点。

7.5.1　CATV 与 HFC

CATV 与混合光纤同轴电缆（Hybrid Fiber Coax，HFC）是电视电缆技术。有线电视（CATV）是被规划、设计用来传输电视信号的网络，其覆盖面广、用户多。但有线电视网是单向的，只有下行信道，因为它的用户只要求接收电视信号，而并不上传信息。如果要将有线电视网应用到 Internet 业务中，则需要对其进行改造，使之具有双向功能。

V7-2　Cable Modem 接入技术

HFC 是在有线电视网的基础上发展起来的，除可以提供原有线电视网提供的业务外，还能提供数据和其他交互型业务。HFC 是对有线电视的一种改造，在干线部分用光纤代替同轴电缆作为传输介质。有线电视和 HFC 的根本区别如下：有线电视只传输单向电视信号，而 HFC 提供双向的频带传输。

7.5.2　Cable Modem 的安装方法

Cable Modem 是近年发展起来的一种家庭计算机入网的新技术，它是一种利用有线电视网来提供数据传输的广域网接入技术。Cable Modem 充分发挥了有线电视网同轴电缆的宽带优势，利用一条电视信道高速传输数据。在我国，无论是大中城市还是小镇区乡，有线电视网无处不在，其用户群十分庞大。有线电视网的网络频谱范围宽，同轴电缆和光纤都具备了很高的传输速率，所以它们很适合用来提供宽带业务。

Cable Modem 后面有两个端口，当通过有线电视网进行高速访问时，一个端口与计算机相连，另一个端口与室内墙壁上的有线电视插座相连。Cable Modem 的工作原理和普通的拨号上网的 Modem 类似，都是通过对发送或接收的数据信号进行编码调制或解码解调来进行传输的。不同之处在于，Cable Modem 属于共享介质系统，它是利用有线电视网的一小部分传输频带来进行数据的调制和解调的。因此，即使在用户上网时，其他空闲频带仍然可用于有线电视信号的传输，不会影响用户收看电视和使用电话。

149

Cable Modem 本身不是单纯的 Modem，是集普通 Modem 功能、桥接加解密功能、网卡及以太网集线器等功能于一体的专用 Modem。Cable Modem 无须拨号上网，不占用电话线，可永久连接。当数据信号通过 HFC 传至用户家中时，Cable Modem 完成对下行数据信号的解码、解调等功能，并通过以太网端口将数字信号传输到 PC。反过来，Cable Modem 接收 PC 传输过来的上行信号，经过编码、调制后转换为类似于电视信号的模拟射频信号，以便在有线电视网中进行传输。

Cable Modem 系统的结构如图 7-6 所示。通过 Cable Modem 系统，用户可在有线电视网内实现 Internet 访问、IP 电话、视频会议、视频点播、远程教育及网络游戏等功能。

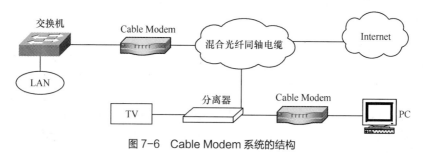

图 7-6　Cable Modem 系统的结构

7.5.3　Cable Modem 的主要特点

Cable Modem 主要具有以下特点。

（1）传输速率快，费用低。Cable Modem 系统是基于 HFC 双向有线电视网的网络接入技术。其上行数据信号采用四相移相键控（Quaternary PSK，QPSK）或 16 进制正交调幅（Quadrature Amplitude Modulation，QAM）调制，传输速率可达 31.2 kbit/s～10 Mbit/s；下行数据信号采用 64QAM 或 256QAM 解调，传输速率可达 3 Mbit/s～38 Mbit/s。从网上下载信息的速率是现有的 Modem 的 1000 多倍，即通过电话线下载需要 20 min 完成的工作，使用 Cable Modem 大约只需要 1.2 s 就可以完成。另外，与传统的其他接入方式（如 PSTN 和 ISDN）相比，Cable Modem 在单位时间内获得的信息量要多得多。

（2）传输距离远。ADSL 的传输距离一般为 3 km～5 km，而 Cable Modem 从理论上讲没有距离限制，因此它可以覆盖的地域更广。

（3）具有较强的抗干扰能力。Cable Modem 的入户连接介质是同轴电缆，有优于电话线的特殊物理结构，其内层芯线用于传输信号，外层为同轴屏蔽层，对外界干扰信号具有相当强的屏蔽作用，不易受外界干扰。所以，只要在线缆连接端或器件上做好相应的屏蔽接地，即可不受外来干扰。

（4）Cable Modem 是即插即用的，安装非常方便，而且接入 Internet 的过程可在一瞬间完成，不需要拨号和登录过程。

（5）计算机可以每天 24h 都连网，用户可以随意发送和接收数据，不发送或接收数据时不占用任何网络和系统资源。

（6）共享网络带宽。由于 Cable Modem 用户是共享带宽的，当多个 Cable Modem 用户同时接入 Internet 时，数据带宽由这些用户均分，传输速率也会相应降低。因此，可以说每一个 Cable Modem 用户的加入都会增加噪声、占用频道、降低可靠性，以及影响线路上已有的用户的服务质量，这是 Cable Modem 的最大缺点。

7.6　光纤接入技术

　　光纤接入技术是光纤到路边（Fiber to the Curb，FTTC）和光纤到户（FTTH）的宽带网络接入技术。光纤接入网（Optical Access Network，OAN）是目前电信网中发展非常快的接入网，其除了可以重点解决电话等窄带业务的有效接入问题外，还可以同时解决调整数据业务、多媒体图像等宽带业务的接入问题。

　　下面将对光纤接入网的基本含义、基本类型和主要特点等进行介绍。

7.6.1　光纤接入技术概述

　　由于光纤具有容量大、保密性好、不怕干扰和雷击、重量轻等诸多优点，其正在迅速发展并得到广泛应用。主干网络线路迅速光纤化，光纤在接入网中的广泛应用是一种必然趋势。光纤接入技术实际上就是在接入网中全部或部分采用光纤作为传输介质，构成光纤用户环路（或称光纤接入网），实现用户高性能宽带接入的一种方案。根据光网络单元（Optical Network Unit，ONU）所设置的位置，光纤接入网分为光纤到户、光纤到路边、光纤到大楼（Fiber to the Building，FTTB）、光纤到办公室（Fiber to the Office，FHHO）、光纤到楼层（Fiber to the Floor，FTTF）、光纤到小区（Fiber to the Zone，FTTZ）等几种类型，其中光纤到户将是未来宽带接入网的发展趋势。

　　光纤接入网是指采用光纤传输技术的接入网，泛指本地交换机或远端模块与用户之间采用光纤通信或部分采用光纤通信的系统。光纤接入网不是传统的光纤传输系统，而是一种针对接入网环境所设计的光纤传输系统。一般情况下，光纤接入网是一个点对多个点的光纤传输系统。根据接入网室外传输设施中是否含有源设备，光纤接入网可分为有源光网络（Active Optical Network，AON）和无源光网络（Passive Optical Network，PON）。有源光网络是指从局端设备到用户分配单元之间采用有源光纤传输设备，即光电传输设备、有源光器件和光纤等；无源光网络一般指光传输端采用无源器件，实现点对多点拓扑的光纤接入网。目前，光纤接入网几乎都采用无源光网络结构。无源光网络已成为光纤接入网的发展趋势，它采用无源光节点将信号传输给终端用户，特点是初期投资少、维护简单、易于扩展、结构灵活，无源光网络结构要求采用性能好、带宽高的光器件。

7.6.2　光纤接入网的主要特点

　　光纤接入网主要具有以下特点。

　　（1）带宽大。由于光纤接入网本身的特点，其可以提供高速接入 Internet、ATM 网和电信宽带 IP 网的各种应用系统的服务，从而使用宽带网提供的各种宽带业务。

　　（2）网络的可升级性能好。光纤接入网易于通过技术升级成倍扩大带宽，因此，光纤接入网可以满足近期各种信息的传输需求。以这一网络为基础，可以构建面向各种业务和应用的信息传输系统。

　　（3）双向传输。光纤接入网本身的特点决定了这种接入技术的良好交互性，特别是在向用户提供双向实时业务方面具有明显优势。

　　（4）接入简单、费用少。用户端只需一块网卡，即可高速接入 Internet，实现传输速率为 10 Mbit/s 的接入。

7.7 无线接入技术

前面讨论了多种有线接入 Internet 的方法，伴随着互联网的蓬勃发展和人们对宽带需求的不断增加，电缆和网线接入已经无法满足人们的需求了。此外，移动电话挣脱了位置和通信接入之间的束缚，用户再也不必坐在办公桌旁或家中的固定电话旁才能上网。至少从理论上讲，用户或多或少可以到其要去的地方漫游，并且仍能接触家庭朋友、业务同事和客户，或被他们所接触。

下面将对无线接入的含义、WAP 和当今流行的无线网络接入技术等进行详细介绍。

V7-3 光纤接入
技术和无线接入技术

7.7.1 无线接入概述

当前，无线网络，如移动电话网，已成为人们生活中的一部分。在商业通信领域，移动用户与日俱增，电信公司和 ISP 为用户提供了更广泛的服务，信息传输领域正出现一种新的趋势，即无线网络和 Internet 的结合。这种因势而起的另一种全新的连网方式正悄然走入人们的视野，这就是无线接入技术。

使用无线接入技术，人们可以在任何时候、从任何地方接入 Internet 或内联网（Intranet），以读取电子邮件、查询工作当中所需要的重要数据，或者将 Web 页面下载到笔记本计算机或个人数字助理中。它已经成为人们从事商务活动的理想传输介质。或许，未来的 Internet 接入标准也将由此诞生。

7.7.2 WAP 简介

20 世纪 90 年代以来，Internet 和移动电话两种技术的广泛应用大大改变了人们的生活方式。Internet 为全球用户提供了丰富、便利的网上资源，这已经是不争的事实。在通信行业，移动电话的出现同样改变了亿万人的生活方式，它打破了通信空间的局限，使人们可以随时随地进行联络。但当前用户使用的移动电话主要局限于语音业务，移动数据业务还没有得到广泛应用。如何结合各自的技术优势，并不受信息源的限制和用户访问时位置的限制，已成为网络界和电信业界共同关注的焦点。

1. WAP 和 WAP 论坛

也许人们对现在层出不穷的各种品牌手机比较关注，但对 WAP 却比较陌生。现在市面上各类手机大多具有上网功能，而 WAP 正是手机上网必须遵循的规范标准。

无线应用协议（Wireless Application Protocol，WAP）是一个用于向无线终端进行智能化信息传输的无须授权、不依赖平台、全球化的开放标准，它定义了无线通信设备在访问 Internet 业务时必须遵循的标准和规范。WAP 适用于从高端到低端的各类无线手持数字设备，包括移动电话、个人数字助理等。由于 WAP 标准的全球性，越来越多的厂商推出了符合 WAP 标准的产品。

WAP 规范是由 WAP 论坛负责制定的。WAP 论坛成立于 1998 年初，是一个由 Nokia、Ericsson、Motorola、Unwired Planet 这 4 家公司发起组成的，现拥有上百个公司和机构的行业协会。WAP 论坛是一个全球性的行业协会，它致力于制定用于数字移动电话和其他无线设备的数据及语音服务的全球标准。WAP 论坛的主要目标是把无线行业价值链中各个环节上的各类公司联合在一起，保证产品的互操作性，使 Internet 业务能扩展到移动通信设备中。

2. WAP 规范

WAP 规范是一种无线应用程序的编程模型语言，它定义了一个开放的标准结构和一套无线设备，用来实现 Internet 接入的协议。WAP 规范的要素主要包括 WAP 编程模型、遵守可扩展标记语言（Extensible Markup Language，XML）、标准的无线标记语言（Wireless Markup Language，WML）、用于无线终端的微浏览器规范、轻量级协议栈、无线电话应用（Wireless Telephony Application，WTA）框架等。这个模型在很大程度上继承了现有的 WWW 编程模型，应用开发人员可以在 WWW 模型的基础上应用 WAP 规范，包括可以继续使用自己熟悉的编程模型，能够利用现有的工具（如 Web 服务器、XML 工具）等。另外，WAP 规范优化和扩展了现有的 Internet 标准，WAP 论坛针对无线网络环境的应用，对 TCP/IP、HTTP 和 XML 进行了优化，现在它已经将这些标准提交给了万维网联盟（World Wide Web Consortium，W3C）联合会，作为下一代的 HTML（HTML-NG）和下一代的 HTTP（HTTP-NG）的基础。

遵守 XML 标准的 WML 使性能严重受限的手持设备能够拥有较强的 Internet 接入功能。WML 和 WML Script 不要求用户使用常用的 PC 键盘或鼠标进行输入，且在设计时就考虑了小屏幕显示问题。

与 HTML 不同的是，WML 将文件分割成一套容易定义的用户交互操作单元。每个交互操作单元被称为一个卡，用户通过在一个或多个 WML 文件产生的各个卡之间来回导航实现对 Internet 的接入。针对手机电话通信的特点，WML 提供了一套数量更少的标记标签集，这使它比 HTML 更适合在手持设备中使用。使用 WAP 网关，所有的 WML 内容都可以通过 HTTP/1.1 请求进行 Internet 接入。这样，传统的 Web 服务器、工具和技术都可以被使用。

3. WAP 的协议栈体系结构

在设计中，WAP 充分借鉴了 Internet 的协议栈思想，并加以修改和简化。WAP 的协议栈采用了层次化设计，为应用系统的开发提供了一种可伸缩、可扩展的环境。协议栈每层均定义有接口，可被上一层协议所使用，同时可被其他的服务或应用程序直接应用，这样 WAP 就能有效地应用于无线应用环境。

图 7-7 所示为 WAP 的协议栈体系结构，包括以下 5 层。

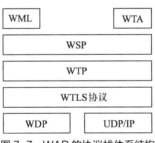

图 7-7　WAP 的协议栈体系结构

（1）无线数据报协议（Wireless Datagram Protocol，WDP）是一种通用的数据传输服务，并支持多种无线网络。该协议可以使上层的 WSP、WTP、WTLS 协议独立于下层的无线网络，并使用下层无线网络所提供的统一服务。

UDP 是基于 IP 的面向数据报的传输协议，因为其传输过程中不建立连接，所以无法保证数据可以成功传输到对方主机，具有不可靠性。

（2）无线传输层安全（Wireless Transport Layer Security，WTLS）协议是基于安全套接字层（Secure Socket Layer，SSL）的安全传输协议，并提供加密、授权及保证数据完整性等功能。

（3）无线事务处理协议（Wireless Transaction Protocol，WTP）提供一种轻量级的面向事务处理的服务，专门对无线数据网进行优化。

（4）无线会话协议（Wireless Session Protocol，WSP）为上层的 WAP 应用提供面向连接的、基于 WTP 的会话通信服务或基于 WDP 无连接的、可靠的通信服务。

（5）WTA 使得 WAP 可以很好地与目前电信网络中的各种先进电信业务相结合，如智能网

（Intelligent Network，IN）业务。通过使用浏览器，移动用户可以应用各种智能网业务而无须修改移动终端。

WML 是 WAP 规范中指定的基于 XML 的基本内容格式。WML 的页面是规范的 XML 文档，使用支持 XML 的设备（如移动电话）可以浏览 WML 的页面。

4. WAP 的技术特点

WAP 技术具有以下特点。

（1）基于现有的 Internet 标准。WAP 并不是一套全新的标准，而是基于现有的 Internet 标准，如 TCP/IP、HTTP、XML、SSL、URL、Scripting 等，并针对无线网络的特点进行了优化。WAP 提供了一套开放、统一的技术平台，用户使用移动设备可以很容易地访问和获取以统一的内容格式表示的 Internet 或 Intranet 信息及各种服务。

（2）定义了一套标准的软件、硬件接口。WAP 实现了一套标准的软件、硬件接口，实现了这些接口的移动设备和网关服务器可以使用户像使用 PC 一样使用移动电话来收发电子邮件和浏览 Internet 信息。WAP 还提供了一种应用开发和运行的环境，支持当前流行的嵌入式操作系统，如 PalmOS、EPOC、Windows CE、FLEXO、JavaOS 等。

（3）支持多种移动设备及移动网络。WAP 可以支持目前使用的绝大多数无线设备，包括移动电话、集群通信设备等。在传输网络中，WAP 可以支持目前使用的各种移动网络，如全球移动通信系统（Global System for Mobile Communications，GSM）、码分多路访问（Code Division Multiple Access，CDMA）、个人手持电话系统（Personal Handy Phone System，PHS）等，并支持 3G 系统。

7.7.3　当今流行的无线接入技术

无线接入技术是无线通信网络化的关键支撑技术。无线接入技术经历了 3 代：第 1 代是模拟蜂窝技术，始于 1981 年；第 2 代是数字移动无线通信技术，于 1991 年投入使用；第 3 代是无线多媒体技术，在 2001 年左右被推向市场。Internet 的飞速发展是推动第 3 代无线接入技术发展的主要原因。正是由于文本、声音和图像这些多媒体信息的加入，人们对接入速度提出了更高的要求。用户要实现对 Internet 的正常访问，至少需要 100 kbit/s 的接入速率，尤其对于图像、动画一类的业务，至少需要每秒几千位的接入速率。此外，宽带接入系统可使用户采用 Internet 流技术，在分组无线传输网中接入视频业务。

无线网络与 Internet 相结合的发展前景是非常广阔的，但目前还存在一些技术问题有待进一步解决。下面将对当前国内、国际上典型的一些无线接入技术进行简介，希望对读者今后选择无线接入方式有所帮助。

1. GSM 接入技术

GSM 是一种起源于欧洲的移动通信技术标准，是 2G 的一种。该技术是目前个人通信的一种常见技术，使用窄带时分多路访问（Time Division Multiple Access，TDMA）技术，允许在一个射频内同时进行 8 组通话。GSM 是 1991 年开始投入使用的，到 1997 年年底，已经在 100 多个国家得到应用，成为欧洲和亚洲国家/地区实际上的标准。GSM 数字网具有较强的保密性和抗干扰性，音质清晰、通话稳定，并具备容量大、频率资源利用率高、接口开放、功能强大等优点。我国于 20 世纪 90 年代初采用此技术标准，此前一直采用的是蜂窝模拟移动技术，即第 1 代 GSM 技术（2001 年 12 月 31 日，我国关闭了模拟移动网络）。目前，中国移动、中国联通各拥有一个 GSM 网，GSM 网是世界上最大的移动通信网络。

2. CDMA 接入技术

CDMA 被称为第 2.5 代移动通信技术。这项技术的重要特点是有独特的"扩展频谱"功能，它突破了有限的频率带宽的限制，能在一个较宽的蜂窝频段上传输多路通话或数据，使多个用户可以在同一频率上通话。采用 CDMA 技术的网络通话清晰度高、不易中断，可达到有线电话的通信效果，且保密性强。与相同容量的模拟移动电话系统相比，CDMA 通信容量可扩大 10～20 倍，与其他无线数字通信（如 TDMA 和 GSM）相比，其系统容量也扩大了 3 倍以上，且所设基站数明显减少，组网成本低。

CDMA 有窄带与宽带之分。其中，窄带主要是为传输语音设计的；宽带 CDMA，即宽带码分多路访问（Wideband Code Division Multiple Access，WCDMA）的特点是在宽频带内优化高速分组数据传输，可以满足无线 Internet 接入的高数据率要求，尤其是某些不能通过窄带系统传输的先进的多媒体业务，都可以通过 WCDMA 系统传输。相对于窄带 CDMA 系统，WCDMA 系统能更有效地利用多径传播，所以它能提高传输容量和扩大覆盖范围。WCDMA 系统还能在更高的频率，如 2 GHz～42 GHz 中，对宽带无线接入网络、无线 ATM 网和 MPEG-2 数字压缩视频系统实施高度集成，为网络运营商提供了更高性能的宽带无线接入解决方案。

WCDMA 可支持 384 kbit/s～2 Mbit/s 的数据传输速率。在高速移动的状态下，可提供 384 kbit/s 的传输速率；在低速或室内环境下，可提供高达 2 Mbit/s 的传输速率，远远高于 GSM 系统（9.6 kbit/s）和固定线路 Modem（56 kbit/s）的理想速率。此外，WCDMA 可以提供电路交换和分组交换的服务，因此，用户在利用电路交换方式接听电话的同时，还可以以分组交换的方式访问 Internet，这样不仅提高了移动电话的利用率，还使用户可以同时进行语音和数据传输服务。

总体来说，与 2G 相比，WCDMA 的主要优势有以下几点。

（1）具有更大的系统容量、更优的语音质量、更高的频谱效率、更快的数据传输速率和更强的抗衰减能力。

（2）能够从 GSM 系统进行平滑过渡，保护了运营商的投资，为 3G 运营提供了良好的技术基础。

（3）通过有效地利用宽频带，使 Internet 接入业务涵盖的多媒体内容更加丰富，包括交互式新闻、交互式 E-mail、交互式音频、电视会议、基于动态的 Web 游戏等。

（4）应用方式更加新颖，不但能顺畅地处理声音、图像数据，实现与 Internet 的快速连接，而且可以与 MPEG-4 技术相结合来处理真实的动态图像。

3. GPRS 接入技术

相比使用电路交换技术的 GSM，通用分组无线服务（General Packet Radio Service，GPRS）采用的是分组交换技术。由于使用了"数据分组"，因此用户使用手机上网时可以免受断线之苦，且数据传输和语音通话是可以同时进行的。另外，发展 GPRS 技术十分"经济"，因为它只需对现有的 GSM 网进行简单升级即可把移动电话的应用提升到一个更高的层次。另外，GPRS 的用途也十分广泛，如用户可通过手机发送和接收电子邮件、浏览 Internet 信息、在线聊天等。

GPRS 接入技术的优势在于其数据传输速率比传统的 GSM 高得多。目前的 GSM 移动通信网的数据传输速率为 9.6 kbit/s，而 GPRS 接入技术达到了 115 kbit/s，此速率是普通 Modem 理想速率的两倍。除速率上的优势以外，GPRS 接入技术还有"永远在线"的特点，即用户可随时与网络保持联系。

4. CDPD 接入技术

蜂窝数字分组数据（Cellular Digital Packet Data，CDPD）是另一种专门用于数据网络的移动服务技术，它使用的仍然是分组交换技术而不是电路交换技术。在通常的移动电话系统中，即使用户当时没有说话，移动电话仍然不断地发送音频信号。而采用分组交换技术的移动电话可向基站发送单个的数据分组，并断开连接（当然，这需要快速地建立连接和断开连接），这样大大节约了在普通电路交换电话中等待的空闲时间。

CDPD 的传输速率一般可达 19.2 kbit/s，尽管并不比其他的数字移动系统更快，但它通过节约等待的空闲时间，从而大大地节省了用户的通话费用。CDPD 的分组格式采用的是 IP，当用户使用这个系统发送信息的时候，它发出的就是 TCP 或者 UDP 分组。CDPD 具有分组传输能力，因此在事务处理和电子邮件发送方面，其非常适用于突发通用数据交换。另外，CDPD 支持 TCP/IP，这一功能使它适用于 Internet 的接入。

CDPD 业务在美国应用得比较普遍，约 50 个大城市中的 40 个应用了该业务。有多家运营商已达成 CDPD 互通协定，这使具有漫游能力的 CDPD 用户能在 70 多个国家/地区以无线方式发送和接收数据。在我国，北京、上海等多个城市也有类似的服务。

5. DBS 接入技术

卫星技术也是推进高速无线 Internet 接入的重要技术，且发展前景被普遍看好。直播广播卫星（Direct Broadcast Satellite，DBS）技术，利用位于地球同步轨道的通信卫星将高速广播数据传输到用户的接收天线，所以它一般也被称为高轨卫星通信。其特点是通信距离远、费用与距离无关、覆盖面积大、不受地理条件限制、频带宽、容量大、适用于多业务传输，以及可为全球用户提供大跨度、大范围、远距离的漫游和机动灵活的移动通信服务等。

DBS 接入技术的主要优点是可为用户提供更大的传输带宽和更快的接入速度，很好地解决了浏览 Web 站点、下载文件速度慢的问题。例如，Hughes 公司的 Direct PC 卫星接入系统能使用户以 12 Mbit/s 的传输速率下载实时新闻、视频图像、PC 软件和 Internet 文件等。

现有的 DBS 接入技术既可以用于个人用户下载文件，又能向众多用户广播数据文件。对于任何配备了卫星天线的用户，还可以对多个地点传播兆位级的、高质量的实时视频图像，甚至还可以将卫星接入业务用于连接内部互联网。

6. 无线红外光传输技术

无线红外光传输技术是光通信与无线通信的结合，通过大气而不是光纤来传输光信号。这一技术既可以提供接近光纤的数据传输速率，又不需要频谱这样的稀有资源。其主要特点如下。

（1）传输速率高，提供从 2 Mbit/s～622 Mbit/s 的高速数据传输。

（2）传输距离远，覆盖范围的半径为 200 m～6 km。

（3）安全性强，由于工作在红外光波段，因此对其他传输系统不会产生干扰。

（4）信号发射和接收通过光仪器，不需要天线系统，设备体积较小。

7. 蓝牙技术

蓝牙技术实际上是一种实现多种设备无线连接的协议，它使用了高速跳频和 TDMA 等先进技术，在近距离内将多台数字化设备（如移动电话、个人数字助理、笔记本计算机、蓝牙鼠标、蓝牙耳机，甚至各种家用电器、自动化设备等）呈网状链接起来进行信息交换。蓝牙技术是网络中各种外部设备接口的统一桥梁，它消除了设备之间的连线，以无线连接取而代之。

蓝牙采用的标准是 IEEE 802.15，工作在 2.4 GHz 频带，传输速率可达 1 Mbit/s。它以时分方式进行全双工通信，其基带传输协议是电路交换和分组交换的组合。一个跳频频率发送一个同步分组，每个分组占用一个时隙，使用扩频技术也可扩展到 5 个时隙。同时，蓝牙技术支持 1 个异步数据通道或 3 个并发的同步语音通道，或 1 个同时传输异步数据和同步语音的通道。每一个语音通道支持传输速率为 64 kbit/s 的同步语音，异步通道支持最大传输速率为 721 kbit/s、反向应答速率为 57.6 kbit/s 的非对称连接，或者 432.6 kbit/s 的对称连接。

依据发射输出电平功率的不同，蓝牙传输有 3 种距离等级，分别为 100 m、10 m 和 2 m～3 m。一般情况下，其正常的工作范围的半径在 10 m 之内。在此范围内，可进行多台设备间的互联。

蓝牙技术的主要优点如下。

（1）采用了跳频技术，抗信号衰减能力强。

（2）采用了快速跳频和向前纠错方案以保证链路的稳定性，同时减小了同频干扰和远距离传输时的随机噪声影响。

（3）使用 2.4 GHz 的工业、科学和医疗（Industrial Scientific and Medical，ISM）频段，无须申请许可证。

（4）可同时支持数据、音频、视频信号的传输。

（5）采用调频的调制方式，降低了设备的复杂性。

8. 家庭射频技术

家庭射频（Home RF）技术由 Home RF 工作组开发，是家庭区域内的、在 PC 和用户电子设备之间实现无线数字通信的开放性工业标准。作为无线技术方案，它代替了需要铺设昂贵传输线路的有线家庭网络，为网络中的设备（如笔记本计算机）和 Internet 应用提供了漫游功能。

为了实现对数据包的高效传输，Home RF 采用了 IEEE 802.11 标准中的带冲突避免的载波监听多路访问（Carrier Sense Multiple Access with Collision Avoidance，CSMA/CA）模式。它与 CSMA/CD 类似，也是以竞争的方式来获取对信道的控制权的，一个时间点上只能有一个接入点在网络中传输数据。Home RF 还提供了对流媒体真正意义上的支持，由于对流媒体规定了高级别的优先权并采用了带有优先权的重发机制，这样就确保了实时性流媒体所需的带宽和低干扰、低误码功能。

Home RF 工作在 2.4 GHz 频段，它采用了数字跳频技术，速率为 50 跳/秒，共有 75 个带宽为 1 MHz 的跳频信道。其采用恒定的频移键控调制，分为 2FSK 与 4FSK 两种。在 2FSK 方式下，传输速率可达 1 Mbit/s；在 4FSK 方式下，传输速率可达 2 Mbit/s。

在 Home RF 2.x 中，采用了宽带跳频（Wide Brand Frequency Hopping，WBFH）技术来增加跳频带宽，将频带从原来的 1 MHz 增加到 3 MHz～5 MHz，跳频的速率增加到了 75 跳/秒，其数据传输速率的峰值高达 10 Mbit/s，接近 IEEE 802.11b 标准的 11 Mbit/s，能基本满足未来家庭宽带通信的需求。就短距离无线连接技术而言，Home RF 通常被视为蓝牙和 IEEE 802.11b 协议的主要竞争对手，它们之间的技术性能参数比较如表 7-1 所示。

表 7-1　短距离无线连接技术性能参数比较

短距离无线连接技术	最大数据传输速率/（Mbit/s）	半径范围/m	成本	语音网络支持	数据网络支持
IEEE 802.11b 协议	11	50	适中	IP	TCP/IP
蓝牙	1	小于 10	适中	IP 和蜂窝技术	PPP
Home RF	10	50	适中	IP 和 PSTN	TCP/IP

9. 近场通信技术

近场通信技术（Near Field Communication，NFC）是由非接触式射频识别及互联互通技术整合而来，由于 NFC 设备的通信距离非常短，因此设备间只需要极低的电场或磁场强度，因此它对于使用的频带不受授权限制。NFC 进行数据交换有两种模式：主动模式和被动模式。在主动模式下，发起设备和目标设备都要产生自己的射频场进行通信。在被动模式下，启动近场通信的一台设备，也称为发起设备（主设备），在整个通信过程中提供射频场，选择一种传输速率将数据发送到另一台设备。另一台设备成为目标设备（从设备），不必产生射频场，而是使用负载调制技术，以相同的传输速率将数据传回发起设备。NFC 技术被广泛应用于移动手机中，用户凭借着配置了 NFC 支付功能的手机可以实现机场登机验证、大厦门禁钥匙、交通一卡通、信用卡和支付卡等功能。

7.8 连通性测试

Ping命令经常用来对TCP/IP网络的连通性进行诊断。Ping命令通过向计算机发送一个ICMP报文信息，并监听该报文的返回情况，来校验与远程计算机或本地计算机的通信是否正常。对于每个发送报文，返回时间越短，"Request time out"消息出现的次数越少，意味着本机与此计算机的连接稳定且速度快。Ping命令每等待1s就输出发送和接收的报文的数量，并比较每个发送报文和接收报文。如果接收的报文和发送的报文一致，则说明Ping命令成功；若在指定时间内没有收到应答报文，则Ping命令认为该计算机不可达，并显示"Request time out"消息。默认情况下，远程计算机每次发送4个应答报文，每个报文包含32字节的数据。

通过对Ping命令的数据进行分析，就能判断出计算机是否开启，网络是否存在配置、物理故障，或者这个报文从发送到接收需要多少时间。有时可以使用Ping命令来测试域名地址和IP地址间的映射是否正常，如果能够成功校验IP地址却不能成功校验域名地址，则说明域名解析存在问题。

下面通过一个具体的实例来介绍如何使用Ping命令测试用户计算机与Internet连接的情况。

步骤1：进行"循环测试"。可以验证网卡的硬件与TCP/IP驱动程序是否可以正常地收发TCP/IP数据包。在"命令提示符"窗口中输入"ping 127.0.0.1"命令并按Enter键，如果正常，则会出现图7-8所示的画面。

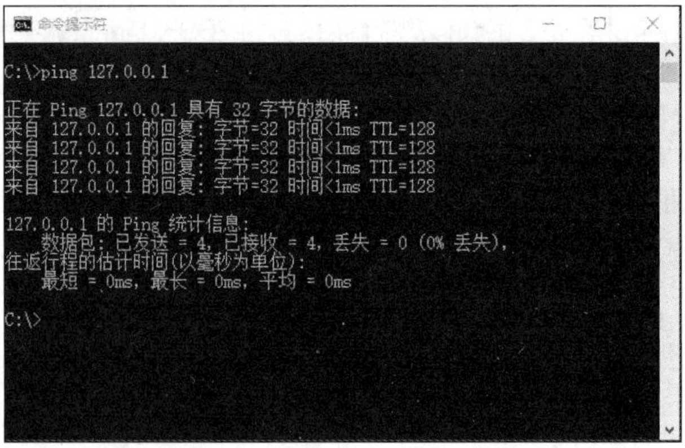

图7-8 "ping 127.0.0.1"命令

步骤2：使用Ping命令访问本机的IP地址（假设本机IP地址为192.168.1.3），以检查该IP地址是否与其他计算机的IP地址发生了冲突。如果没有发生冲突，则应该出现图7-9所示的画面。

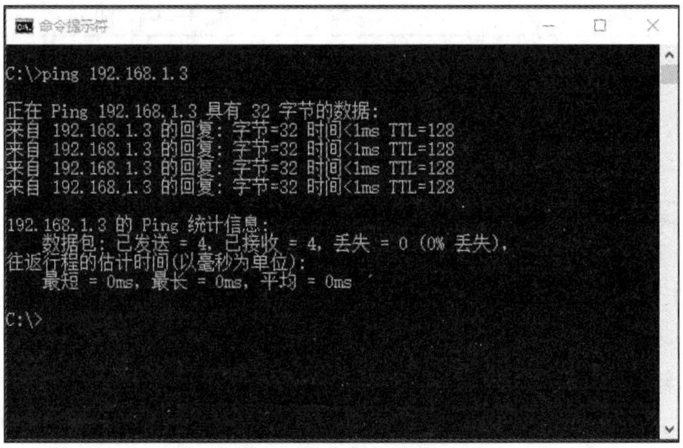

图7-9 IP地址没有发生冲突

如果网络中的其他计算机已经使用了这个 IP 地址，则在使用 Ping 命令访问这个 IP 地址时，会出现图 7-10 所示的画面。

图 7-10 IP 地址发生冲突

步骤 3： 使用 Ping 命令访问同一个网络中的其他计算机的 IP 地址，以便检查用户的计算机是否能够与同一个网络中的其他计算机进行通信。建议使用 Ping 命令访问默认网关的 IP 地址，因为这可以同时确认默认网关是否正常工作。如果正常，则出现图 7-9 所示的画面。

步骤 4： 使用 Ping 命令访问 Internet 中的其他计算机（如新浪服务器）。如果能够正常通信，则会出现图 7-11 所示的画面。这里假设用户已经正确地配置了默认网关和 DNS 服务器。

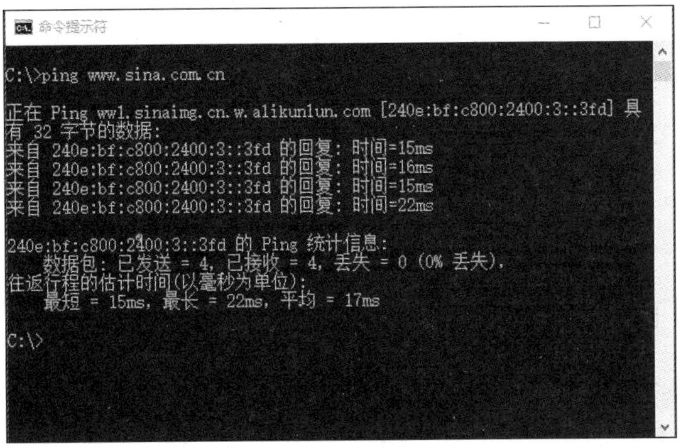

图 7-11 Ping 新浪服务器

事实上，只要步骤 4 成功，步骤 1～步骤 3 都可以省略。但是如果步骤 4 失败，则必须从步骤 3 返回，依次对前面的步骤进行测试，以便找出问题所在。

小结

（1）ISP 是用户接入 Internet 的入口点，它不仅可以为用户提供 Internet 接入服务和各类信息服务，还可以为申请接入 Internet 的用户计算机分配 IP 地址。ISP 的好坏将直接影响用户的上网连接质量。

（2）目前，Internet 的接入方式主要有以下两类：有线接入和无线接入。其中，有线接入包括基于传统 PSTN 的电话拨号接入、局域网接入、ADSL 接入和基于有线电视网的 Cable Modem 接入等；无线接入则包括 IEEE 802.11b、Wi-Fi、蓝牙等众多无线接入技术。在不久的将来，无线接入方式必将和有线接入方式一样成为人们上网的日常选择。

（3）采用 SLIP/PPP 电话拨号访问 Internet 是个人计算机联网的常用方式。SLIP 和 PPP 是在串行线路上实现 TCP/IP 连接的两种标准协议，目前一般采用 PPP 方式访问 Internet。Modem 是单机拨号上网不可缺少的硬件设备，其功能主要是实现数字信号和模拟信号的转换、硬件纠错、压缩等。

（4）利用以太网资源，在以太网上运行 PPP 来进行用户认证接入的方式称为 PPPoE。PPPoE 既保护了用户方的以太网资源，又完成了 ADSL 的接入要求，是目前 ADSL 接入方式中应用非常广泛的技术标准。

（5）通过专线接入 Internet 是局域网用户上网的一种常见方式，如 DDN、ISDN、X.25、帧中继等，其特点是速率快，用户可享受所有 Internet 业务，但通信线路的租借费用较高。

（6）ADSL 是一种通过标准双绞线给家庭、办公室用户提供宽带数据服务的广域网接入技术，它可在同一对用户双绞线上为大众用户提供各种宽带的数据业务，使用非常广泛。ADSL 的安装和使用十分简单，它的主要特点如下：可以与电话机共存于一条电话线，且打电话与数据服务互不干扰；能够在普通电话线上高速传输数据；提供了多种灵活的接入方式；可提供多种服务。

（7）Cable Modem 是一种利用有线电视网来提供数据传输的广域网接入技术，它充分发挥了有线电视网同轴电缆的宽带优势，利用一条电视信道就可以实现数据的高速传输。Cable Modem 技术具有广泛的应用前景，因为它具有以下优点：传输速率快、费用低；传输距离远；具有较强的抗干扰能力；安装、使用方便，接入 Internet 的过程可在瞬间完成，不需要拨号和登录等。Cable Modem 技术的缺点如下：用户共享带宽，当多用户接入 Internet 时可能会影响网速，降低网络的可靠性。

（8）WAP 是一个用于向无线终端进行智能化信息传输的无须授权、不依赖平台、全球化的开放标准，它定义了无线通信设备在访问 Internet 业务时必须遵循的标准和规范。WAP 支持当前流行的嵌入式操作系统和各类无线手持数字设备，包括移动电话、个人数字助理等。

（9）光纤接入技术是面向未来的光纤到路边（Fiber to the Curb，FTTC）和光纤到户（FTTH）的宽带网络接入技术。由于光纤具有容量大、保密性好、不怕干扰和雷击、重量轻等诸多优点，其正在迅速发展并得到广泛应用。光纤接入网是指采用光纤传输技术的接入网，泛指本地交换机或远端模块与用户之间采用光纤通信或部分采用光纤通信的系统。光纤接入网不是传统的光纤传输系统，而是一种针对接入网环境所设计的光纤传输系统，主要具有带宽大、网络的可升级性能好、双向传输、接入简单、费用少的特点。

（10）当今社会，无线网络已经成为人们生活中的一部分，它与 Internet 的结合更是具有广阔的发展前景。虽然现在的无线网络技术仍处于不成熟阶段，还有很多技术问题需要解决，但可以肯定的是，在不久的将来，无线 Internet 接入技术必将和有线接入方式一样深入千家万户。当前，国内、国际上流行的一些无线接入技术包括 GSM 接入技术、CDMA 接入技术、GPRS 接入技术、CDPD 接入技术、DBS 接入技术、无线红外光传输技术、蓝牙技术和 Home RF 技术等，它们在技术特点上各有优劣，用户可根据实际需要进行选择。

习题 7

一、填空题

1. ISP 一般具有 3 个方面的功能，分别是＿＿＿＿＿＿＿＿＿＿、＿＿＿＿＿＿＿＿＿＿和＿＿＿＿＿＿＿＿＿＿。

2. 接入 Internet 的主要方式有＿＿＿＿＿＿＿、＿＿＿＿＿＿＿、＿＿＿＿＿＿＿、＿＿＿＿＿＿＿、＿＿＿＿＿＿＿和无线接入等。

3. Socket，中文名为"套接字"，原是 UNIX 环境下的一种通信机制，它是在 TCP/IP 应用程序和底层的通信驱动程序之间运行的＿＿＿＿＿＿＿。

4. Modem 的基本功能包括＿＿＿＿＿＿＿和＿＿＿＿＿＿＿。

5. ADSL 的中文全称是＿＿＿＿＿＿＿＿＿＿。

6. 根据接入网室外传输设施中是否含有源设备，光纤接入网可分为＿＿＿＿＿＿＿＿＿＿＿＿＿
和＿＿＿＿＿＿＿＿。

7. 光纤接入网具有＿＿＿＿＿＿＿＿、＿＿＿＿＿＿＿、＿＿＿＿＿＿＿和＿＿＿＿＿＿
等特点。

8. ＿＿＿＿＿＿＿＿＿＿是一个用于向无线终端进行智能化信息传输的无须授权、不依赖平台、全球化的开放标准，它定义了无线通信设备在访问 Internet 业务时必须遵循的标准和规范。

9. 蓝牙技术采用的标准是＿＿＿＿＿＿＿＿，工作频带为＿＿＿＿＿＿＿＿。

10. ＿＿＿＿＿＿＿＿＿命令经常用来对 TCP/IP 网络的连通性进行诊断，它通过向计算机发送一个 ICMP 报文信息，并监听该报文的返回情况，来校验与远程计算机或本地计算机的通信是否正常。

11. ＿＿＿＿＿＿＿＿＿命令可查看本机的网络连接状态。

二、问答题

1. 比较 SLIP 和 PPP 的特点。

2. 局域网接入 Internet 的设备是什么？画出局域网通过 DDN 接入 Internet 的结构图。

3. 什么是 ADSL？使用普通 Modem 或 ADSL 接入 Internet 的区别是什么？

4. WAP 的协议栈分为哪几层？各层分别具有什么作用？

5. 什么是无线接入技术？它主要应用在什么情况下？

6. 当今流行的无线接入技术有哪些？各有什么特点？

7. 试阐述使用 Ping 命令测试用户计算机与 Internet 连接情况的基本步骤。

8. 一个网络的 DNS 服务器 IP 地址为 10.62.64.5，网关 IP 地址为 10.62.64.253。在该网络的外部有一台主机，IP 地址为 166.111.4.100，域名为 www.tsinghua.edu.cn。现在该网络内部安装了一台主机，网卡 IP 地址是 10.62.64.179。请使用 Ping 命令来验证网络状态，并根据结果分析情况。

（1）网络适配器（网卡）是否正常工作？

（2）网络线路是否正确？

（3）网络 DNS 是否正确？

（4）网络网关是否正确？

9. 试述查找网卡物理地址的基本方法。

第8章
网络操作系统

08

计算机操作系统是比较靠近硬件的底层软件。操作系统是控制和管理计算机软件及硬件资源、合理地组织计算机工作流程并方便用户使用的程序集合，是计算机和用户之间的接口。

网络操作系统（Network Operating System，NOS）是网络用户和计算机网络的接口，用于管理计算机的软件和硬件资源，如网卡、网络打印机、大容量外存等，为用户提供文件共享、打印共享等各种网络服务和电子邮件、WWW等专项服务。早期的网络操作系统功能比较简单，仅提供了基本的数据通信、文件服务和打印服务，以及一些安全性特征。但随着网络的不断发展，现代网络操作系统的功能不断扩展，性能也大幅度提高，出现了多种具有代表性的高性能网络操作系统。如今的网络操作系统市场可谓"百花齐放"。

本章的学习目标如下。

- 掌握网络操作系统的定义、基本特点和基本功能。
- 了解网络操作系统的发展历程。
- 了解Windows Server 2019的主要技术特点。
- 了解NetWare的主要技术特点。
- 了解UNIX的主要技术特点。
- 了解Linux的主要技术特点。

//// 8.1 网络操作系统概述

网络操作系统是向网络计算机提供服务的特殊的操作系统，它是网络的"心脏"和"灵魂"。网络操作系统与运行在工作站上的单机操作系统提供的服务类型不同而有明显差别。一般情况下，单机操作系统的功能是让用户与系统及在此操作系统中运行的各种应用之间有最佳的交互；网络操作系统则以使网络相关特性达到最佳为目的，如共享数据文件、软件应用，以及共享硬盘、打印机、Modem等。

本节将详细介绍网络操作系统的基本概念、基本服务及发展历程等相关内容。

8.1.1 网络操作系统的基本概念

1. 网络操作系统的定义

操作系统是计算机软件系统中的重要组成部分，是计算机与用户之间的接口。一台计算机的操作系统必须能实现以下两个基本功能。

V8-1 网络操作
系统概述

（1）合理地组织计算机的工作流程，有效地管理系统的各类软件、硬件资源。

（2）为用户提供各种简便、有效的访问本机资源的手段。

为了实现上述功能，程序设计员需要在操作系统中建立各种进程，编制不同的功能模块，按层次结构将功能模块有机地组织起来，以完成处理机管理、作业管理、存储管理、文件管理和设备管理等任务。但是，单机操作系统只能为本地用户使用本机资源提供服务，不能满足开放网络环境的要求。如果用户的计算机已连接到一个局域网中，但是没有安装网络操作系统，那么这台计算机也不可能提供任何网络服务功能。对于联网的计算机，其操作系统不仅要为使用本地资源和网络资源的用户提供服务，还要为远程网络用户提供资源服务。因此网络操作系统的基本任务是屏蔽本地资源与网络资源的差异性，为用户提供各种基本的网络服务功能，完成网络共享系统资源的管理，并提供网络操作系统的 E-mail 服务等。

通常将网络操作系统定义为使网络中各计算机能够方便而有效地共享网络资源，并为网络用户提供所需的各种服务的软件与协议的集合。

网络操作系统与一般单机操作系统的不同在于其所提供的服务。一般来说，网络操作系统偏重对"与网络活动相关的特性"加以优化，即经过网络来管理诸如共享数据文件、软件应用和外部设备之类的资源。单机操作系统则偏重优化用户与系统的接口，以及在其中运行的各种应用程序。因此，网络操作系统实质上是管理整个网络资源的一种程序。

网络操作系统管理的资源有工作站访问的文件系统、在网络操作系统中运行的各种共享应用程序、共享网络设备的输入和输出信息、网络操作系统进程间的 CPU 调度等。

2. 网络操作系统的特点

网络操作系统除具有一般操作系统的特点外，还具有自己的特点。典型的网络操作系统一般具有以下特点。

（1）与硬件系统无关。网络操作系统可以在不同的网络硬件上运行。以网络中常用的联网设备网卡来说，一般网络操作系统支持多种类型的网卡，如 D-Link、3Com、Intel，以及其他厂家的以太网卡或令牌环网卡等。不同的硬件设备可以构成不同的拓扑结构，如星形、环形、总线或网状，网络操作系统应独立于网络的拓扑结构。然而，任何一种网络操作系统都不可能支持所有的联网硬件，因此对联网硬件的支持能力成为选择网络操作系统时需要考虑的一个重要因素。

（2）支持多用户环境。网络操作系统应能同时支持多个用户对网络的访问。在多用户环境下，网络操作系统给应用程序和数据文件提供了足够的、标准化的保护。网络操作系统能够支持多用户共享网络资源，包括磁盘处理、打印机处理、网络通信处理等面向用户的处理程序和多用户的系统核心调度程序。

（3）支持网络管理。支持网络实用程序及其管理功能，如系统备份、安全管理、容错、性能控制等。

（4）支持安全和存取控制。对用户资源进行控制，并提供控制用户对网络的访问方式。

（5）用户界面丰富。网络操作系统提供了丰富的用户界面功能，具有多种网络控制方式。

（6）支持路由连接。为了提高网络的互联性，一个功能齐全的网络操作系统可以通过网桥、路由器等网络互联设备将具有相同或不同类型的网卡及不同协议与不同拓扑结构的网络（包括广域网）连接起来。

（7）提供目录服务。这是一种以单一逻辑的方式访问可能位于全球范围内的所有网络服务和资源的技术。无论用户身在何处，只需通过一次登录就可以访问网络服务和资源。例如，NetWare 提供的 Novell 目录服务（Novell Directory Service，NDS）等。

（8）具有互操作性。这是网络工业的一种潮流，允许多种操作系统和厂商的产品共享相同的网络电缆系统，并且彼此可以连通访问。例如，Windows NT Server 中提供的 NetWare 网关可以方便地访问 NetWare 的服务器。

8.1.2　网络操作系统的基本服务

　　不同的网络操作系统可提供的服务不尽相同，一般来说，网络操作系统提供以下几项基本服务。

　　（1）文件服务。文件服务是网络操作系统操作中非常重要、非常基础的网络服务。文件服务器以集中的方式管理共享文件，为网络提供完整的数据、文件、目录服务。用户可以根据所规定的权限对文件进行建立、打开、删除、读写等操作。

　　（2）数据库服务（Database Service）。随着局域网应用的深入，用户对网络数据库服务的需求日益增加。客户机/服务器模式以数据库管理系统（Database Management System，DBMS）为后援，将数据库操作与应用程序分开，分别由服务器端数据库和客户端工作站来执行。用户可以使用 SQL 向数据库服务器发出查询请求，由数据库服务器完成查询后再将结果传输给用户。客户机/服务器模式优化了网络操作系统的协同操作性能，有效地增强了网络操作系统的服务功能。

　　（3）打印服务（Print Service）。打印服务也是网络操作系统所提供的基本网络服务功能。共享打印服务可以通过设置专门的打印服务器来实现，打印服务器也可由文件服务器或工作站兼任。局域网中可以设置一台或多台共享打印机，向网络用户提供远程共享打印服务。打印服务主要实现对用户打印请求的接收、打印格式的说明、打印机的配置、打印队列的管理等功能。

　　（4）信息服务（Message Service）。局域网不仅可以通过存储转发方式或对等的点对点通信方式向用户提供电子邮件服务，还可以提供文本文件、二进制数据文件的传输服务，以及图像、视频、语音等数据的同步传输服务。

　　（5）通信服务（Communication Service）。网络操作系统提供的通信服务主要有工作站与工作站之间的对等通信服务、工作站与主机之间的通信服务等。

　　（6）分布式服务（Distributed Service）。网络操作系统的分布式服务功能将不同地理位置的网络中的资源组织在一个全局性的、可复制的分布式数据库中，网络中的多台服务器均有该数据库的副本。用户在一个工作站上注册便可与多台服务器连接。服务器资源的存放位置对用户来说是透明的，用户可以通过简单的操作去访问大型局域网中的所有资源。

　　（7）网络管理服务（Network Management Service）。网络操作系统提供了丰富的网络管理服务工具，这些工具可以提供网络性能分析、网络状态监控、存储管理等多种管理服务。

8.1.3　网络操作系统的发展历程

1．网络操作系统的演变过程

纵观多年来的发展，网络操作系统经历了由对等结构向非对等结构的演变，如图 8-1 所示。

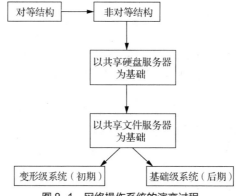

图 8-1　网络操作系统的演变过程

（1）对等结构网络操作系统。对等结构网络操作系统具有以下特点：所有的联网计算机地位平等，每个计算机上安装的网络操作系统都相同，联网计算机上的资源可共享。各联网计算机均可以前、后台方式工作，前台为本地用户提供服务，后台为网络中的其他用户提供服务。对等结构网络操作系统可以提供硬盘共享、打印机共享、CPU 共享、屏幕共享和电子邮件收发等服务。

对等结构网络操作系统的优点是结构简单，网络中任意两个节点均可直接通信；缺点是每台联网计算机既是服务器又是工作站，节点要承担较重的通信管理、网络资源管理和网络服务管理等工作。对早期资源较少、处理能力有限的微型计算机来说，要同时承担多项管理任务，势必会降低网络的整体性能，因此，对等结构网络操作系统所支持的网络系统一般规模较小。

（2）非对等结构网络操作系统。非对等结构网络操作系统的设计思路是将网络节点分为网络服务器和网络工作站两类。网络服务器采用高配置、高性能的计算机，以集中的方式管理网络中的共享资源，为网络工作站提供服务。网络工作站一般为配置较低的计算机，用于为本地用户和网络用户提供资源服务。

非对等结构网络操作系统的软件也分为两部分：一部分运行在服务器上，另一部分运行在工作站上。安装、运行在服务器上的软件是网络操作系统的核心部分，其性能直接决定了网络服务功能的强弱。

（3）以共享硬盘服务器为基础的网络操作系统。早期的非对等结构网络操作系统以共享硬盘服务器为基础，向网络工作站用户提供共享硬盘、共享打印机、收发电子邮件、通信等基本服务功能。这种系统效率低、安全性差，使用也不方便。为了克服这些缺点，人们提出了以共享文件服务器为基础的网络操作系统的设计思想。

（4）以共享文件服务器为基础的网络操作系统。以共享文件服务器为基础的网络操作系统由文件服务器软件和工作站软件两部分组成。文件服务器具有分时系统文件管理的全部功能，并可向网络用户提供完善的数据、文件和目录服务。

初期开发的以共享文件服务器为基础的网络操作系统属于变形级系统。变形级系统是在原有的单机操作系统的基础上，通过增加网络服务功能而产生的。在变形级系统中，作为文件服务器的计算机安装了基于磁盘操作系统（Disk Operating System，DOS）的文件服务器软件。对硬盘的存取控制仍通过 DOS 的基本输入/输出系统（Basic Input/Output System，BIOS）进行，因此在服务器进行大量的读/写操作时会造成网络性能的下降。

后期开发的网络操作系统都属于基础级系统。基础级系统是以计算机硬件为基础，根据网络服务的特殊要求，直接利用计算机硬件与少量软件资源专门设计的网络操作系统。基础级系统具有优越的网络性能，能提供很强的网络服务功能，目前大多数局域网操作系统采用了这类系统。

2. 目前常见的网络操作系统

随着计算机网络的飞速发展，市场上出现了多种网络操作系统，目前常见的网络操作系统主要包括 Windows NT Server、Windows Server 2019、NetWare、UNIX，以及发展迅速的 Linux 等。这些网络操作系统具有许多共同点，同时各具特色，被广泛地应用于各类网络环境，并都占有一定的市场份额。网络建设者应熟悉这几种网络操作系统的特征及优缺点，并应根据实际的应用情况及网络使用者的水平层次来选择合适的网络操作系统。后面几节将对常用的几种网络操作系统分别进行详细介绍。

8.2 Windows NT Server

Windows NT 是 Microsoft 公司于 1993 年推出的面向工作站、网络服务器和大型计算机的网络操作系统，NT 即"新技术"（New Technology）。Windows NT 与通信服务紧密集成，基于

OS/2 NT 基础编制。OS/2 曾由 Microsoft 和 IBM 公司联合研制，分为 Microsoft 的 Microsoft OS/2 NT 与 IBM 的 IBM OS/2。后来，IBM 继续向市场提供先前的 OS/2 版本，Microsoft 则把自己的 OS/2 NT 改为 Windows NT，即第一代的 Windows NT 3.1。

下面简要介绍 Windows NT Server 的发展及特点。

8.2.1　Windows NT Server 的发展

Microsoft 公司开发 Windows 3.1 和 Windows 3.2 操作系统的目的是实现 DOS 功能的图形化。但是，这两种产品都没能摆脱 DOS 的束缚。用户在进入 Windows 界面之前必须先进入 DOS，即要求用户通过 DOS 来管理 Windows。因此，严格地说，Windows 3.1 和 Windows 3.2 都不是操作系统。

V8-2　Windows NT Server

直到 Microsoft 公司推出了 Windows NT 3.1 操作系统，这种状况才得到了改善。Windows NT 3.1 虽摆脱了 DOS 的束缚，并具有很强的联网功能，但对系统资源要求过高，且网络功能明显不足。针对 Windows NT 3.1 操作系统的缺点，Microsoft 公司在 1996 年又推出了 Windows NT 4.0。该系统不仅降低了对微机配置的要求，还在网络性能、网络安全性与网络管理等方面有了质的飞跃，受到了网络用户的欢迎，并在短时期内得到了广泛的应用。至此，Windows NT 成为 Microsoft 公司极具代表性的网络操作系统。

Windows NT 提供了两套软件包，分别是 Windows NT Workstation 和 Windows NT Server。Windows NT Workstation 是 Windows NT 操作系统的工作站版本，是功能非常强大的标准 32 位桌面操作系统，不仅高效、易用，还与 PC 兼容，可以满足用户的各种需要。

Windows NT Server 则是 Windows NT 的服务器版本，Windows NT Server 为重要的商务应用程序提供了一切必要的服务，包括高效可靠的数据库、IBM 系统网络体系结构（IBM Systems Network Architecture，IBM SNA）主机连接、消息和系统管理服务等。通过 Microsoft Excel 可直接访问主机应用数据，把易于管理的文件和打印系统加入 UNIX 环境，或者在 NetWare 网络中接入一个重要的服务器。这样，就可以在不必重建现有系统和更新现有工作的情况下，将一项新技术顺利地集成到 Windows NT Server 的结构中。

8.2.2　Windows NT Server 的特点

Windows NT Server 是 Microsoft Windows 操作系统系列中的高级产品，是一套功能强大、可靠性高并可进行扩充的网络操作系统。该操作系统适用于目前大多数计算机，除了符合客户机/服务器结构的计算机的要求外，还结合了 Windows 平台的许多优点，如易于使用、可靠性高、应用程序集成化等。总的来说，Windows NT Server 是非常理想的操作系统，其特点主要如下。

（1）内置的网络功能。通常，网络操作系统会在传统的操作系统之上附加网络软件，但是 Windows NT Server 把网络功能作为 Windows NT Server 中输入/输出系统的一部分。因此，与其他操作系统相比，Windows NT Server 在结构上显得非常紧凑。

（2）内置的管理。网络管理员可以通过使用 Windows NT Server 内部的安全保密机制来完成对每个文件设置不同的访问权限和规定用户对服务器的操作权限等任务。

（3）友好的用户界面。Windows NT Server 采用全图形化的用户界面，用户可以方便地通过鼠标进行操作。

（4）组网简单、管理方便。利用 Windows NT Server 来组建和管理局域网非常简单，基本上不需要学习太多的网络知识，很适合普通用户使用。

（5）开放的体系结构。Windows NT Server 支持网络驱动程序接口规范（Network Driver Interface Specification，NDIS）和传输驱动程序接口（Transport Driver Interface，TDI），允许用户同时使用不同的网络协议。Windows NT Server 中内置了以下 4 种标准网络协议。

① TCP/IP。

② Microsoft MWLink 协议。

③ NetBIOS 的扩展用户接口（NetBIOS Extended User Interface，NetBEUI）。

④ 数据链路控制协议。

8.3　Windows Server 2019

Windows Server 2019 是 Microsoft 公司研发的新一代服务器操作系统，于 2018 年 10 月 2 日发布，10 月 25 日正式商用。下面对该操作系统的主要技术创新、版本及特点进行简要介绍。

8.3.1　Windows Server 2019 简介

1. Windows Server 2019 的主要技术创新

相较于之前的 Windows Server 版本，Windows Server 2019 主要围绕混合云、安全性、应用程序平台、超融合基础设施（Hyper Converged Infrastructure，HCI）4 个关键主题实现了很多创新。

在混合云方面，Windows Server 2019 中加入了混合云场景，可以通过 Project Honolulu 将现有的 Windows Server 部署连接到 Azure 服务，轻松地为用户提供文件备份、文件同步、灾难恢复等服务。

在安全性方面，Windows Server 2019 将 Windows Defender 高级威胁防护嵌入到了操作系统中，该功能可提供预防性保护、检测攻击和零日漏洞利用等方面的功能。

在应用程序平台方面，Windows Server 2019 进一步对 Windows Server 容器和 Linux 上的 Windows 子系统进行了改进。

此外，Windows Server 2019 还引入了超融合基础设施，通过增加规模、性能和可靠性来构建此平台。

2. Windows Server 2019 的版本

Windows Server 2019 发行了多种版本，以满足各种规模的企业对服务器不断变化的需求。其 3 个主要的许可版本如下。

（1）Windows Server 2019 Datacenter Edition（数据中心版）。该版本适用于高虚拟化数据中心和云环境。

（2）Windows Server 2019 Standard Edition（标准版）。该版本适用于物理或最低限度虚拟化环境。

（3）Windows Server 2019 Essentials Edition（基本版）。该版本适用于最多 25 个用户或最多拥有 50 台设备的小型企业。

8.3.2　Windows Server 2019 的特点

Windows Server 2019 的主要特点如下。

（1）更简单、高效的项目管理工具。随着 Windows Server 2019 的发布，Microsoft 公司正式将项目服务器管理工具命名为 Honolulu。Honolulu 实际上是一个中央控制台，可以十分方便地进行包括性能监控、服务器配置和设置任务等常见操作，以及管理在服务器系统上运行的 Windows 服务。

（2）安全性方面的改善。Windows Server 2019 中的安全保护方法主要包括保护、检测和响应 3 个方面，其集成的 Windows Defender 不仅可以发现和解决安全漏洞，还可以防止主机入侵，阻止恶意软件攻击。

（3）更小、更高效的容器。Windows Server 2019 有一个更小、更精简的 Server Core 镜像，它可以将虚拟机的开销减少 50%～80%，从而有效降低成本并提高投资效率。

（4）更加完善的 Linux 子系统。Windows Server 2019 包括一个针对 Linux 的完整子系统，这大大扩展了 Windows 服务器上 Linux 操作系统的基本虚拟机操作，并为网络、文件系统存储和安全控制提供了更深层次的集成。

8.4　NetWare 操作系统

Novell 公司是美国著名的网络公司。20 世纪 80 年代初，Novell 公司提出了文件服务器的概念，并开发出了一种高性能的局域网——Novell 网。1983 年，Novell 公司推出了 NetWare 操作系统。NetWare 不仅是 Novell 网的操作系统，还是 Novell 网的核心，其在 1989 年被确定为网络工业标准，还被国际组织选定为数据库的标准环境。

8.4.1　NetWare 操作系统的发展与组成

1. NetWare 操作系统的发展

NetWare 操作系统的发展主要经历了 4 个阶段，推出了多种 NetWare 版本，这 4 个阶段是 NetWare 68 阶段、NetWare 86 阶段、NetWare 286 阶段和 NetWare 386 阶段。每个阶段的 NetWare 操作系统都出现了不同的版本，包括 NetWare ELS、NetWare Advanced 2.15、NetWare SFT 2.15、NetWare 386 v3.0/v3.1/ v 3.11、NetWare SFT Ⅲ、NetWare 4.xx、IntranetWare 与 NetWare 5.0/5.1 等。其中，SFT 与 Advanced 的主要区别是 SFT 采用了系统容错（System Fault Tolerance，SFT）技术，提高了系统的可靠性。ELS 是一种浓缩的小规模系统。

在整个产品系列中，广泛使用的是 NetWare 386。Netware 386 是大型的微机局域网操作系统。1989 年推出的第 7 代产品 NetWare 386 v3.0 具有很强的功能，是超级局域网操作系统。Netware 386 v3.0 在存储容量、运行速度等方面甚至超过了小型机，有极强的扩充能力，并能支持 MS-DOS、OS/2、UNIX 和 Macintosh 等多种操作系统，使异型机联网变得更简单。

NetWare 4.xx 是 Novell 公司在 1994 年发布的系列产品。在 NetWare 4.xx 中，NetWare 4.11 的使用非常广泛。NetWare 4.11 不仅具有 NetWare 3.xx 的全部功能，还增加了分布式目录服务功能，是集分布式目录、集成通信、多协议路由选择、网络管理、文件服务和打印服务为一体的高性能网络操作系统。NetWare 4.11 支持分布式网络应用环境，可以把分布在不同位置的多个文件服务器集成为一个网络，对网络资源进行统一管理，为用户提供完善的分布式服务。为了满足 Internet 与 Intranet 的应用需要，Novell 公司还推出了 IntranetWare 操作系统，其内核仍然是 NetWare 4.11。

2000 年，Novell 公司推出了 NetWare 5.0，其是在 NetWare 4.11 与 IntranetWare 操作系统的多个版本的基础上发展而来的。在技术上，NetWare 5.0 已经相当成熟，已成为 Novell 公司的主流产品。与其他同类产品相比，NetWare 5.0 具有以下特点：具有目录的基础设施软件，可帮助用户将其业务顺利扩展到 Internet；为用户提供了 Web 应用程序、管理和资源，其中包括浏览器向服务器的接入，以及 Novell 的新产品 NDS Directory；为公司用户提供了将自身业务和网络扩展到网上电子商务的基础设施等。

2. NetWare 操作系统的组成

NetWare 操作系统以文件服务器为中心，主要由 3 部分组成：文件服务器、工作站软件与低层通信协议。

（1）文件服务器。文件服务器实现了 NetWare 操作系统的核心协议（NetWare Core Protocol，NCP），并提供了 NetWare 操作系统的所有核心服务。文件服务器主要负责对网络工作站中的网络服务请求进行处理，提供了运行软件和维护网络操作系统所需要的基本功能，如进程调度、内存管理等。文件服务器可以完成以下网络服务和管理任务。

① 进程管理。

② 文件系统管理。

③ 硬盘管理。

④ 服务器与工作站的连接管理。

⑤ 网络监控。

⑥ 安全保密管理。

另外，文件服务器还提供了文件与打印服务、数据库服务、通信服务、报文服务等。

（2）工作站软件。工作站软件是指在工作站上运行的能把工作站与网络连接起来的程序系统。工作站软件的任务主要是确定来自程序或用户的请求是工作站请求还是网络请求。如果是工作站请求，则将该请求传输给文件服务器；如果是网络请求，则完成以下工作。

① 将该请求转换为适当的格式。

② 把该请求与路由信息和其他管理信息封装在一起，形成一个数据包。

③ 把该数据包传输给网卡。

④ 验证从网卡接收的数据包，如果发生错误，则要求重新发送。

工作站软件与工作站中的操作系统（如 UNIX、Macintosh、OS/2 等）一起驻留在用户工作站中，建立起用户的应用环境。用户可以直接使用工作站软件的相关指令（如 IPX.COM、LOGIN.EXE 等）进入网络，并获得网络服务。此外，可以利用工作站环境下提供的通信协议进行网络中的信息发送请求、应答和通信连接等。

（3）低层通信协议。服务器与工作站之间的连接是通过网卡、通信软件和传输介质来实现的。NetWare 操作系统的低层通信协议包含在通信软件之中，主要为网络服务器与工作站、工作站与工作站之间建立通信连接时提供网络服务。

8.4.2　NetWare 操作系统的特点

1. 支持多种用户类型

在 NetWare 网络中，网络用户可以分为以下 4 类。

（1）网络管理员。网络管理员对网络的运行状态与系统安全负有重要责任。网络管理员负责创建和维护网络文件的目录结构、建立用户与用户组、设置用户权限、设置目录文件权限与目录文件属性，以及完成网络安全保密、文件备份、网络维护与打印队列管理等任务。

（2）组管理员。对于一个大型的 NetWare 网络操作系统，为了减轻网络管理员的工作负担，专门增加了组管理员。组管理员可以管理自己创建的用户与用户组，以及管理用户与用户组使用的网络资源。

（3）网络操作员。网络操作员是指具有一定特权的用户，通常包括 FCONSOLE（文件服务器控制台命令）操作员、队列操作员、控制台操作员等。

（4）普通网络用户。普通网络用户简称为用户。用户是指由网络管理员或有相应权限的用户创建，并对网络系统有一定访问权限的网络使用者。每个用户都有自己的用户名、口令及各种访问权限，用户信息与用户访问权限由网络管理员设定。

2. 强有力的文件系统

在一个 NetWare 网络中，必须有一个或一个以上的文件服务器。文件服务器对网络文件访问进行集中、高效的管理。用户文件与应用程序存储在文件服务器的硬盘中，以便其他用户访问。为了能方便地组织文件的存储、查询、安全保护，NetWare 文件系统通过目录文件结构组织文件。用户在 NetWare 环境中共享文件资源时，所面对的就是这样一种文件系统结构，即文件服务器、卷、目录、子目录、文件的层次结构。每个文件服务器可以被分为多个卷；每个卷可以被分为多个目录；每个目录可以被分为多个子目录；每个子目录可以拥有自己的子目录，且每个子目录可以包含多个文件。

3. 先进的硬盘通道实名技术

NetWare 文件系统的所有目录与文件都建立在服务器的硬盘中。在网络环境下，硬盘通道的工作十分繁重，这是因为硬盘文件的读写是文件服务的基本操作。由于服务器 CPU 与硬盘通道两者的操作是异步的，因此当 CPU 在执行其他任务的同时必须保持硬盘的连续操作。为了做到这一点，NetWare 文件系统采用了多路硬盘处理技术和高速缓冲算法来加快硬盘通道的访问速度。

当多个用户进程访问硬盘时，并不是按照请求访问进程到达的时间先后顺序来进行访问的，而是按所需访问的物理位置和磁头径向运动的方向来进行访问的。只有当磁头运动在同一方向上且没有请求时，磁头才反向，这样减少了磁头的反向次数和移动距离，从而有效地提高了多个站点访问服务器时硬盘的响应速度。另外，NetWare 文件系统采用了 Cache 目录、Hash 目录、Cache 文件、后台写盘、多硬盘通道等硬盘访问机制，从而大大提高了硬盘通道总的吞吐量和文件服务器的工作效率。

4. 极强的安全性

NetWare 网络操作系统的安全性保密措施建立在基本的层次上，而不是添加在操作系统的应用程序中。由于 NetWare 操作系统使用特殊的文件结构，因此即使是与服务器在物理上连接的用户，也不能通过 DOS、UNIX 或其他操作系统存取 NetWare 操作系统的网络文件。

NetWare 操作系统提供了 4 级安全保密措施：注册安全性、权限安全性、属性安全性和文件服务器安全性。

（1）注册安全性。需要注册的用户必须在注册时提供用户名和口令。通过系统设置可以限定口令的变更时间，以防止非法用户侵入。

（2）权限安全性。通过将文件服务器中的目录和文件的存取权限授予指定的用户，从而确保了其余入网用户无法对目录和文件进行非法存取。

（3）属性安全性。属性安全性是指给每个目录和文件指定适当的性质。

（4）文件服务器安全性。文件服务器操作员或系统管理员可以通过封锁控制台防止文件服务器的非法侵入。

依靠上述安全性保密措施，可以全面保证网络系统不被非法侵入。其中，用户的口令是以加密的格式存放在网络硬盘中的。口令从工作站传输到服务器时，线缆上的口令也是加密的，从而避免了口令在线缆上被搭线窃取的可能。此外，网络管理员可以限制某个用户登录的时间、地点、日期，对非法入侵以加以检测和封锁，及时提醒网络管理员防范任何未经授权的用户访问网络。

5. 高度包容的 SFT 技术

NetWare 操作系统的 SFT 技术是非常典型的，主要有以下 3 种。

（1）三级容错机制。NetWare 第一级系统容错（SFT I）主要是针对硬盘表面磁介质可能出现的故障而设计的，用来防止硬盘表面磁介质因频繁进行读写操作而损坏造成的数据丢失，其采用了双重目录与文件分配表、磁盘热修复与写后读验证等措施。NetWare 第二级系统容错（SFT Ⅱ）主要是针对硬盘或硬盘通道故障而设计的，用来防止硬盘或硬盘通道故障造成的数据丢失，包括硬盘镜像与硬盘双工功能。NetWare 第三级系统容错（SFT Ⅲ）提供了文件服务器镜像（File Server Mirroring）功能。

（2）事务跟踪系统。NetWare 的事务跟踪系统（Transaction Tracking System，TTS）用来防止在写数据库记录的过程中因系统故障而造成数据丢失。TTS 将系统对数据库的更新过程作为一个完整的"事务"来处理，一个"事务"要么全部完成，要么返回初始状态。这样可以避免在数据库文件更新过程中因为系统软件、硬件、电源供电等发生意外事故而造成数据不完整。

（3）不间断电源（Uninterruptible Power Supply，UPS）监控。SFT 与 TTS 考虑了硬盘表面磁介质、硬盘、硬盘通道、文件服务器与数据库文件更新过程中的系统容错问题，以及网络设备供电系统的保障问题。为了防止网络供电系统因电压波动或突然中断而影响文件服务器及关键网络设备的工作，NetWare 操作系统提供了 UPS 监控功能。

6. 开放式的系统体系结构

NetWare 操作系统设计的重要原则就是开放式系统体系结构，具体体现在以下几个方面。

（1）支持多种计算机操作系统，如 MS-DOS、OS/2、Macintosh、UNIX 等操作系统。

（2）利用流可支持多种网络通信协议，如 IPX/SPX、NetBEUI、TCP/IP 等协议。

（3）支持不同类型的硬盘。

（4）支持多种网卡。

（5）采用可安装模块。用户可以根据需要安装自己所需的模块。

8.5 UNIX 操作系统

UNIX 是 20 世纪 70 年代初出现的操作系统，其除了作为网络操作系统之外，还可以作为单机操作系统使用。UNIX 作为一种开发平台和台式机操作系统，目前仍被广泛应用于工程应用和科学计算等领域。下面将对 UNIX 的发展历程和特点进行介绍。

V8-3　UNIX 操作
系统

8.5.1 UNIX 操作系统的发展历程

在 1969—1970 年，美国贝尔实验室的丹尼斯·里奇（Dennis Ritchie）和肯·汤普森（Ken Thompson）首先在 PDP-7（一款 18 位小型计算机）机器上实现了 UNIX 操作系统，最初的 UNIX 版本是用汇编语言编写的。不久，肯·汤普森用一种较高级的 B 语言重写了该系统。1973 年，丹尼斯·里奇用 C 语言对 UNIX 操作系统进行了重写。1976 年，贝尔实验室正式公开发表了 UNIX V6，开始向美国各大学及研究机构颁发使用 UNIX 操作系统的许可证并提供了源码，以鼓励他们对 UNIX 操作系统进行改进，这也推动了 UNIX 操作系统的迅速发展。

1978 年，贝尔实验室又发表了 UNIX V7，在 PDP 11/70 上运行。1982 年和 1983 年，贝尔实验室先后发布了 UNIX System Ⅲ 和 UNIX System V，1984 年推出了 UNIX System V2.0，1987 年发布了 UNIX 3.0，分别简称为 UNIX SVR 2 和 UNIX SVR 3，1989 年发布了 UNIX SVR 4。

在 UNIX 不断发展和普及的过程中，许多大公司将其移植到了自己生产的小型机和工作站上。例如，DEC 公司开发的 Ultrix OS 被配置在 DEC 公司的小型机和工作站上。随着微机性能的提高，UNIX 操作系统又被移植到了微机上。在 1980 年前后，UNIX V7 被移植到了基于 Motorola 公司的 MC68000 芯片的微机上，后来又继续用在以 MC68020、MC68030、MC68040 芯片为基础的微机或工作站上。与此同时，Microsoft 公司也推出了用在 Intel 8088 微机上的 UNIX 版本，称为 Xenix。1986 年，Microsoft 公司又发布了 Xenix 系统 V，SCO 公司也公布了 SCO Xcnix 系统 V 版本，使 UNIX 操作系统可以在 386 微机上运行。

UNIX 操作系统在各种小型机和微机上广泛使用的同时，也进入了各大学和研究机构。系统开发人员对 UNIX V6 和 UNIX V7 进行了改进，从而形成了许多 UNIX 操作系统的变体版本。其中，非常具有影响力的是美国加利福尼亚大学伯克利分校所做的改进。他们在原来的 UNIX 操作系统中加入了具有请求调页和页面置换功能的虚拟存储器，从而在 1978 年形成了 3 BSD UNIX，1982 年推出了 4 BSD UNIX，后来又有了 4.1 BSD 和 4.2 BSD，1986 年发布了 4.3 BSD，1993 年 6 月推出 4.4 BSD UNIX。

8.5.2　UNIX 操作系统的特点

UNIX 操作系统经历了一个辉煌的发展历程。成千上万的应用软件在 UNIX 操作系统上被开发出来并适用于几乎每个应用领域。UNIX 操作系统的出现不仅推动了计算机系统及软件技术的发展，从某种意义上说，UNIX 操作系统的发展对推动整个社会的进步也起到了重要作用。UNIX 操作系统能获得如此巨大的成功，可归结为其具有的以下特点。

（1）多用户、多任务环境。UNIX 是一种多用户、多任务的操作系统，既可以同时支持数十个乃至数百个用户，通过用户各自的联机终端同时使用一台计算机，还允许每个用户同时执行多个任务。例如，在进行字符图形处理时，用户可建立多个任务，分别用于处理字符的输入、图形的制作和编辑等任务。与其他操作系统一样，UNIX 操作系统也负责管理计算机的软件与硬件资源，并向应用程序提供简单一致的调用界面，控制应用程序的正确执行。

（2）功能强大、实现高效。UNIX 操作系统提供了精选的、丰富的系统功能，使使用户能够方便、快速地完成许多其他操作系统难以实现的功能。UNIX 已成为世界上功能最强大的操作系统之一，在许多功能的实现上都有其独到之处，且非常高效。例如，UNIX 操作系统提供的目录结构、磁盘空间的管理方式、输入/输出重定向和管道等功能和实现技术已被其他操作系统所借鉴。

（3）开放性。人们普遍认为，UNIX 是开放性极好的网络操作系统。UNIX 操作系统遵循世界标准规范，并且特别遵循了 OSI 标准。UNIX 操作系统能被广泛地配置在微机、中型机、大型机等各种机器上，还能方便地对已配置了 UNIX 操作系统的机器进行联网。

（4）通信能力强。Open Mail 是 UNIX 操作系统的电子通信系统，是为适应异构环境和巨大的用户群而设计的。Open Mail 可以被安装到许多操作系统上，不仅包括不同版本的 UNIX 操作系统，还包括 Windows NT、NetWare 等网络操作系统。

（5）丰富的网络功能。UNIX 操作系统提供了十分丰富的网络功能。TCP/IP 被各种 UNIX 版本普遍支持，并已成为 UNIX 操作系统与其他操作系统之间联网的基本选择。UNIX 操作系统中包括网络文件系统（Network File System，NFS）软件、客户机/服务器协议软件 LAN Manager Client/Server、IPX/SPX 软件等。通过这些产品可以实现 UNIX 操作系统各版本之间，UNIX 与 NetWare、Windows NT、LAN Server 等网络操作系统之间的互联。

（6）强大的系统管理器和进程资源管理器。UNIX 操作系统的核心系统配置和管理是由系统管理器（System Administrate Manager，SAM）来实施的。SAM 使系统管理员既可采用直接的图形用户界面，又可采用基于浏览器的界面（引导管理员在给定的任务中做出多种选择）来对重要的管理功能执行操作。SAM 是为一些相当复杂的核心系统管理任务而设计的。例如，在给系统配置和增加硬盘时，利用 SAM 可以大大简化操作步骤，从而显著提高系统管理的效率。

UNIX 操作系统的进程资源管理器可以为系统管理提供额外的灵活度，可以根据业务的优先级，让系统管理员动态地把可用的 CPU 周期和内存的最少百分比分配给指定的用户群及一些进程。这样，即使一些要求十分苛刻的应用程序也能够在一个共享的系统中获得所需的资源。

8.6　Linux 操作系统

Linux 是一种可免费使用和自由传播的类 UNIX 操作系统，其内核由莱纳斯·托瓦兹（Linus Torvalds）于 1991 年 10 月 5 日首次发布。Linux 操作系统继承了 UNIX 操作系统以网络为核心的设计思想，是一种性能稳定的、基于可移植操作系统接口（Portable Operating System Interface，POSIX）的多用户及多任务、支持多线程和多 CPU 的网络操作系统。它能运行主要的 UNIX 工具软件、应用程序和网络协议，同时支持 32 位和 64 位硬件。下面将对 Linux 操作系统的发展历程和特点进行介绍。

8.6.1　Linux 操作系统的发展历程

Linux 最早是由莱纳斯·托瓦兹于 1991 年为了在 Intel 的 x86 架构上提供免费的类 UNIX 而开发的操作系统。Linux 操作系统虽然与 UNIX 操作系统类似，但 Linux 不是 UNIX 的变体版本。从技术上讲，Linux 是一个内核。"内核"是指一个提供硬件抽象层、磁盘及文件系统控制、多任务等功能的系统软件。莱纳斯·托瓦兹从开始编写内核代码时就效仿 UNIX 操作系统，这使几乎所有的 UNIX 工具都可以运行在 Linux 操作系统上。因此，凡是熟悉 UNIX 操作系统的用户都能够很容易地掌握 Linux 操作系统的使用。

后来，莱纳斯·托瓦兹将 Linux 的源码完全公开并放在芬兰最大的 FTP 站点上。这样，世界各地的 Linux 爱好者和开发人员都可以通过 Internet 加入 Linux 系统开发工作中来，并将开发的研究成果通过 Internet 快速传播到世界的各个角落。

8.6.2　Linux 操作系统的特点

目前，Linux 操作系统已逐渐被我国用户熟悉。Linux 是一个免费软件包，可将普通 PC 变为安装有 UNIX 操作系统的工作站。总的来看，Linux 操作系统主要具有以下特点。

（1）符合 POSIX 1003.1 标准。POSIX 1003.1 标准定义了一个最小的 UNIX 操作系统接口，任何操作系统只有符合这一标准，才有可能运行 UNIX 程序。UNIX 操作系统具有丰富的应用程序，当今绝大多数操作系统把满足 POSIX 1003.1 标准作为实现目标，Linux 操作系统也不例外，其完全支持 POSIX 1003.1 标准。

（2）支持多用户访问和多任务编程。Linux 是一个多用户操作系统，允许多个用户同时访问系统而不会造成用户之间的相互干扰。另外，Linux 操作系统支持真正的多用户编程，一个用户可以创建多个进程，并使各个进程协同工作来满足用户需求。

（3）采用页式存储管理。页式存储管理使 Linux 操作系统能更有效地利用物理存储空间，页面的换入与换出为用户提供了更大的存储空间，并提高了内存的利用率。

（4）支持动态链接。用户程序的执行往往离不开标准库的支持，一般的系统往往采用静态链接方式，即在装配阶段就已将用户程序和标准库链接好。这样，当多个进程运行时，可能会出现库代码在内存中存在多个副本而浪费内存的情况。Linux 操作系统支持动态链接方式，当程序运行时才进行库链接，如果所需要的库已被其他进程装入内存，则不必再装入这些库，否则需要从硬盘中将这些库调入。这样能保证内存中的库程序代码是唯一的，从而节省内存。

（5）支持多种文件系统。Linux 操作系统支持多种文件系统。目前，其支持的文件系统有 EXT2、EXT、XIAFS、ISOFS、HPFS、MSDOS、UMSDOS、PROC、NFS、SYSV、MINIX、SMB、UFS、NCP、VFAT、AFFS 等。Linux 操作系统常用的文件系统是 EXT2，其文件名长度可达 255 个字符，并具有许多特有功能，因此其比常规的 UNIX 文件系统更加安全。

173

（6）支持 TCP/IP、SLIP 和 PPP。在 Linux 操作系统中，用户可以使用所有的网络服务，如网络文件系统、远程登录等。SLIP 和 PPP 能支持串行线路上的 TCP/IP 的使用，这意味着用户可使用一个高速 Modem 通过电话线接入 Internet。

（7）支持硬盘的动态高速缓存（Cache）。这一功能与 MS-DOS 中的智能驱动（Smart Drive）相似。不同的是，Linux 操作系统能动态调整所用的 Cache 容量的大小，以适应当前存储器的使用情况。当某一时刻没有更多的存储空间可用时，Cache 容量将被减少，以补充空闲的存储空间，一旦存储空间不再紧张，Cache 的容量就又会增大。

小结

（1）操作系统是计算机软件系统中的重要组成部分，是计算机与用户之间的接口。单机操作系统和网络操作系统都能完成处理机管理、作业管理、存储管理、文件管理和设备管理等任务。但是单机操作系统只能为本地用户使用本机资源提供服务，不能满足开放网络环境的要求。如果一台计算机已经接入一个局域网中，但尚未安装网络操作系统，那么这台计算机也不可能提供任何网络服务功能。

（2）网络操作系统除具有一般操作系统的特征外，还具有以下特点：与硬件系统无关、支持多用户环境、支持网络管理、支持安全和存取控制、用户界面丰富、支持路由连接、提供目录服务和具有互操作性等。

（3）网络操作系统的基本服务有文件服务、数据库服务、打印服务、信息服务、通信服务、分布式服务和网络管理服务等。

（4）网络操作系统的发展经历了由对等结构向非对等结构演变的过程。在对等结构网络操作系统中，所有的联网计算机地位平等，每个计算机上安装的网络操作系统都相同，联网计算机上的资源可共享。在非对等结构网络操作系统中，网络节点分为网络服务器和网络工作站两类，相应的，网络操作系统的软件也分为两部分：一部分运行在服务器上，另一部分运行在工作站上。安装、运行在服务器上的软件是网络操作系统的核心部分，其性能直接决定了网络服务功能的强弱。

（5）如今的网络操作系统市场呈现出"百花齐放"的局面，较常见的网络操作系统包括 Windows NT Server、Windows Server 2019、NetWare、UNIX 和 Linux 等。

习题 8

一、名词术语解释（将与术语匹配的定义序号填入括号）

1. 单机操作系统（   ）　　　　2. 网络操作系统（   ）
3. 对等结构（   ）　　　　　　4. 非对等结构（   ）
5. 内核（   ）　　　　　　　　6. 网络管理（   ）

A. 使网络中各计算机能够方便而有效地共享网络资源，并为网络用户提供所需的各种服务的软件与协议的集合

B. 提供网络性能分析、网络状态监控、存储管理等多种管理功能

C. 一款提供硬件抽象层、磁盘及文件系统控制、多任务等功能的系统软件

D. 网络节点分为网络服务器和网络工作站两类，相应的，网络操作系统软件分为协同工作的两部分，分别安装在网络服务器与网络工作站上

E. 能完成处理机管理、作业管理、存储管理、文件管理和设备管理等任务，但其只能为本地用户使用本机资源提供服务，不能满足开放网络环境要求

F．所有的联网计算机地位平等，每台计算机上安装的网络操作系统都相同，联网计算机上的资源可共享

二、填空题

1．操作系统是计算机软件系统中的重要组成部分，是＿＿＿＿与＿＿＿＿之间的接口。

2．网络操作系统的发展经历了由＿＿＿＿向＿＿＿＿演变的过程。

3．文件系统的主要目的是＿＿＿＿。

4．NetWare 操作系统提供了＿＿＿＿、权限安全性、属性安全性和＿＿＿＿4 级安全保密措施。

5．容错是指在硬件和软件出现故障时仍能完成数据处理和运算，容错技术可分为＿＿＿＿和＿＿＿＿。

6．NetWare 操作系统的第三级系统容错提供了＿＿＿＿功能。

7．NetWare 是以文件服务器为中心的操作系统，主要由＿＿＿＿、＿＿＿＿与＿＿＿＿3 部分组成。

8．UNIX 是一种通用的＿＿＿＿和＿＿＿＿的网络操作系统。

9．Linux 操作系统与 Windows NT Server、NetWare、UNIX 等传统网络操作系统最大的区别是＿＿＿＿。

三、单项选择题

1．一般操作系统的主要功能是＿＿＿＿。
　　A．对机器语言、汇编语言和高级语言进行编译
　　B．管理使用各种语言编写的源程序
　　C．管理数据库文件
　　D．控制计算机的工作流程，管理计算机系统的软件、硬件资源

2．目前所使用的网络操作系统都是＿＿＿＿结构的。
　　A．对等　　　　　　B．非对等　　　　　　C．层次　　　　　　D．非层次

3．下列不属于网络操作系统的是＿＿＿＿。
　　A．Windows 2000 Professional　　　　B．Windows NT
　　C．Linux　　　　　　　　　　　　　　D．NetWare

4．下列关于网络服务器的叙述中不正确的是＿＿＿＿。
　　A．网络服务器是计算机局域网的核心部件
　　B．网络服务器的主要任务是对网络活动进行监督和控制
　　C．在运行网络操作系统时，网络服务器可最大限度地响应用户的要求并及时对其进行处理
　　D．网络服务器的效率直接着影响整个网络的效率

5．在 Windows NT Server 中，网络功能＿＿＿＿。
　　A．附加在操作系统上　　　　　　　　B．由独立的软件完成
　　C．由操作系统生成　　　　　　　　　D．内置于操作系统中

6．Novell 网是指采用＿＿＿＿操作系统的局域网系统。
　　A．UNIX　　　　　　B．NetWare　　　　C．Linux　　　　D．Windows NT

7．＿＿＿＿网络操作系统首次引入容错功能。
　　A．Windows 98　　　B．Windows NT　　C．NetWare　　D．UNIX

8．UNIX 操作系统的文件系统是＿＿＿＿。
　　A．一级目录结构　　B．二级目录结构　　C．分级树状结构　　D．链表结构

9. 下列属于网络操作系统的容错技术的是_____。

    A. 用户账号   B. 用户密码

    C. 文件共享   D. 磁盘镜像与磁盘双工

10. 下列不属于网络操作系统类型的是_____。

    A. 集中式   B. 客户机/服务器模式

    C. 对等式   D. 分布式

四、问答题

1. 什么是网络操作系统？网络操作系统与单机操作系统的区别是什么？

2. 网络操作系统的基本特点有哪些？

3. 简述网络操作系统的基本功能。

4. 对等结构的网络操作系统与非对等结构的网络操作系统分别有什么特点？主要区别是什么？

5. 简述 Windows Server 2019 的主要特点。

6. NetWare 操作系统由哪几部分组成？说明各部分的主要特点。

7. NetWare 操作系统的容错技术主要有哪几种？

8. 简述 UNIX 操作系统的主要特点。

9. 简述 Linux 操作系统的主要特点。

第9章
网络安全

09

随着全球信息高速公路的建设，特别是Internet和Intranet的发展，网络在各种信息系统中的作用变得越来越重要。网络对整个社会的科技、文化和经济带来了巨大的推动与冲击，同时带来了许多挑战。随着网络应用的进一步发展，信息共享与信息安全的矛盾日益突出，人们也越来越关心网络安全问题。"网络安全"是"信息安全"的引申。"信息安全"是指对信息的保密性、完整性和可用性的保护。"网络安全"则是指对网络信息保密性、完整性和网络系统可用性的保护。如何有效地维护好网络系统的安全已成为计算机研究与应用中的一个重要课题。

本章的学习目标如下。
- 理解网络安全的基本概念，了解当前网络面临的威胁。
- 掌握网络防火墙的基本概念和主要类型。
- 理解和掌握网络加密的主要方式及常用的网络加密算法。
- 理解和掌握数字证书、数字签名的基本概念及基本原理。
- 理解入侵检测的基本概念及分类。
- 掌握计算机病毒的定义、特点和分类。
- 了解网络防病毒技术。
- 了解网络安全技术的发展前景。

9.1 网络安全的现状与重要性

随着全球信息化的加快，整个世界正在迅速地融为一体，大量建设的各种信息化系统已经成为国家和政府的关键基础设施。众多的企业、组织、政府部门与机构都在组建及发展自己的网络，并将其连接到 Internet 上，以充分共享、利用网络的信息和资源。整个国家和社会对网络的依赖程度也越来越高，网络已经成为社会和经济发展的强大推动力，其地位越来越重要。但是，在资源共享被广泛用于政治、军事、经济和科学等各个领域的同时，也产生了各种各样的问题，其中安全问题尤为突出。网络安全不仅涉及个人利益、企业生存、金融风险等问题，还直接关系到社会稳定和国家安全等诸多方面，因此网络安全是信息化进程中具有重大战略意义的问题。了解网络面临的各种威胁，防范和消除这些威胁，实现真正的网络安全已经成为网络发展的重中之重。

9.1.1　网络安全的基本概念

V9-1　网络安全的
现状与重要性

ISO 将计算机安全定义为"为数据处理系统建立和采取的技术与管理方面的安全保护，保护计算机软件数据、硬件不因偶然和恶意的原因而遭到破坏、更改及泄露"。网络安全是计算机安全在网络环境下的进一步拓展和延伸。因此，网络安全可以理解为"采取相应的技术和措施，使网络系统的软件、硬件能够连续、可靠地正常运行，并且使系统中的网络数据受到保护，不因偶然和恶意的原因遭到破坏、更改、泄露，确保数据的可用性、完整性和保密性，使网络系统的网络服务不中断"。

网络安全主要包括用户身份验证、访问控制、数据完整性、数据加密、病毒防范等内容，其中数据的保密性、完整性、可用性、真实性及可控性等方面的技术问题是网络安全研究的重要课题。

9.1.2　网络面临的威胁

覆盖全球的 Internet，以其自身协议的开放性方便了各种计算机网络的互联，极大地丰富了共享资源。但是，由于早期网络协议对安全问题的忽视，以及在使用和管理上的无序状态，网络安全受到了严重威胁，安全事故屡有发生。从目前来看，网络安全的状况仍令人担忧，从技术到管理都处于落后、被动的局面。

目前，计算机犯罪已引起了全社会的普遍关注，其中计算机网络是犯罪分子攻击的重点。计算机犯罪是一种高技术手段犯罪，其犯罪的隐蔽性对网络的危害极大。根据有关统计资料显示，计算机犯罪案件的数量每年急剧上升，Internet 被攻击的事件则以约每年 10 倍的速度增长，平均每 20s 就会发生一起 Internet 入侵事件。计算机病毒在 1986 年首次出现，30 多年来以几何级数增长，对网络造成了很大的威胁。美国多部门的计算机系统都曾经多次遭到非法入侵者的攻击。

随着 Internet 的广泛应用，采用客户机/服务器模式的各类网络纷纷建成，这使网络用户可以方便地访问和共享网络资源，但同时给企业的重要信息，如贸易秘密、产品开发计划、市场策略、财务资料等的安全埋下了致命的隐患。必须认识到，大到整个 Internet，小到各 Intranet 及各校园网，都存在着来自网络内部与外部的威胁。对 Internet 的威胁可分为两类：故意危害和无意危害。

故意危害 Internet 安全的主要有 3 种人：故意破坏者，又称黑客（Hackers）；不遵守规则者（Vandals）；刺探秘密者（Crackers）。故意破坏者企图通过各种手段去破坏网络资源与信息，如涂抹他人的主页、修改系统配置、造成系统瘫痪；不遵守规则者企图访问不允许访问的系统，这种人可能仅仅是到网络中浏览或找一些资料，也可能想盗用其他人的计算机资源（如 CPU 时间）；刺探秘密者企图通过非法手段侵入他人系统，以窃取重要秘密和个人资料。除泄露信息的危险之外，还有一种危险是有害信息的侵入。如有人在网络中传播一些不健康的图片、文字或散布不负责任的消息；不遵守网络使用规则的用户可能通过一些包含病毒的电子游戏将病毒带入系统，轻则造成信息错误，重则造成网络瘫痪。

总的来说，网络面临的威胁主要来自以下几个方面。

（1）黑客的攻击。现在黑客技术逐渐被越来越多的人掌握。因此，系统、站点遭受攻击的可能性变大了。尤其是现在还缺乏针对网络犯罪的卓有成效的反击和跟踪手段，这使黑客的攻击隐蔽性好、"杀伤力"强，这是网络安全面临的主要威胁。

（2）管理的欠缺。网络系统的严格管理是企业、机构及用户免受攻击的重要措施。事实上，很多企业、机构及用户的网站或系统都疏于这方面的管理。

（3）网络的缺陷。Internet 的共享性和开放性使网络信息存在先天的不足，因为其赖以生存的 TCP/IP 协议族缺乏相应的安全机制，而且 Internet 最初的设计主要考虑的是其不会因局部故障而影响信息的传输，而基本上没有考虑安全问题，因此其在安全可靠、服务质量、带宽和方便性等方面存在不适应性。

（4）软件的漏洞或"后门"。随着软件系统规模的不断增大，系统中的安全漏洞或"后门"也不可避免，如常用的操作系统，无论是 Windows 还是 UNIX 几乎都存在或多或少的安全漏洞，众多的各类服务器、浏览器、桌面软件等都被发现过存在安全隐患。大家所熟知的一些病毒就是利用 Microsoft 系统的漏洞给企业造成巨大损失的，可以说任何一个软件系统都可能会因为程序员的一个疏忽、设计中的一个缺陷等而存在漏洞，这也是网络安全的主要威胁之一。

（5）企业网络内部。企业网络内部用户的误操作、资源滥用和恶意行为令无论多完善的防火墙都无法抵御侵害。防火墙无法防御来自网络内部的攻击，也无法对网络内部的滥用做出反应。

9.2　防火墙技术

古时候，人们常在房屋之间砌起一道砖墙，一旦火灾发生，这道墙就能够防止火势蔓延到其他地方。现在，如果一个网络连接到了 Internet，用户就可以访问外部网络并与之通信。同时，外部网络可以访问该网络并与之交互。为安全起见，可以在该网络和 Internet 之间插入一个中介系统，竖起一道安全屏障。这道屏障的作用是阻断外部网络对内部网络的入侵，提供保护内部网络的安全和审计的唯一关卡，其作用与古时候的防火砖墙有类似之处，因此把这个屏障称为防火墙。

本节将对防火墙的基本概念和功能、主要类型，以及主要产品进行详细介绍。

9.2.1　防火墙的基本概念和功能

V9-2　防火墙技术

在网络中，防火墙是指在两个网络之间实现控制策略的系统（软件、硬件或者两者并用），用来保护内部的网络不受来自 Internet 的侵害。因此，防火墙是一种安全策略的体现。如果内部网络的用户要连接 Internet，则必须先连接防火墙，再连接 Internet。同样，Internet 要访问内部网络，也必须先通过防火墙。防火墙通过监控内网和 Internet 之间的所有活动，控制进出网络的信息流和信息包，尽可能地对外部屏蔽内部网络的信息、结构和运行状况，以实现对内部网络的保护，这种做法能有效地防止来自 Internet 的入侵和攻击，如图 9-1 所示。

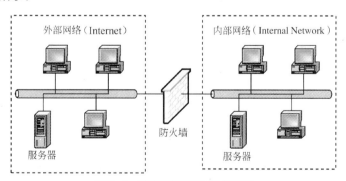

图 9-1　防火墙的位置与功能模型

随着计算机网络安全问题的日益突出，防火墙产业得到了迅猛发展。实际上，实现一个有效的防火墙远比给计算机购买一款防病毒软件复杂得多，简单地将一款防火墙产品置于 Internet 中并不能提供用户所需要的保护。建立一个有效的防火墙来实施安全策略，需要评估防火墙技术，选择符合要求的技术，并正确地创建防火墙。

目前的防火墙技术一般具有以下功能。

（1）集中的网络安全。防火墙允许网络管理员定义一个中心（阻塞点）来防止非法用户（如黑客、不遵守规则者等）进入内部网络，禁止存在不安全因素的访问进出网络，并抗击来自各种线路的攻击。防火墙技术能够简化网络的安全管理、提高网络的安全性。

（2）安全警报。通过防火墙可以方便地监视网络的安全性，并产生报警信号。网络管理员必须审查并记录所有通过防火墙的重要信息。

（3）重新部署网络地址转换（Network Address Translation，NAT）。Internet 的迅速发展使得有效的、未被申请的 IP 地址越来越少，这就意味着想进入 Internet 的机构可能申请不到足够的 IP 地址来满足内部网络用户的需要。为了接入 Internet，可以通过 NAT 来完成内部私有地址到外部注册地址的映射。防火墙是部署 NAT 的理想位置。

（4）监视 Internet 的使用。防火墙也是审查和记录内部人员对 Internet 的使用的一个最佳位置，可以在防火墙上对内部访问 Internet 的情况进行记录。

（5）向外发布信息。防火墙除了起到安全屏障作用之外，也是部署 WWW 服务器和 FTP 服务器的理想位置。防火墙可允许 Internet 访问上述服务器，而禁止 Internet 对内部受保护的其他系统进行访问。

防火墙也有其自身的局限性，即无法防范绕过防火墙所进行的攻击。试想一下，如果我们住在一所木屋中，却安装了一扇很厚的钢门，这会被认为是很愚蠢的做法。同样的，有许多机构购买了价格昂贵的防火墙，却忽视了通往其网络中的后门。例如，在一个被保护的网络中有一个没有限制的拨号访问存在，这样就为黑客从后门进行攻击创造了机会。

另外，因为防火墙依赖于口令，所以防火墙不能防范黑客对口令的攻击。因此，有人说防火墙不过是一道矮小的篱笆墙，黑客就像老鼠一样能从这道篱笆墙的窟窿中进进出出。同时，防火墙无法解决内部用户带来的威胁，不能解决进入防火墙的数据带来的所有安全问题。如果用户在本地运行了一个包含恶意代码的程序，那么很可能导致敏感信息的泄露和破坏。

因此，要使防火墙发挥作用，防火墙的策略必须现实，能够反映出整个网络安全的水平。例如，一个保存着超级机密或保密数据的站点根本不需要防火墙，因为这个站点根本不应该被接入 Internet。又如，保存着真正秘密数据的系统应与企业的其余网络隔离开。

9.2.2　防火墙的主要类型

典型的防火墙系统通常由一个或多个构件组成，相应的，实现防火墙的技术包括 5 类：包过滤防火墙（也称网络级防火墙）、应用层网关、电路层网关、代理服务防火墙和复合型防火墙。这些技术各有所长，具体使用哪一类或是否混合使用，要根据具体情况而定。

1. 包过滤防火墙

一台路由器便是一个传统的包过滤防火墙（Packet Filtering Firewall），路由器可以对 IP 地址、TCP 或 UDP 分组头信息进行检查与过滤，以确定是否与设备的过滤规则匹配，继而决定此数据包按照路由表中的信息被转发或被丢弃。

对大多数路由器而言，都能通过检查以上信息来决定是否对所收到的数据包进行转发，但是不能判断出一个数据包来自何方、去向何处。有些先进的包过滤防火墙则可以判断这一点，可以提供内部信息以说明所通过的连接状态和一些数据流的内容，把判断的信息同路由器内部的规则表进行比较。规则表中定义了各种规则来表明是否同意或拒绝包的通过。包过滤防火墙检查每一条规则直至发现包中的信息与某规则相符。如果没有一条规则符合，则防火墙会使用默认规则，一般情况下，默认规则就是要求防火墙丢弃该数据包。另外，通过定义基于 TCP 或 UDP 数据包的端口号，防火墙能够判断是否允许建立特定的连接，如 Telnet、FTP 连接等。包过滤防火墙功能模型如图 9-2 所示。

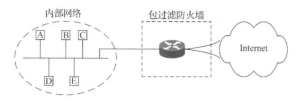

图 9-2 包过滤防火墙功能模型

包过滤防火墙对用户来说是全透明的，其最大的优点是只需在一个关键位置设置一个包过滤路由器就可以保护整个网络。如果内部网络与外部网络之间已经有了一台独立的路由器，那么可以简单地为其添加一个包过滤软件，由此实现对全网的保护，而不必在客户机上再安装其他特定的软件，使用起来非常简洁、方便，并且速度快、费用低。

包过滤防火墙也有其自身的缺点和局限性，具体如下。

（1）包过滤规则配置比较复杂，而且几乎没有工具能够对过滤规则的正确性进行测试。

（2）包过滤防火墙只检查地址和端口，对网络更高协议层的信息无理解能力，因此其对网络的保护十分有限。

（3）包过滤无法检测具有数据驱动攻击这一类潜在危险的数据包。

（4）随着过滤次数的增加，路由器的吞吐量会明显下降，从而影响整个网络的性能。

2. 应用层网关

应用层网关（Application Level Gateway）主要控制对应用程序的访问，能够检查进出的数据包，通过网关复制、传递数据来防止在受信任的服务器与不受信任的主机间直接建立联系。应用层网关不仅能够理解应用层上的协议，还提供了一种监督控制机制，使网络内、外部的访问请求在监督机制下得到保护。同时，应用层网关能对数据包进行分析、统计并进行详细记录，应用层网关功能模型如图 9-3 所示。

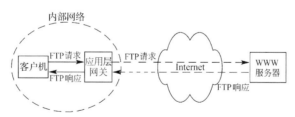

图 9-3 应用层网关功能模型

应用层网关和包过滤防火墙有一个共同的特点，即只依靠特定的逻辑判断来决定是否允许数据包通过。一旦满足逻辑，防火墙内外的计算机系统就会建立直接联系，防火墙外部的用户便有可能直接了解防火墙内部的网络结构和运行状态，这有利于实施非法访问和攻击。

为了消除这一安全漏洞，应用层网关可以通过重写所有主要的应用程序来提供访问控制。新的应用程序驻留在所有人都要使用的集中式主机中，这个集中式主机称为堡垒主机（Bastion Host）。由于堡垒主机是 Internet 中其他站点所能到达的唯一站点，是 Internet 中的主机能连接到的唯一的内部网络中的系统，任何外部的系统试图访问内部的系统或服务器都必须连接到这台主机上，因此堡垒主机被认为是非常重要的安全点，必须具有全面的安全措施。

应用层网关的优点是具有较强的访问控制功能，是目前最安全的防火墙技术之一。而它的缺点是每一种协议都需要相应的代理软件，实现起来比较困难，使用时工作量大，效率不如包过滤防火墙高，而且对用户缺乏"透明度"。在实际使用过程中，用户在受信任的网络中通过防火墙访问 Internet 时，经常会发现存在较大的时延，并且有时必须进行多次登录才能访问 Internet 或 Intranet。

3. 电路层网关

电路层网关（Circuit Level Gateway）是一种特殊的防火墙，通常工作在 OSI 参考模型中的会话层。电路层网关只依赖于 TCP 连接，而并不关心任何应用协议，也不进行任何的包处理或过滤。电路层网关只根据规则建立一个网络到另一个网络的连接，并只在内部连接和外部连接之间来回复制字节，不进行任何审查、过滤或协议管理，但是电路层网关可以隐藏受保护网络的有关信息。

实际上，电路层网关并不是作为一个独立的产品而存在的，其一般要和其他应用层网关结合在一起使用，如 Trust Information Systems 公司的 Gauntlet Internet Firewall、DEC 公司的 Alta Vista Firewall 等。另外，电路层网关可在代理服务器（Proxy Server）上运行"地址转移"进程，将所有内部的 IP 地址映射到一个"安全"的 IP 地址，这个地址是防火墙专用的。

电路层网关最大的优点是主机可以被设置为混合网关。这样，对要访问 Internet 的内部用户来说，整个防火墙系统使用起来是很方便的，同时提供了完善的保护内部网络免于遭受外部攻击的防火墙功能。

4. 代理服务防火墙

代理服务防火墙（Proxy Service Firewall）工作在 OSI 参考模型的最高层——应用层，有时也将其归为应用层网关一类。代理服务器通常运行在 Intranet 和 Internet 之间，是内部网络与外部网络的隔离点，具有监视和隔绝应用层通信流的作用。当代理服务器收到用户对某站点的访问请求后，便会立即检查该请求是否符合规则。若规则允许用户访问该站点，则代理服务器会以客户机的身份登录目的站点，取回所需的信息再发给客户机，如图 9-4 所示。由此可以看出，代理服务器就像一堵挡在内部网络和外部网络之间的墙，从外部只能看到该代理服务器而无法获知任何内部资料，如用户的 IP 地址等。

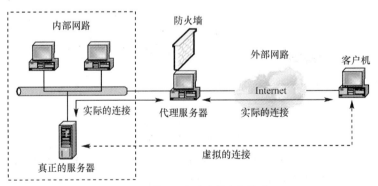

图 9-4　代理服务防火墙功能模型

代理服务防火墙是针对包过滤和应用层网关技术存在的只依靠特定的逻辑判断这一缺点而引入的防火墙技术。代理服务防火墙将所有跨越防火墙的网络通信链路分为两段，用代理服务器中的两个"连接"来代替。外部计算机的网络链路只能到达代理服务器，从而起到了隔离防火墙内外计算机系统的作用，将被保护网络内部的结构屏蔽了起来。

此外，代理服务防火墙还能对过往的数据包进行分析、登记注册，并形成最终报告。同时，当发现被攻击迹象时，代理服务防火墙会及时向网络管理员发出警报，并保留攻击痕迹。代理服务防火墙的缺点是需要为每个网络用户专门设计；由于需要硬件实现，因此工作量较大，安装、使用复杂，成本较高。

5. 复合型防火墙

出于对更高安全性的追求，有时会把基于包过滤的防火墙与基于代理服务的防火墙结合起来，形成复合型防火墙。这种结合通常有以下两种方案。

（1）屏蔽主机防火墙体系结构。在该结构中，包过滤路由器与 Internet 相连，同时将一个堡垒主机安装在内部网络中，通过在包过滤路由器上设置过滤规则，使堡垒主机成为 Internet 中其他节点所能到达的唯一节点，如图 9-5 所示。这样就确保了内部网络免遭外部未授权用户的攻击。

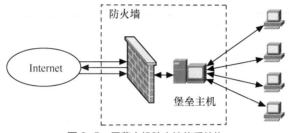

图 9-5　屏蔽主机防火墙体系结构

（2）屏蔽子网防火墙体系结构。在该结构中，堡垒主机放在一个子网内，形成非军事区（Demilitarized Zone，DMZ），两个包过滤路由器放置在子网的两端，使这一子网与外部网络及内部网络分离，如图 9-6 所示。在屏蔽子网防火墙体系结构中，堡垒主机和包过滤路由器共同构成了整个防火墙的安全基础。

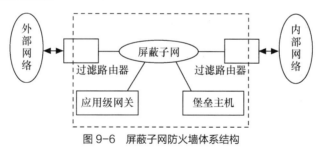

图 9-6　屏蔽子网防火墙体系结构

9.2.3　防火墙的主要产品

目前，防火墙产品主要有三大类：硬件型防火墙、软件型防火墙和软硬件兼容型防火墙。下面介绍几款流行的防火墙产品。

1. CheckPoint FireWall-1 V3.0

作为开放安全企业互联联盟（Open Platform for Secure Enterprise Connectivity，OPSEC）的组织和倡导者之一，CheckPoint 公司在企业级安全性产品开发方面占有市场的主导地位，其主打产品 FireWall-1 的市场占有率很高，目前市场上主要采用的是其第三代产品——FireWall-1 V3.0。它的主要功能如下。

（1）采用状态监测技术，结合强大的面向对象的方法，可以提供全 7 层应用识别，很容易支持新应用。

（2）支持 160 种以上的预定义应用和协议，包括所有 Internet 服务，如传统的 Internet 应用（E-mail、FTP、Telnet），以及 UDP、远程过程调用（Remote Procedure Call，RPC）协议等。

（3）支持多种重要的商业应用，如 Oracle SQL *Net、Sybase SQL 等数据库的访问。

（4）支持多种多媒体应用，如 RealAudio、CoolTalk、NetMeeting 等。

（5）支持多种 Internet 广播服务，如 BackWeb、Pointcast 等。

（6）具有安全、完备的认证体系。FireWall-1 可以在一个用户发起的通信连接被允许之前，对其真实性进行确认，而且提供的认证无须在服务器和客户端的应用中进行任何修改。FireWall-1 的服务认证是集成在整个企业范围内的安全策略，可以进行集中管理，同时可以对在整个企业范围内发生的认证过程进行全程的监控、跟踪和记录。

2. NetScreen 防火墙

NetScreen 防火墙的主要功能如下。

（1）支持存取控制，如指定 IP 地址、用户认证控制。

（2）拒绝攻击，如检测 SYN 攻击、检测 Tear Drop 攻击、检测 Ping of Death 攻击、检测 IP Spoofing 攻击、默认数据包拒绝、过滤源路由 IP、动态过滤访问，以及支持 Web、Radius 及 Secure ID 用户认证。

（3）支持地址转换。

（4）支持隐藏内部地址，节约 IP 资源。

（5）支持网络隔离。

（6）可以在物理上隔开内外网段。

（7）使负载均衡。

（8）可以按规则合理分配流量至相应的服务器，适用于 ISP。

（9）支持 VPN。

（10）符合 IPSec 标准，节省专线费用。

（11）支持流量控制及实时监控。

（12）可以实现用户带宽最大量限制和用户带宽最小量保障，以及 8 级用户优先级设置，可合理分配带宽资源。

3. Cisco PIX 防火墙

Cisco 防火墙与众不同的特点是其基于硬件，因此响应速度非常快。Cisco PIX 防火墙的包转换速率高达 170 Mbit/s，可同时处理 6 万多个连接。将防火墙技术集成到路由器中是 Cisco 网络安全产品的另一大特色。Cisco 在路由器市场的占有率高达 80%，其在路由器的 IOS 中集成防火墙的技术是其他厂家不可比拟的，这样做的好处是用户无须额外购置防火墙，可降低网络建设的总成本。

Cisco PIX 防火墙的主要功能如下。

（1）具有非通用、安全、实时的嵌入式操作系统。

（2）保护方案基于自适应安全算法（Adaptive Security Algorithm，ASA），可以确保最高的安全性。

（3）具有用于验证和授权的"直通代理"技术。

（4）最多支持 250000 个网络同时连接。

（5）支持 URL 过滤。

（6）支持 HP 公司的 OpenView 集成。

（7）通过电子邮件向网络安全监管部门报警。

（8）通过专用链路加密卡提供 VPN 支持。

（9）符合委托技术评估计划，经过美国国家安全局（National Security Agency，NSA）的认证，同时通过了我国公安部安全检测中心的认证（PIX 520 除外）。

9.3　网络加密技术

　　信息安全主要包括系统安全及数据安全两方面的内容。系统安全一般采用防火墙、病毒查杀等被动措施，而数据安全主要采用现代密码技术对数据进行主动保护，如数据保密、数据完整性、数据不可否认与抵赖、双向身份认证等。

　　网络加密技术是保障信息安全的核心技术。加密就是指通过密码算法对数据进行转换，使之成为没有正确密钥的人无法读懂的报文。这些以无法读懂的形式出现的报文一般被称为密文。为了读懂报文，密文必须被重新转换为最初的形式——明文。含有数学方式的、用来转换报文的双重密码就是密钥，如图 9-7 所示。密文即使被截获并阅读，这则信息也毫无利用价值。

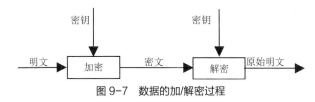

图 9-7　数据的加/解密过程

　　20 世纪 70 年代以来，随着计算机技术、通信技术和网络技术的飞速发展，密码研究领域不断拓宽，应用范围日益扩大，社会对密码的需求越来越迫切，密码技术得到了空前的发展。当前，密码技术不仅在保护国家秘密信息中具有重要的、不可替代的作用，还在保护经济、金融、贸易等系统的信息安全，以及在保护商业领域（如网上购物、数字银行、收费电视、电子钱包）的正常运行中具有重要的作用。如果以人体来比喻，则芯片是细胞、计算机是大脑、网络是神经系统、智能是营养、信息是血浆、信息安全是免疫系统。也有人将密码技术视为信息高速公路的保护神。随着信息技术的发展，电子数据交换逐步成为人们交换信息的主要形式。密码在信息安全中的应用将会不断被拓宽，信息安全对密码的依赖也将会越来越强。

9.3.1　网络加密的主要方式

　　密码技术是保障网络安全最有效的技术之一。一个加密网络不但可以防止非授权用户的搭线窃听和入网，保护网络内部的数据、文件、口令和控制信息，而且是对付恶意软件的有效方法之一。目前网络加密主要有 3 种方式：链路加密、节点加密和端到端加密。链路加密的目的是保护网络节点之间的链路信息安全；节点加密的目的是对源节点到目的节点之间的传输链路提供加密保护；端到端加密的目的是对源端用户到目的端用户的数据提供加密保护。

V9-3　网络加密技术

1. 链路加密

　　链路加密（又称在线加密）是指仅在数据链路层对传输数据进行加密，主要用于对信道或链路中可能被截获的那一部分数据进行保护，一般的网络安全系统都采用了这种方式。链路加密方式对网络中传输的数据报文的每一个位都进行了加密，不但对数据报文正文进行了加密，而且对路由信息、校验和、控制信息等进行了加密。所以当数据报文传输到某个中间节点时，必须先对其进行解密以获得路由信息和校验和，然后进行路由选择和差错检测，最后对其进行加密，并发送给下一个节点，直到数据报文到达目的节点为止。在到达目的节点之前，一条报文通常要经过许多通信链路的传输。

　　在链路加密的方式下，只对通信链路中的数据进行加密，而不对网络节点内的数据进行加密，所以节点内的数据报文是以明文出现的。在每一个中间节点上，传输的报文均被解密后又重新加密，因此包括路由信息在内的链路上的所有数据报文均以密文形式出现。

链路加密方式的优点是简单、实现起来比较容易。其只是把一对密码设备安装在两个节点间的线路上，即安装在节点和 Modem 之间，使用相同的密钥。链路加密方式对用户是透明的，用户既不需要了解加密技术的细节，又不需要干预加密和解密的过程，整个加密操作由网络自动完成。

尽管链路加密在计算机网络中使用得相当普遍，但仍存在一些问题：其全部报文都以明文形式通过各节点，因此在这些节点上的数据容易遭受非法存取；每条链路都需要一对加密、解密设备和一个独立的密钥，因此成本较高。

2. 节点加密

节点加密是对链路加密的改进，在操作方式上与链路加密是类似的：两者均在通信链路上保证传输报文的安全性；都在中间节点上先对报文进行解密，再进行加密。因为要对所有传输的数据进行加密，所以加密过程对用户是透明的。与链路加密不同的是，节点加密不允许报文在网络节点内以明文形式存在，先对收到的报文进行解密，再采用另一个不同的密钥进行加密，这一过程是在节点上的一个保密模块中进行的，其目的是克服链路加密在节点处易遭受非法存取的缺点。该加密方式可提供用户节点间连续的安全服务，也可用于实现对等实体的鉴别。

节点加密的优点是比链路加密成本低，且更安全；缺点是节点加密要求报头和路由信息以明文形式传输，以便中间节点能得到如何处理数据的信息，因此这种方式对于防止攻击者分析通信业务仍然是脆弱的。

3. 端到端加密

为了解决链路加密方式和节点加密方式的不足，人们提出了端到端加密方式。端到端加密（又称脱线加密或包加密，其面向协议加密）允许数据在从源点到终点的传输过程中始终以密文形式存在。采用端到端加密，报文在到达终点之前的传输过程中不进行解密。因为数据在整个传输过程中均受到保护，所以即使有节点被损坏也不会使数据泄露。

端到端加密可在传输层或更高层次中实现。若选择在传输层进行加密，则不必为每个用户提供单独的安全保护机制；若选择在应用层进行加密，则用户可根据自己的特定要求来选用不同的加密策略。端到端加密方式和链路加密方式的区别在于：链路加密方式是对整个链路的通信采取保护措施，而端到端加密方式是对整个网络系统采取保护措施。端到端加密方式是将来网络加密的发展趋势。

端到端加密结合了链路加密和节点加密的所有优点，且成本更低，其与链路加密和节点加密相比更可靠，更容易设计、实现和维护。端到端加密还避免了其他加密系统所固有的同步问题，因为每个报文包均是独立被加密的，所以一个报文包所发生的传输错误不会影响后续的报文包。此外，从用户对安全的需求上讲，端到端加密更自然。单个用户可能会选用这种加密方法，以便不影响网络中的其他用户，此方法只需要源节点和目的节点是保密的即可。然而，因为端到端加密只是加密报文，数据报头仍需保持明文形式，所以数据报头容易被报文分析者利用。端到端加密密钥数量大，因此其密钥的管理是一个比较困难的问题。

9.3.2　网络加密算法

网络信息的加密过程是由各种加密算法来具体实施的，以很小的代价就能提供很好的安全保护。据不完全统计，目前已经公开发表的各种加密算法有 200 多种。按照国际惯例，对加密算法有以下两种常见的分类标准。

V9-4　网络加密算法

按照对明文信息加密方式的不同，加密算法可分为分组加密算法和序列加密算法。如果经过加密所得到的密文仅与给定的密码算法和密钥有关，与被处理的明文数据段在整个明文（或密文）中所处的位置无关，则称该加密算法为分组加密算法。分组加密算法每次只加密一个二进制位。如果密文不但与最初给定的密码算法和密钥有关，而且是被处理的数据段在明文（或密文）中所处的位置的函数，则称该加密算法为序列加密算法。序列加密算法会先对信息序列进行分组，每次对一个组进行加密。

　　按照收发双方的密钥是否相同，加密算法可分为私钥加密算法（对称加密算法）和公钥加密算法（非对称加密算法）。

1. 私钥加密算法与 DES 加密算法

（1）私钥加密算法。如果一个加密系统的加密密钥和解密密钥相同，或者虽然不同，但是由其中的任意一个可以容易地推导出另一个，则该系统采用的就是私钥加密算法。其加/解密过程如图 9-8 所示。

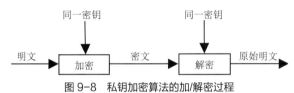

图 9-8　私钥加密算法的加/解密过程

　　比较著名的私钥加密算法有数据加密标准（Data Encryption Standard，DES）及其各种变形，如 3DES、GDES、New DES 和 DES 的前身 Lucifer，欧洲的 IDEA，日本的 FEAL-N、LOKI-91、RC4、RC5，以及以代换密码和转轮密码为代表的古典密码等。在众多的私钥加密算法中，影响最大的是 DES 加密算法，其是 IBM 公司 1977 年为美国政府研制的一种算法，后来被美国国家标准局承认。

　　（2）DES 加密算法。DES 是以 56 位密钥为基础的密码块加密技术，每次对 64 位输入数据块进行加密。其加密过程包括 16 轮编码。在每一轮编码中，DES 从 56 位密钥中产生一个 48 位的临时密钥，并用这个密钥进行这一轮的加密。加密过程一般如下。

① 一次性把 64 位明文块打乱置换。
② 把 64 位明文块拆分为两个 32 位块。
③ 使用机密 DES 密钥把每个 32 位块打乱位置 16 次。
④ 使用初始置换的逆置换。

　　由于要对每一个 64 位的数据块做一个 16 次的循环编码，因此用软件来实现 DES 加密算法比较慢。DES 加密算法可以用硬件来实现，这时一个 DES 芯片会有 64 个输入"引脚"和 64 个输出"引脚"。只要有 64 位明文从输入引脚输入，输出端输出的就是 64 位的密文。硬件加密的速度要比软件快得多。

　　私钥加密算法的优点是具有很强的保密强度，安全性主要体现在其 56 位密钥上，为了破解一个 DES 的密钥，必须尝试 2^{56} 次计算，这使其可以经受较高级别的破译方法的分析和攻击。但随着 CPU 计算速度的提高和并行处理技术的快速发展，破解 DES 密钥是可行的。另外，由于 DES 的密钥必须通过安全、可靠的途径传输，因此密钥管理是影响系统安全的关键性因素，这使其难以满足系统的开放性要求。

　　如果采用对称加密方法对数据进行加密，并管理好密钥，就可以保证数据的机密性。但是，如果数据在传输过程中怎么办？如果数据在发送端进行加密，并准备在接收端对其进行解密，那么接收端怎么得到发送端的密钥？如果想通过网络把密钥从发送端传到接收端，那么这个密钥只能用明文传输。如果密钥在传输过程中被第三方窃取，那么整个加密过程就毫无意义。而如果每两个用户之间都用一个密钥进行安全通信，那么每个用户维护的密钥的数目就太多了。

187

Kerberos 是用来解决上述密钥颁发安全问题的有效手段。在网络加密技术中，Kerberos 是指由美国麻省理工学院（Massachusetts Institute of Technology，MIT）提出的基于可信赖的第三方的认证系统，该系统提供了一种在开放式网络环境下进行身份认证的方法，使网络中的用户可以相互证明自己的身份。

Kerberos 采用对称密钥体制对信息进行加密，其基本思想是能正确对信息进行解密的用户就是合法用户。用户在对应用服务器进行访问之前，必须先从第三方（Kerberos 服务器）获取该应用服务器的访问许可证（Ticket）。

Kerberos 密钥分配中心 KDC（即 Kerberos 服务器）由认证服务器和票据授权服务器（Ticket Granting Server，TGS）构成。Kerberos 认证过程具体如下。

① 用户想要获取访问某一应用服务器的许可证时，先以明文方式向认证服务器发出请求，要求获得访问 TGS 的许可证。

② 认证服务器以证书（Credential）作为响应，证书包括访问 TGS 的许可证和用户与 TGS 间的会话密钥。会话密钥以用户的密钥加密后传输。

③ 用户解密得到 TGS 的响应，然后利用 TGS 的许可证向 TGS 申请应用服务器的许可证，该申请包括 TGS 的许可证和一个带有时间戳的认证符（Authenticator）。认证符以用户与 TGS 间的会话密钥进行加密。

④ TGS 从许可证中取出会话密钥并解密认证符，验证认证符中时间戳的有效性，从而确定用户的请求是否合法。TGS 确认请求的合法性后，生成所要求的应用服务器的许可证，许可证中含有新产生的用户与应用服务器之间的会话密钥。TGS 将应用服务器的许可证和会话密钥传回用户。

⑤ 用户向应用服务器提交应用服务器的许可证和用户新产生的带时间戳的认证符（认证符以用户与应用服务器之间的会话密钥进行加密）。

⑥ 应用服务器从许可证中取出会话密钥并解密认证符，取出时间戳并检验有效性。此后，应用服务器向用户返回一个带时间戳的认证符，该认证符以用户与应用服务器之间的会话密钥进行加密，用户可以据此验证应用服务器的合法性。

至此，双方完成了身份认证，并且拥有了会话密钥。其后进行的数据传递将以此会话密钥进行加密。

Kerberos 将认证从不安全的工作站转移到了集中的认证服务器上，为开放网络中的两个主体提供了身份认证，并通过会话密钥对通信进行加密。对于大型的系统可以采用层次化的区域进行管理。

Kerberos 也存在一些问题：Kerberos 服务器的损坏将使整个安全系统无法工作；认证服务器在传输用户与 TGS 间的会话密钥时是以用户密钥进行加密的，而用户密钥是由用户口令生成的，因此可能受到口令猜测的攻击；Kerberos 使用了时间戳，因此存在时间同步问题；若要将 Kerberos 用于某一应用系统，则该系统的客户端和服务器端的软件都要做一定的修改。

2. 公钥加密算法与 RSA 加密算法

（1）公钥加密算法。在私钥加密算法中，加密和解密所使用的密钥是相同的，其保密性主要取决于密钥的保密程度。加密者必须用非常安全的方法将密钥传输给接收者。如果通过计算机网络传输密钥，则必须对密钥本身予以加密后再进行传输。

1976 年，两位美国科学家提出了一个新的公钥加密算法（非对称密码）体系。其主要特点是在对数据进行加密和解密时使用不同的密钥。每个用户都保存着一对密钥，每个人的公开密钥都对外开放。假如某用户要与另一用户通信，可用公开密钥对数据进行加密，而收信者用自己的私有密钥进行解密，这样就可以保证信息不会外泄。

公钥加密算法的特点可总结为以下几点。

① 加密和解密分别用加密密钥和解密密钥两个不同的密钥实现，并且不可能由加密密钥推导出解密密钥（或者不可能由解密密钥推导出加密密钥）。其加/解密过程如图 9-9 所示。

图 9-9　公钥加密算法的加/解密过程

② 设加密算法为 E、加密密钥为 PK，可利用加密算法和加密密钥对明文 X 进行加密，得到密文 $E_{PK}(X)$；设解密算法为 D、解密密钥为 SK，可利用解密算法和解密密钥将密文恢复为明文，即 $D_{SK}[E_{PK}(X)]=X$。

> **注意**　加密密钥是公开的，解密密钥是接收者专用的密钥，对其他所有人都保密。

③ 在计算机上很容易产生成对的加密密钥和解密密钥。

④ 加密和解密运算可以对调，即利用 D_{SK} 对明文进行加密形成密文，然后利用 E_{PK} 对密文进行解密，即 $E_{PK}[D_{SK}(X)]=X$。

比较著名的公钥加密算法有 RSA 加密算法、背包密码算法、McEliece 密码算法、Diffe-Hellman 算法、Rabin 算法、Ong-FiatShamir 算法、零知识证明的算法、椭圆曲线算法、ElGamal 密码算法等。其中，最有影响力的是 RSA 加密算法。

（2）RSA 加密算法。RSA 加密算法是一个现今在银行系统、军事情报等许多领域用处非常广泛的非对称加密算法，已经深深地影响了当今社会中的每一个人，并极大地保证了交易的安全性。一个以 RSA 加密算法为业务的公司，其市值可以达到 5 亿美元；一组以 RSA 算法产生的密码需要当前世界上所有计算机联机不断地工作约 25 年才能够破解；一组统计资料显示，以 RSA 加密算法为核心的加密软件，其下载和使用量远远超过了 Office、IE 等著名软件。这些足以说明其价值之大、用处之广泛。RSA 加密算法已经成为未来网络生活和电子商务中不可缺少的工具。

该算法于 1977 年由美国麻省理工学院的 3 位年轻教授罗纳德·李维斯特（Ronald Rivest）、阿迪·沙米尔（Adi Shamir）和伦纳德·阿德尔曼（Leonard Adleman）提出，于 1978 年正式公布，并以 3 人的姓氏 Rivest、Shamir 和 Adleman 为 RSA 算法命名。RSA 加密算法是目前网络中进行保密通信和数字签名的最有效的安全算法之一，其安全性依赖于大数分解，利用了数论领域的一个事实，即虽然把两个大质数相乘生成一个合数是一件十分容易的事情，但要把一个大合数分解为两个质数却十分困难。大合数分解问题目前仍然是数学领域尚未解决的一大难题，至今没有任何高效的分解方法。所以，只要 RSA 加密算法采用足够大的整数，因子分解越困难，密码越难以破译，加密强度就越高。

RSA 加密算法的工作原理如下。

① 任意选择两个不同的大质数 p、q，计算 $N=pq$（N 称为 RSA 算法中的模数）。

② 计算 N 的欧拉函数 $\phi(N)=(p-1)(q-1)$，$\phi(N)$ 被定义为不超过 N 并与 N 互质的数的个数。

③ 从 $[0,\phi(N)-1]$ 中选择一个与 $\phi(N)$ 互质的数 e 作为公开的加密指数。

④ 计算解密指数 d，使 $ed=1 \bmod \phi(N)$。其中，公钥 PK=$\{e,N\}$，私钥 SK=$\{d,N\}$。

⑤ 公开 e、N，但对 d 保密。

⑥ 将明文 X（假设 X 是一个小于 N 的整数）加密为密文 Y，计算方法为

$$Y=X^e \bmod N$$

⑦ 将密文 Y（假设 Y 是一个小于 N 的整数）解密为明文 X，计算方法为

$$X=Y^d \bmod N$$

值得注意的是，e、d、N 满足一定的关系，但破译者只根据 e 和 N（不是 p 和 q）计算出 d 是不可能的。因此，任何人都可对明文进行加密，但只有授权用户（知道 d 的用户）才可以对密文进行解密。

下面通过一个例子来对上述过程进行说明。

选取两个质数 $p=5$、$q=11$。（为简单起见，只选取很小的质数。）

计算出 $N=pq=5\times11=55$。

计算出 $\phi(N)=(p-1)(q-1)=4\times10=40$。

从 $[0,39]$ 中选取一个与 40 互质的数 e。这里选 $e=3$。通过 $3d=1 \bmod 40$，解出 d。不难得出 $d=27$，因为 $ed=3\times27=81=2\times40+1=1 \bmod 40$。

于是，公钥 PK $=\{3,55\}$、私钥 SK $=\{27,55\}$。

现在对明文进行加密。首先将明文划分为一个个分组，使每个明文分组的二进制值不超过 N，即不超过 55。

设明文 $X=17$，用公钥 PK $=\{3,55\}$ 加密时，密文 $Y=X^e \bmod N=17^3 \bmod 55=18$；用私钥 SK $=\{27,55\}$ 进行解密时，明文 $X=Y^d \bmod N=18^{27} \bmod 55=17$。

RSA 加密算法的安全性取决于对模数 N 因数分解的困难性。RSA 加密算法的 3 位提出者最初使用 512 位十进制数字作为其模数 N，并预言要经过 40×10^{15} 年才能被破解。但在 1999 年 8 月，荷兰国家数学与计算机科学研究所的一组科学家成功分解了 512 位的整数，大约 300 台协同工作的高速工作站与 PC 仅用了 7 个月就解决了此问题。1999 年 9 月，以色列密码学家阿迪·沙米尔设计了一种名为 TWINKLE 的因数分解设备，可以在几天内破解 512 位的 RSA 密钥。

这些事实并不是说明 RSA 加密算法不可靠，而是说明在使用 RSA 加密时必须选用足够长的密钥。对于当前的计算机运行速度，使用 512 位的密钥已不安全。目前，安全电子交易（Secure Electronic Transaction，SET）协议中要求证书机构（Certificate Authority，CA）采用 2048 位的密钥，其他实体使用 1024 位的密钥。现在，在技术上还无法预测破解具有 2048 位密钥的 RSA 加密算法需要多少时间。从这个意义上说，遵循 SET 协议开发的电子商务系统是绝对安全的。

9.4 数字证书和数字签名

数字证书是由权威公证的第三方认证机构，即证书机构负责签发和管理的、个人或企业的网络数字身份证明。数字签名是使用数字证书与信息加密技术、用于鉴别电子数据的技术，可通俗理解为加盖在电子文件上的"数字指纹"。

数字签名是用数字证书对电子文件签名后在电子文件上保留的签署结果，用以证明签署人的签署意愿。所以数字证书是数字签名的基础，数字签名是数字证书的一种应用结果。

本节将对数字证书和数字签名两者的含义、区别和工作原理等内容进行详细介绍。

9.4.1 电子商务安全的现状

基于 Internet 的电子商务系统使客户能够方便地获得商家和企业的信息，轻松地进行网上交易和网上购物，但同时增加了某些敏感或有价值的数据被滥用的风险。人们在感叹电子商务巨大潜力

的同时，不得不冷静地思考在人与人互不见面的 Internet 中进行交易和作业时，怎么才能保证交易的公正性和安全性，保证交易双方身份的真实性。当然，大家会想到必须要保证电子商务系统具有十分可靠的安全保密技术，即必须保证信息的保密性、交易者身份的确定性、数据交换的完整性、发送信息的不可否认性和不可修改性。

（1）信息的保密性。交易中的商务信息均有保密的要求。例如，信用卡的账号和用户名被人知悉后，信用卡就可能被盗用；订货和付款的信息被竞争对手获悉后，就可能失去商机。因此，在电子商务的信息传播中通常都有加密的要求。

（2）交易者身份的确定性。网上交易的双方很可能从未见过且相隔千里。要使交易成功，首先要能确认对方的身份。商家要考虑客户会不会是骗子，而客户也会担心网上的商店是不是黑店。因此能方便而可靠地确认对方的身份是交易的前提。对于为客户或用户开展服务的银行、信用卡公司和销售商店，为了做到安全、保密、可靠地开展服务活动，都要进行身份认证的工作。对有关的销售商店来说，他们对客户所用的银行卡的号码是不知道的，商店只能把银行卡的确认工作完全交给银行来完成。银行可以采用各种保密与识别方法，确认客户的身份是否合法，同时要防止发生拒付款问题并确认订货和订货收据信息等。

（3）数据交换的完整性。交换时保证数据的完整性是电子商务应用的基础，完整性是指在交易中防止数据的丢失、重复，以及保证传送顺序的一致。数据的完整性被破坏可能导致贸易双方的信息产生差异，从而影响正常的贸易，甚至造成纠纷。因此，不仅要做到数据的安全传输，还需要确定收到的数据没有经过篡改，使接收方获得完整的信息。

（4）发送信息的不可否认性。由于商情千变万化，因此交易一旦达成就不能否认，否则必然会损害其中一方的利益。例如，在订购黄金的交易中，订货时金价较低，但收到订单后，金价上涨了，若供货方否认收到订单的实际时间，甚至否认收到订单的事实，则订货方就会蒙受损失。因此，电子交易通信过程的各个环节都必须是不可否认的。

（5）发送信息的不可修改性。交易的文件是不可被修改的。如上面所说的订购黄金，供货方在收到订单后，发现金价大幅上涨了，如果能改动文件内容，将订购数从 1 t 改为 1 g，则可大幅受益，而订货方就会蒙受巨大损失。因此，电子交易文件要能做到不可修改，以保障交易的公正性。

现在，国际上已经有一套比较成熟的安全解决方案，那就是建立数字证书体系结构。数字证书提供了一种在网络中验证身份的方式。可以使用数字证书，通过运用对称和非对称密码体制等密码技术建立起一套严密的身份认证系统，从而保证信息除发送方和接收方外不被其他人窃取，信息在传输过程中不被篡改，发送方能够通过数字证书来确认接收方的身份，发送方对于自己的信息不能抵赖。

9.4.2　数字证书

公钥加密算法能够很好地解决身份认证和信息保密的安全问题。可是，使用该技术的前提是双方必须知道对方的公钥。这样就产生了另一个安全问题，即加密者所使用的公钥是否真正为接收者交给他的公钥？"中间人"攻击方式是一种潜在的威胁，在这种类型的攻击中，某人发布了一个假冒的密钥，该密钥所代表的用户名和用户 ID 正是使用者要发信的接收方。加密的数据被这个假密钥的拥有者截获后就能获知数据的真实内容。

在公开密钥环境下，保证加密所使用的公钥确实是接收者的公钥而不是假冒的，这是至关重要的。如果密钥是由接收者亲自交给自己的，那么可以放心地用来加密，可是如果要与一个从未见过面的人交换信息，就不能保证手中握有正确的密钥了。

（1）数字证书的含义。数字证书是网络通信中标志通信各方身份信息的一系列数据，是各类实体（持卡人/个人、商户/企业、网关/银行等）在网络中进行信息交流及商务活动的身份证明。在电子交易的各个环节，交易的各方都需要验证对方证书的有效性，从而解决相互间的信任问题。

数字证书由权威机构——CA 中心发行。CA 中心作为电子商务交易中受信任的第三方，承担公钥体系中公钥的合法性检验的责任，负责产生、分配和管理所有参与网上交易的个体所需的数字证书，因此其是安全电子交易的核心。

从证书的用途来看，数字证书可分为签名证书和加密证书。签名证书主要用于对用户信息进行签名，以保证信息的不可否认性；加密证书主要用于对用户传输的信息进行加密，以保证信息的真实性和完整性。简单的数字证书包含一个公钥、名称和 CA 中心的数字签名。一般情况下，证书中还包括密钥的有效时间、发证机关（证书授权中心）的名称、该证书的序列号等信息，证书的格式遵循 ITUT X.509 国际标准。

一个标准的 X.509 数字证书包含以下内容。

- 证书的版本信息。
- 证书的序列号，每个证书都有一个唯一的证书序列号。
- 证书使用的签名算法。
- 证书的发行机构名称，命名规则一般采用 X.500 格式。
- 证书的有效期，现在通用的证书一般采用协调世界时（Universal Time Coordinated, UTC）时间格式，计时范围为 1950～2049。
- 证书所有人的名称，命名规则一般采用 X.500 格式。
- 证书所有人的公钥。
- 证书发行者对证书的签名。

（2）数字证书的原理。数字证书采用公钥加密体制，即利用一对互相匹配的密钥进行加密、解密。每个用户自己设定一把特定的仅为本人所知的私钥，用私钥进行解密和签名，同时设定一把公钥并由本人公开，为一组用户所共享，用于加密和验证签名。当发送一份保密文件时，发送方使用接收方的公钥对数据进行加密，而接收方则使用自己的私钥解密，这样信息就可以安全无误地到达目的地。通过数字的手段保证加密过程是一个不可逆过程，即只有使用私钥才能解密。

公钥技术解决了密钥发布的管理问题。商家可以公开公钥，而保留私钥。客户可以用人人皆知的公钥对发送的信息进行加密，将其安全地传输给商家，然后商家用自己的私钥对信息进行解密。

用户也可以采用自己的私钥对信息加以处理，由于私钥仅为本人所有，这样就产生了其他人无法生成的文件，形成了数字签名。

9.4.3　数字签名

在金融和商业等系统中，许多业务都要求在文件和单据上添加签名或加盖印章，证实其真实性，以备日后查验。在文件上手写签名长期以来被用来作为作者身份的证明，或表明签名者同意文件的内容。实际上，签名体现了以下几个方面的保证。

（1）签名是可信的。签名使文件的接收者相信签名者是慎重地在文件上签名的。

（2）签名是不可伪造的。签名证明是签名者而不是其他人在文件上签字。

（3）签名不可重用。签名是文件的函数，并且不可能转换为其他文件。

（4）签名后的文件是不可变的。在文件签名以后，文件就不能改变了。

（5）签名是不可抵赖的。签名和文件是不可分离的，签名者事后不能声称没有签过这个文件。

要想在计算机上进行数字签名并使这些保证继续有效，还存在以下问题：首先，计算机文件易于复制，即使某人的签名难以伪造，但是将有效的签名从一个文件剪切和粘贴到另一个文件是很容易的，这就使这种签名失去了意义；其次，文件在签名后易于修改，且不会留下任何修改的痕迹。

在利用计算机网络传输数据时采用数字签名能够确认以下两点。

（1）保证信息是由签名者自己签名并发送的，签名者不能否认或难以否认。

（2）保证信息自签发后到收到为止未曾做过任何修改，签发的文件是真实文件。

1. 单向散列函数

单向散列函数又称为哈希（Hash）函数，主要用于消息认证（或身份认证）和数字签名。当前，国际上著名的单向散列函数是由罗纳德·李维斯特编写的 MD5 和美国国家标准和技术协会开发的安全散列算法（Secure Hash Algorithm，SHA）。

一个单向散列函数 $h=H(M)$ 可以将任意长度的输入串（消息 M）映射为固定长度值 h [这里 h 称为散列值，或信息摘要（Message Digest，MD）]，其最大的特点是具有单向性。

单向散列函数的主要特性如下。

（1）给定 M，要计算出 h 是很容易的。

（2）给定 h，根据 $H(M)=h$ 反推出 M 在计算上是不可行的。

（3）给定 M，要找到另外一个消息 M^*，使其满足 $H(M^*)=H(M)=h$ 在计算上也是不可行的。

（4）改变 M 中的任意一位，h 都将会发生很大的变化。

向这个单向散列函数中输入任意大小的信息，输出的都是固定长度的信息摘要。其中，MD5 生成 128 位信息摘要，SHA 生成 160 位信息摘要。这些信息摘要实际上可以被视为输入信息的数字指纹。

2. 数字签名的原理

数字签名的原理可以通过下面的例子来说明。

用户甲向用户乙传输消息，为了保证消息传输的保密性、确定性、完整性和不可否认性等，需要对要传输的消息进行数字加密和数字签名，如图 9-10 所示。

（1）将消息用甲乙双方约定的单向散列函数计算出来，能够得到一个固定位数的信息摘要。在数学上保证：只要改动消息中的任何一位，重新计算出的信息摘要就会与原先的不相符。这样就保证了消息的完整性。

（2）甲用自己的私钥对信息摘要进行加密，得到自己的数字签名，并将其附在原消息上一起发送给乙。

（3）乙收到甲的数字签名消息后，用同样的单向散列函数对收到的消息再进行一次计算，得到一个新的信息摘要，并将其与用甲的公钥进行解密所得到的信息摘要进行比较。如果这两个信息摘要相等，则说明报文确实来自真正的发送者，而且没有被修改过。

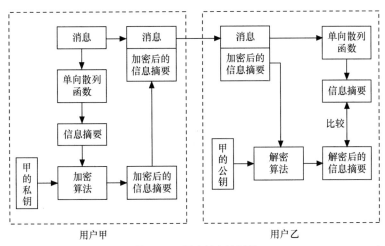

图 9-10　数字签名的原理

3. 数字签名和数字加密的区别

数字签名和数字加密的过程虽然都使用公开密钥体系，但实现的过程正好相反，使用的密钥对也不同。

数字签名使用的是发送方的密钥对，发送方用自己的私钥进行加密，接收方用发送方的公钥进行解密，这是一对多的关系，任何拥有发送方公钥的人都可以验证数字签名的正确性。

数字加密则使用的是接收方的密钥对，这是多对一的关系，任何知道接收方公钥的人都可以向接收方发送加密信息，只有唯一拥有接收方私钥的人才能对信息进行解密。另外，数字签名还采用了对称加密算法，能保证发送信息的完整性、身份的确定性和信息的不可否认性；数字加密则采用了对称加密算法和非对称加密算法相结合的方法，能保证发送信息的保密性。

9.5 入侵检测技术

人们通常将试图破坏信息系统的完整性、机密性、可信性的任何网络活动称为网络入侵。防范网络入侵常用的方法就是使用防火墙。防火墙具有简单、实用的特点，并且透明度高，可以在不修改原有网络应用系统的情况下达到一定的安全要求。但是，防火墙只是一种被动性防御的网络安全工具，仅使用防火墙是不够的。首先，入侵者可以找到防火墙的漏洞，绕过防火墙进行攻击。其次，防火墙对来自内部的攻击无能为力。防火墙所提供的服务方式是要么都拒绝，要么都通过，而这远远不能满足用户复杂的应用要求，于是产生了入侵检测技术。

9.5.1 入侵检测的基本概念

入侵检测是识别针对计算机或网络资源的恶意企图和行为，并对此做出反应的过程。

入侵被检测出来的过程包括监控在计算机系统或者网络中发生的事件、分析处理这些事件、检测出入侵事件。入侵检测系统（Intrusion Detection System，IDS）就是使这种监控和分析过程自动化的独立系统，其既可以是安全软件，又可以是硬件。

IDS能够检测未授权对象（人或程序）针对系统的入侵企图或行为，同时监控授权对象对系统资源的非法操作。IDS对入侵的检测通常包括以下几个部分。

（1）在系统的不同环节收集信息。

（2）分析该信息，试图寻找入侵活动的特征。

（3）自动对检测到的行为做出响应。

（4）记录并报告检测过程、结果。

入侵检测作为一种积极主动的安全防护技术，提供了对内部攻击、外部攻击和误操作的实时监控，在网络系统受到危害之前拦截和响应入侵。IDS能很好地弥补防火墙的不足，从某种意义上说是防火墙的补充。

9.5.2 入侵检测的分类

现有的入侵检测分类大多是基于信息源和分析方法来进行的。

1. 按照信息源的不同进行分类

根据信息源的不同，入侵检测可分为基于主机和基于网络两大类。

（1）基于主机的入侵检测系统（Host-based Intrusion Detection System，HIDS）。HIDS可监测系统、事件和Windows NT下的安全记录，以及UNIX环境下的系统记录。当有文件被修改时，HIDS将新的记录条目与已知的攻击特征相比较，查看是否匹配。如果匹配，则会向系统管理员报警或者做出适当的响应。

HIDS 在发展过程中融入了其他技术。检测关键的系统文件和可执行文件是否被入侵的一种常用方法是定期检查文件的校验和，以便发现异常的变化。反应的快慢取决于轮询时间间隔的长短。许多产品都会监听端口的活动，并在特定端口被访问时向管理员报警。这类检测方法将基于网络的入侵检测的基本方法融入基于主机的检测环境。

（2）基于网络的入侵检测系统（Network-based Intrusion Detection System，NIDS）。NIDS以数据包作为分析的数据源，通常利用一个工作在混杂模式下的网卡来实时监视并分析通过网络的数据流。分析模块通常使用模式匹配、统计分析等技术来识别攻击行为。一旦检测到攻击行为，NIDS 的响应模块就会做出适当的响应，如报警、切断相关用户的网络连接等。不同 IDS 在实现时采用的响应方式也可能不同，但通常都包括通知管理员、切断连接、记录相关的信息以提供必要的法律依据等。

目前，许多机构的网络安全解决方案同时采用了基于主机和基于网络的两种 IDS，因为这两种系统在很大程度上是互补的。实际上，许多客户在使用 IDS 时都配置了基于网络的入侵检测。在防火墙之外的检测器可以用来检测来自外部 Internet 的攻击。虽然 DNS、E-mail 和 Web 服务器经常是被攻击的目标，但是又必须与外部网络交互，不可能对其进行全部屏蔽，所以应当在各服务器上安装 HIDS，其检测结果也要向分析员控制台报告。因此，即便是小规模的网络结构也常常需要基于主机和基于网络的两种入侵检测能力。

2. 按照检测所用分析方法的不同进行分类

根据检测所用分析方法的不同，入侵检测可分为误用检测和异常检测。

（1）误用检测（Misuse Detection）。大部分现有的入侵检测工具会使用误用检测方法。误用检测方法应用了系统缺陷和特殊入侵的累积知识。该 IDS 包含一个缺陷库，并且能够检测出利用这些缺陷入侵的行为。每当检测到入侵时，系统就会报警。只要是不符合正常规则的所有行为都会被认为是不合法的，所以误用检测的准确度很高，但是其查全度（检测所有入侵的能力）与入侵规则的更新程度有密切关系。

误用检测的优点是误报率很低，并且对每一种入侵都能提供详细的资料，使用者能够更方便地做出响应；缺点是入侵信息的收集和更新比较困难，需要做大量的工作，花费很多时间。另外，这种方法难以检测本地入侵（如权限滥用等），因为没有一个确定的规则来描述这类入侵事件，因此误用检测一般是适用于特殊环境的检测工具。

（2）异常检测（Anomaly Detection）。异常检测假设入侵者活动异常于正常的活动。为实现该类检测，IDS 建立了正常活动的"规范集"，当主体的活动违反其统计规律时，被认为可能是"入侵"行为。异常检测最大的优点是具有抽象系统的正常行为，从而具备检测系统异常行为的能力。因为这种能力不受系统以前是否知道这种入侵的限制，所以能够检测出新的入侵或者从未发生过的入侵。大多数正常行为的模型使用一种矩阵的数学模型，矩阵的数量来自系统的各种指标，如 CPU使用率、内存使用率、登录的时间和次数、网络活动、文件的改动等。异常检测的缺点如下：若入侵者了解了检测规律，就可以小心地避免系统指标的突变，从而使用逐渐改变系统指标的方法来逃避检测；异常检测的查准率不高，检测时间较长；异常检测是一种"事后"的检测，当检测到入侵行为时，破坏早已发生了。

9.6 网络防病毒技术

1988 年，美国康奈尔大学的计算机科学系研究生——罗伯特·莫里斯（Robert Morris）将其编写的蠕虫程序输入计算机网络，这个网络连接着大学、研究机构的 155000 多台计算机，该程序在几小时内导致了 Internet 的堵塞。这件事就像是计算机界的一次"大地震"，产生了巨人反响，震惊了全世界，引起了人们对计算机病毒的恐慌，也使更多的计算机专家开始重视并致力于计算机病毒的研究。

随着计算机和 Internet 的日益普及，计算机病毒已经成为信息社会的一大顽症，其借助于计算机网络可以传播到计算机世界的每一个角落，并大肆破坏计算机上的数据、更改操作程序、干扰正常显示、摧毁系统，甚至对硬件系统产生一定的破坏作用。计算机病毒的侵袭会使计算机系统反应速度降低、运行失常、可靠性降低，有的系统被破坏后可能无法工作。从第一个计算机病毒出现以来，在世界范围内，一些计算机病毒的攻击已经消耗了计算机用户大量的人力和财力，甚至对人们正常工作、企业正常生产和国家的安全造成了巨大的影响。因此，网络防病毒技术已成为计算机网络安全研究的一个重要课题。

9.6.1　计算机病毒

1. 计算机病毒的定义

计算机病毒借用了生物病毒的概念。众所周知，生物病毒是能侵入人体和其他生物的病原体，并能在人群及其他生物群体中传播，其潜入人体或其他生物体的细胞后就会大量繁殖与其本身相仿的复制品，这些复制品又去感染其他健康的细胞，造成病毒的进一步扩散。计算机病毒和生物病毒一样，是一种能侵入计算机系统和网络、危害其正常工作的"病原体"，能够对计算机系统进行各种破坏，同时能自我复制，具有传染性和潜伏性。

早在 1949 年，计算机的先驱者约翰·冯·诺依曼（John Von Neumann）在一篇名为《复杂自动装置的理论及组织的进行》的论文中就已勾画出了病毒程序的蓝图：计算机病毒实际上就是一种可以自我复制、传播的具有一定破坏性或干扰性的计算机程序，或是一段可执行的程序代码。计算机病毒可以把自己附着在各种类型的正常文件中，使用户很难察觉和根除。

人们从不同的角度给计算机病毒下了定义。美国加利福尼亚大学的弗雷德·科恩（Fred Cohen）博士对计算机病毒的定义如下：计算机病毒是一个能够通过修改程序，并且用自身包括复制品在内去"感染"其他程序的程序。我国在《中华人民共和国计算机信息系统安全保护条例》中，将计算机病毒明确定义如下：编制或者在计算机程序中插入的破坏计算机功能或者毁坏数据，影响计算机使用，并能自我复制的一组计算机指令或者程序代码。

2. 计算机病毒的特点

无论是哪一种计算机病毒，都是人为制造的、具有一定破坏性的程序，有别于医学上所说的传染病毒（计算机病毒不会传染给人），然而两者又有一些相似的地方。计算机病毒具有以下特征。

（1）传染性。传染性是病毒最基本的特征之一。在生物界，病毒通过传染从一个生物体扩散到另一个生物体。在适当的条件下，病毒可以大量繁殖，并使被感染的生物体表现出病症甚至死亡。同样，计算机病毒也会通过各种渠道从已被感染的计算机扩散到未被感染的计算机，在某些情况下造成被感染的计算机工作失常甚至瘫痪。与生物病毒不同的是，计算机病毒是一段人为编制的计算机程序代码，这段程序代码一旦进入计算机并得以执行，就会搜寻其他符合其传染条件的程序或存储介质，确定目标后再将自身代码插入其中，达到自我繁殖的目的。只要一台计算机感染病毒，如果不及时处理，那么病毒就会在这台计算机上迅速扩散，其中的大量文件（一般是可执行文件）会被感染。被感染的文件又成了新的传染源，再与其他计算机进行数据交换或通过网络接触继续进行传染。大部分病毒不管是处在激发状态还是隐蔽状态，均具有很强的传染能力，可以很快地传染大型计算机中心、局域网和广域网等。

（2）隐蔽性。计算机病毒往往是较小的程序，非常容易隐藏在可执行程序或数据文件中。当用户运行正常程序时，病毒伺机窃取到系统控制权，限制正常程序的执行，而这些对用户来说都是未知的。若不经过代码分析，则病毒程序和普通程序是不容易区分开的。正是由于病毒程序的隐蔽性才使其在被发现之前已进行了广泛的传播，造成了较大的破坏。

（3）潜伏性。计算机的潜伏性是指病毒具有依附于其他介质而寄生的能力。一段编制精巧的计算机病毒程序进入系统之后一般不会马上发作，可以在几周、几个月，甚至几年内隐藏在合法文件中，对其他系统进行传染而不被人发现。例如，在每年 4 月 26 日发作的 CIH 病毒、每逢 13 号的星期五发作的"黑色星期五"病毒等。病毒的潜伏性越好，其在系统中的存在时间就会越长，病毒的传染范围就会越大。潜伏性的第一种表现是不用专用检测程序是检查不出来病毒程序的，因此病毒可以在磁盘或磁带中隐藏几天，甚至几年，一旦时机成熟，得到运行机会，就会四处繁殖、扩散，继续传播。潜伏性的第二种表现是计算机病毒的内部往往有一种触发机制，不满足触发条件时，计算机病毒除传染外不会进行破坏。一旦触发条件得到满足，有的病毒会在屏幕上显示信息、图形或特殊标志，有的病毒会执行破坏系统的操作，如格式化磁盘、删除磁盘文件、对数据文件进行加密、封锁键盘和使系统锁死等。

（4）触发性。病毒的触发性是指病毒在一定的条件下通过外界的刺激而被激活，发生破坏作用。触发病毒程序的条件是病毒设计者安排、设计的，这些触发条件可能是时间/日期触发、计数器触发、输入特定符号触发、启动触发等。病毒运行时，触发机制会检查预定条件是否满足，如果满足，则进行感染或破坏动作，使病毒对计算机系统造成感染或攻击；如果不满足，则病毒继续潜伏。

（5）破坏性。计算机病毒的最终目的是破坏用户程序及数据，计算机病毒的破坏行为体现了病毒的杀伤能力。病毒破坏行为的激烈程度取决于病毒设计者的主观愿望和所具有的技术能力。如果病毒设计者的目的在于彻底破坏系统的正常运行，那么这种病毒对于计算机系统所造成的后果是难以设想的，其可以破坏磁盘文件的内容、删除数据、抢占内存空间，甚至对硬盘进行格式化，造成整个系统的崩溃。有时几种本没有多大破坏作用的病毒交叉感染，也会导致系统崩溃等。

（6）衍生性。因为计算机病毒本身是一段可执行程序，同时计算机病毒本身是由几部分组成的，所以其可以被恶作剧者或恶意攻击者模仿，甚至对计算机病毒的几个模块进行修改，使之成为一种不同于原病毒的计算机病毒。例如，曾经在 Internet 上影响颇大的"震荡波"病毒，其变种病毒就有 A、B、C 等多种。

3. 计算机病毒的分类

以前，大多数计算机病毒主要通过软盘传播，但是当 Internet 成为人们的主要通信方式以后，网络又为病毒的传播提供了新的渠道，病毒的产生速度大大加快，数量也不断增加。目前，全球的计算机病毒有几万种，对计算机病毒的分类方法也有多种，常见的分类方法有以下几种。

（1）按病毒存在的介质分类，类型如下。

① 引导型病毒。引导型病毒是一种在系统引导时出现的病毒，依托的环境是 BIOS 中断服务程序。引导型病毒利用了操作系统的引导模块放在某个固定的位置，并且控制权的转交方式以物理地址为依据，而不以操作系统引导区的内容为依据，因此病毒占据该物理位置后即可获得控制权，而将真正的引导区内容转移或替换。待病毒程序被执行后，再将控制权交给真正的引导区内容，使这个带病毒的系统表面上看似正常运转，但实际上病毒已经隐藏在了系统中，伺机传播、发作。引导型病毒主要感染软盘、硬盘的引导扇区（Boot Sector）中的内容，等到用户启动计算机或对软盘等存储介质进行读、写操作时就进行感染和破坏活动，还会破坏硬盘上的文件分配表（File Allocation Table，FAT）。此类病毒有 Anti-CMOS、Stone 等。

② 文件型病毒。文件型病毒主要感染计算机中的可执行文件，用户在使用某些正常的程序时，

病毒会被加载并向其他可执行文件传染，如随着 Microsoft 公司 Word 文字处理软件的广泛使用和 Internet 的推广、普及而出现的宏病毒。宏病毒是一种寄生于文档或模板的宏中的计算机病毒。一旦打开这样的文档，宏病毒就会被激活，并转移到计算机上，且驻留在 Normal 模板上。此后，所有自动保存的文档都会感染上这种宏病毒，如果其他计算机的用户打开了感染病毒的文档，则宏病毒会转移到其他计算机上。

③ 混合型病毒。混合型病毒是指具有引导型病毒和文件型病毒寄生方式的计算机病毒，综合利用以上病毒的传染渠道进行传播和破坏。这种病毒扩大了病毒程序的传染途径，既感染磁盘的引导记录，又感染可执行文件，并通常具有较复杂的算法，使用非常规的办法侵入系统，同时使用了加密和变形算法。当感染了此种病毒的磁盘用于引导系统或调用执行染毒文件时，病毒就会被激活。因此，在检测、清除混合型病毒时，必须根治。如果只发现该病毒的一个特性，将其只当作引导型或文件型病毒进行清除，这样虽然好像是清除了该病毒，但是仍留有隐患，这种经过杀毒后的"洁净"系统往往更有攻击性。此类病毒有 Flip 病毒、新世纪病毒、One-Half 病毒等。

（2）按病毒的破坏能力分类，类型如下。

① 良性病毒。良性病毒是指那些只是为了表现自身，并不彻底破坏系统和数据，但会大量占用 CPU 时间、增加系统开销、降低系统工作效率的一类计算机病毒。这种病毒多数是恶作剧的产物，其目的不是破坏系统和数据，而是向使用感染了病毒的计算机的用户炫耀病毒设计者的编程技术。但是良性病毒对系统也并非完全没有破坏作用，良性病毒取得系统控制权后会导致整个系统运行效率降低、系统可用内存容量减少、某些应用程序不能运行。良性病毒会与操作系统和应用程序争夺 CPU 的控制权，常常导致整个系统锁死，给正常操作带来麻烦。有时，系统内还会出现几种病毒交叉感染的现象，一个文件不停地反复被几种病毒所感染。例如，原来只有 10 KB 的文件变成约 90 KB，就是因为被几种病毒反复感染了多次。这不仅消耗了大量宝贵的磁盘存储空间，还会导致整个计算机系统因多种病毒寄生其中而无法正常工作。典型的良性病毒有小球病毒、救护车病毒、Dabi 病毒等。

② 恶性病毒。恶性病毒是指那些一旦发作，就会破坏系统或数据，造成计算机系统瘫痪的一类计算机病毒。这类病毒危害性极大，一旦发作，给用户造成的损失可能是不可挽回的。例如，黑色星期五病毒、CIH 病毒、米氏病毒等。其中，米氏病毒发作时，硬盘的前 17 个扇区将被彻底破坏，整个硬盘上的数据无法被恢复，造成的损失是无法挽回的。有的病毒还会对硬盘进行格式化等破坏。这些操作代码都是被刻意编写进病毒的，这是其特性之一。

（3）按病毒传染的方法分类，类型如下。

① 驻留型病毒。驻留型病毒感染计算机后会把自身驻留在内存中，这一部分程序会挂接系统，被调用并合并到操作系统中，且一直处于激活状态。

② 非驻留型病毒。非驻留型病毒是一类立即传染的病毒，每执行一次带毒程序，就自动在当前路径中搜索，查到满足要求的可执行文件就进行传染。该类病毒不修改中断向量，不改动系统的任何状态，因此很难区分当前运行的是一个病毒还是一个正常的程序。该类病毒的典型代表是 Vienna/648。

（4）按照病毒的链接方式分类，类型如下。

① 源码型病毒。这类病毒较为少见，主要攻击高级语言编写的源程序。源码型病毒在源程序被编译之前就插入其中，并随源程序一起编译并连接成可执行文件，最终所生成的可执行文件便已经感染了病毒。

② 嵌入型病毒。这类病毒将自身代码嵌入被感染文件中，将计算机病毒的主体程序与其攻击的对象以插入的方式链接。这类病毒一旦侵入程序体，查毒和杀毒都非常不易。因为编写嵌入型病毒比较困难，所以这种病毒数量不多。

③ 外壳型病毒。外壳型病毒一般将自身代码附着于正常程序的首部或尾部，对原来的程序不作修改。这类病毒种类繁多，易于编写，也易于被发现，大多数感染文件的病毒是这种类型。

④ 操作系统型病毒。这类病毒用自己的程序意图加入或取代部分操作系统进行工作，具有很强的破坏力，可以导致整个系统的瘫痪。圆点病毒和大麻病毒就是典型的操作系统型病毒。这类病毒在运行时，用自己的逻辑部分取代操作系统的合法程序模块，对操作系统进行破坏。

9.6.2　网络病毒的危害及感染网络病毒的主要原因

网络病毒是指通过计算机网络进行传播的病毒，病毒在网络中的传播速度更快、传播范围更广、危害性更大。随着网络应用的不断拓展，计算机网络的病毒防护技术也被越来越多的企业 IT 决策人员、管理信息系统（Management Information System，MIS）人员和广大的计算机用户所关注。

1. 网络病毒的危害

随着互联网的发展，近几年计算机病毒呈现出异常活跃的态势。最新统计数据显示，截至 2018 年年底，卡巴斯基实验室反病毒产品共拦截了近 100 亿次针对用户计算机和移动设备的恶意攻击。其中，约 38% 的计算机用户在 2018 年至少遭遇了一次网络攻击，约 19% 的安卓用户在 2018 年至少遭遇了一次移动威胁。2018 年，网络病毒威胁仍集中在两个方面——移动威胁与金融威胁。其中，移动威胁的增长趋势尤为明显。最新实验数据显示，2018 年新增移动恶意程序和手机银行木马病毒分别达 3503952 种和 69777 种。不仅如此，约 53% 的网络攻击均涉及窃取用户钱财的手机木马病毒（短信木马病毒和银行木马病毒）。目前，全球超过 200 个国家/地区均出现了移动恶意威胁。

在受到病毒攻击的各种平台上，Microsoft 的 IE 排在第一；其次是 Adobe Reader；再次是甲骨文的 Sun Java。用户广泛使用的 Office 办公软件也为宏病毒文件的传播提供了基础，大大加快了宏病毒文件的传播。此外，Java 和 ActiveX 技术在网页编程中应用得十分广泛，在用户浏览各种网站的过程中，很多利用 Java 和 ActiveX 特性编写出的病毒网页可以在用户上网的同时被悄悄地下载到 PC 中。虽然这些病毒不破坏硬盘资料，但是在用户开机时，可以强迫程序不断开启新视窗，直至耗尽系统宝贵的资源为止。

2. 网络感染病毒的主要原因

网络病毒的危害是人们不可忽视的现实。目前约 70% 的病毒感染发生在网络上，人们在研究引起网络病毒的多种因素中发现，将微型计算机磁盘带到网络上运行后使网络感染病毒的事件占病毒事件总数的 41% 左右，从网络电子广告牌上带来的病毒约占 7%，从软件商的演示盘中带来的病毒约占 6%，从系统维护盘中带来的病毒约占 6%，从公司之间交换的 U/硬盘中带来的病毒约占 2%。可以看出，引起网络病毒感染的主要原因在于网络用户自身。

因此，网络病毒问题的解决只能从采用先进的防病毒技术与制定严格的用户使用网络的管理制度两方面入手。对于网络中的病毒，既要高度重视，采取严格的防范措施，将感染病毒的可能性降到最低，又要采用适当的杀毒方案，将病毒的影响控制在较小的范围内。

9.6.3　网络防病毒软件的应用

目前，用于网络的防病毒软件有很多，这些防病毒软件可以同时用来检查服务器和工作站的病毒。其中，大多数网络防病毒软件是运行在文件服务器上的。由于局域网中的文件服务器往往不止一个，因此为了方便对服务器上病毒的检查，通常可以将多个文件服务器组织在一个域中，网络管理员只需在域中的主服务器上设置扫描方式与扫描选项，就可以检查域中多个文件服务器或工作站是否带有病毒。

网络防病毒软件的基本功能是对文件服务器和工作站进行查毒扫描，发现病毒后立即报警并隔离带毒文件，由网络管理员负责清除病毒。

网络防病毒软件一般提供以下3种扫描方式。

（1）实时扫描。实时扫描是指当对一个文件进行转入、转出、存储和检索操作时，不间断地对其进行扫描，以检测其中是否存在病毒和其他恶意代码。

（2）预置扫描。预置扫描可以预先选择日期和时间来扫描文件服务器。预置的扫描频率可以是每天一次、每周一次或每月一次，扫描时间最好选择在网络工作不太繁忙的时候。定期、自动地对服务器进行扫描能够有效地提高防毒管理的效率，使网络管理员能够更加灵活地采取防毒策略。

（3）人工扫描。人工扫描可以要求网络防病毒软件在任何时候扫描文件服务器上指定的驱动器盘符、目录和文件。扫描的时间长短取决于要扫描的文件和硬盘资源的大小。

9.6.4　网络工作站防病毒的方法

网络工作站防病毒可从以下几个方面入手：采用无盘工作站，使用带防病毒芯片的网卡，使用单机防病毒卡。

（1）采用无盘工作站。采用无盘工作站能很容易地控制用户端的病毒入侵问题，但用户在软件的使用上会受到一些限制。在一些特殊的应用场合下，如仅做数据录入时，使用无盘工作站是防病毒最保险的方案。

（2）使用带防病毒芯片的网卡。带防病毒芯片的网卡一般是在网卡的远程引导芯片位置插入一块带防病毒软件的可擦可编程只读存储器（Erasable Programmable Read-Only Memory，EPROM）。工作站每次开机后，先引导防病毒软件植入内存。防病毒软件将对工作站进行监视，一旦发现病毒，立即进行处理。

（3）使用单机防病毒卡。单机防病毒卡的核心实际上是一款软件，被事先固化在ROM中。单机防病毒卡通过动态驻留内存来监视计算机的运行情况，根据总结出来的病毒行为规则和经验来判断是否有病毒活动，并可以通过截获中断控制权来使内存中的病毒瘫痪，使其失去传染其他文件和破坏信息资料的能力。装有单机防病毒卡的工作站对病毒的扫描无须用户介入，使用起来比较方便。但是，单机防病毒卡的主要问题是其与许多国产的软件不兼容，误报、漏报病毒的现象时有发生，并且病毒类型千变万化，编写病毒的技术手段越来越高，有时根本无法检查或清除某些病毒。因此，现在使用单机防病毒卡的用户在逐渐减少。

9.7　网络安全技术的发展前景

在网络安全技术领域，加密技术、防火墙技术和入侵检测技术是与网络安全密切相关的3种主流技术。尽管这3种主要技术取得了很好的成绩，且在网络安全领域至关重要，但是大多数使用者随着应用的深入还是逐渐发现了它们的不足。所以采取何种方式来运用现今的安全产品和技术进而保证网络安全一直都是十分重要的问题。下面将对网络加密技术的发展前景、入侵检测技术的发展趋势和IDS的应用前景等进行讲解。

9.7.1　网络加密技术的发展前景

1. 私钥加密算法的发展前景

前面已经谈到，在私钥加密算法中，DES算法的影响力最大，是国际上十分通用的加密算法之一。

在实际应用中，DES 算法的保密性受到了很大的挑战。1999 年 1 月，电子前沿基金会（Electronic Frontier Foundation，EFF）和分散网络用了不到一天的时间就破译了 56 位的 DES 加密信息。DES 算法的地位因此受到了严重的影响。为此，美国推出了 DES 的改进版本——3DES（三重加密标准）。

3DES 在使用过程中，收发双方都用 3 个密钥进行加密和解密。这种 3×56 式的加密方法大大提升了密码的安全性，按照现在计算机的运算速度，破解几乎是不可能的。但是在为数据提供强有力的安全保护的同时，也要花更多的时间来对信息进行 3 次加密和解密。同时，使用这种密钥的双方都必须拥有 3 个密钥，不但密钥数量是原来的 3 倍，而且如果丢失了其中的任何一个密钥，其余两个密钥都成为无用的。这显然是大家不愿意看到的，于是，美国国家标准与技术研究所（National Institute of Standards and Technology，NIST）推出了一个新的保密措施——高级加密标准（Advanced Encryption Standard，AES）来保护金融交易。

AES 内部有更简洁、更精确的数学算法，并且只需加密一次数据。AES 被设计为具有高速、稳定的安全性能，且能够支持各种小型设备的加密算法。与 3DES 相比，AES 不仅在安全性能上与 3DES 有显著的差异，还在使用性能和资源的有效利用上具有巨大的优越性。3DES 与 AES 的比较如表 9-1 所示。

表 9-1　3DES 与 AES 的比较

算法名称	算法类型	密钥大小	解密时间（建议机器每秒尝试 255 个密钥）	速度	资源消耗
3DES	对称 Feistel 密码	112 位或 168 位	46 亿年	低	低
AES	对称 Block 密码	128 位、192 位、256 位	1490000 亿年	高	中

2. 公钥加密算法的发展前景

自公钥加密问世以来，学者们提出了许多种公钥加密方法，其安全性都基于复杂的数学难题。根据基于的数学难题，有以下 3 类系统目前被认为是安全和有效的：大整数因子分解系统（具有代表性的有 RSA 算法）、椭圆曲线离散对数系统[具有代表性的有椭圆曲线密码体制（Elliptic Curve Cryptosystem，ECC）算法]和离散对数系统[具有代表性的有数字签名算法（Digital Signature Algorithm，DSA）]。其中，RSA 算法是公钥系统中具有典型意义的算法，由于 RSA 算法的安全性基于大整数因子分解系统，而大整数因子分解问题是数学上的著名难题，至今没有有效的方法予以解决，因此可以确保 RSA 算法的安全性。目前，大多数使用公钥密码进行加密和数字签名的产品及标准使用的都是 RSA 算法。

ECC 算法是建立在单向散列函数基础上的，该单向散列函数比 RSA 算法的函数难，因此与 RSA 算法相比，其具有如下优点。

（1）安全性能更高。ECC 和其他几种公钥系统相比，其抗攻击性具有绝对的优势。例如，160 位 ECC 与 1024 位 RSA 有相同的安全强度，210 位 ECC 则与 2048 位 RSA 具有相同的安全强度。

（2）计算量更小、处理速度更快。虽然在 RSA 中可以通过选取较小的公钥（可以小到 3）的方法提高公钥处理速度，即提高加密和签名验证的速度，使其在加密和签名验证速度上与 ECC 有可比性，但在私钥的处理速度上（解密和签名），ECC 远比 RSA、DSA 快得多。因此，ECC 总的速度比 RSA、DSA 快得多。

（3）存储空间占用小。ECC 的密钥尺寸和系统参数与 RSA、DSA 相比小得多，这意味着 ECC

所占的存储空间小得多。这对于加密算法在集成电路（Integrated Circuit，IC）卡上的应用具有特别重要的意义。

（4）带宽要求低。当对长消息进行加/解密时，这3类密码系统有相同的带宽要求，但应用于短消息时，ECC对带宽的要求却低得多。公钥加密系统多用于短消息，如用于数字签名和用于对称系统的会话密钥传递。对带宽要求低的优点使ECC在无线网络领域具有广阔的应用前景。

9.7.2　入侵检测技术的发展趋势

目前，国内、国外入侵检测技术的发展趋势可以主要概括为以下几个方面。

（1）分布式入侵检测。这个概念有两层含义：第一层，针对分布式网络攻击的检测方法；第二层，使用分布式的方法来检测分布式的攻击，其中的关键技术为检测信息的协同处理与入侵攻击的全局信息的提取。分布式系统是现代IDS主要发展方向之一，其能够在数据收集、入侵分析和自动响应方面最大限度地发挥系统资源的优势，其设计模型具有很大的灵活性。

（2）智能化入侵检测。智能化入侵检测即使用智能化的方法与手段来进行入侵检测。所谓的智能化方法，现阶段常用的有神经网络、遗传算法、模糊技术、免疫原理、专家系统等，这些方法常用于入侵特征的辨识与泛化。

（3）各种网络安全技术相结合。结合防火墙、安全电子交易协议等新的网络安全与电子商务技术，提供完整的网络安全保障。例如，NIDS和HIDS相结合，将把现有的基于网络和基于主机这两种检测技术很好地集成起来，相互补充，提供集成化的检测、报告和事件关联等功能。

9.7.3　IDS的应用前景

在Internet高速发展的今天，随着安全事件的急剧增加和入侵检测技术的逐步成熟，IDS将会有很广阔的应用前景。例如，银行的Internet应用系统（如网上银行）、科研单位的开发系统、军事系统、普通的电子商务系统、因特网内容提供者（Internet Content Provider，ICP）等都需要有IDS的保护。IDS在无线网络和家庭中也具有很好的应用前景。

（1）无线网络。移动通信具有不受地理位置的限制、可自由移动等优点而得到了用户的普遍欢迎和广泛使用，但是移动通信在给用户带来方便的同时也带来了系统安全性的问题。由于移动通信的固有特点，即移动台（Mobile Station，MS）与基站（Base Station，BS）之间的空中无线接口是开放的，这样在整个通信过程中，包括链路的建立、信息（如用户的身份信息、位置信息、语音和其他数据流）的传输均暴露在第三者面前。在移动通信系统中，移动用户与网络之间不存在固定的物理连接，移动用户必须通过无线信道传输其身份信息，以便网络端能正确鉴别移动用户的身份，而这些信息都可能被第三者截获，第三者通过伪造信息，假冒此用户身份使用通信服务。另外，无线网络也容易受到黑客和病毒的攻击。因此，IDS在无线网络方面具有广阔的应用前景。

（2）IDS走进家庭。现在，越来越多的用户将家中的计算机接入Internet，由于使用了宽带，用户的网络或ADSL Modem总是处于打开状态，黑客可以由此侵入网络，盗窃用户的信用卡、身份证明信息或进入网络管理系统。一些传播很快的病毒还会把PC的内容暴露给黑客。这些都预示着IDS将逐渐走入家庭。

小结

（1）随着全球信息高速公路的建设与Internet的飞速发展，网络在各种信息系统中的作用变得越来越重要，人们也越来越关心网络安全问题。网络安全是指对网络信息的保密性、完整性和网络系统的可用性进行保护，防止未授权的用户访问、破坏与修改信息。网络安全技术已成为计算机网络研究与应用中的一个重要课题。

（2）防火墙是指在两个网络之间实现控制策略的系统（软件、硬件或者两者并用），其通常用来保护内部的网络不受来自 Internet 的侵害。防火墙一般可以起到以下安全作用：集中的网络安全、安全警报、重新部署 NAT、监视 Internet 的使用和向外发布信息等。

（3）防火墙系统通常由一个或多个构件组成，相应的，实现防火墙的技术包括 5 类：包过滤防火墙、应用层网关、电路层网关、代理服务防火墙和复合型防火墙等。

（4）密码技术是保障信息安全的核心技术。加密是指通过密码算法对数据进行转换，使之成为没有正确密钥任何人都无法读懂的报文。数据在网络通信过程中的加密方式主要有链路加密、节点加密和端到端加密。

（5）网络信息的加密过程是由各种加密算法来具体实施的。网络加密算法可分为私钥加密算法（对称加密算法）和公钥加密算法（非对称加密算法）。私钥加密算法是指使用相同的加密密钥和解密密钥，或者虽然不同，但可由其中的任意一个推导出另一个的数据加密算法；公钥加密算法是指对数据的加密和解密分别用两个不同的密钥来实现，且不可能由其中的任意一个密钥推导出另一个的数据加密算法。

（6）在众多的私钥加密算法中，影响力最大的是 DES，但随着 CPU 计算速度的提高和并行处理技术的快速发展，破解 DES 的密钥是可行的，且 DES 难以满足系统的开放性要求。RSA 算法是当今社会各个领域使用非常广泛的公钥加密算法，也是目前网络上进行保密通信和数字签名的最有效的安全算法之一，其将会成为未来网络生活和电子商务中不可缺少的信息安全工具。

（7）数字证书是网络通信中标志通信各方身份信息的一系列数据，是各类实体（持卡人/个人、商户/企业、网关/银行等）在网络中进行信息交流及商务活动的身份证明。数字证书由证书机构发行。数字签名采用公钥加密算法对消息进行数字加密，在利用计算机网络传输数据时采用数字签名，能够有效地保证发送信息的完整性、身份的确定性和信息的不可否认性。

（8）入侵检测是指识别针对计算机或网络资源的恶意企图和行为，并对此做出反应的过程。IDS 是指监视并分析主机或网络中入侵行为发生的独立系统。根据信息源的不同，入侵检测可分为基于主机和基于网络两大类；根据所用分析方法的不同，入侵检测可分为误用检测和异常检测。

（9）计算机病毒是指一种可以自我复制、传播并具有一定破坏性或干扰性的计算机程序或一段可执行的程序代码。计算机病毒能够大肆破坏计算机中的程序和数据，干扰正常显示、摧毁系统，甚至对硬件系统都能产生一定的破坏作用。借助于 Internet，计算机病毒可能对一个国家的安全和国民经济建设造成巨大的影响。因此，网络防病毒技术已成为计算机网络安全领域的一个重要课题。

（10）计算机病毒的主要特征有传染性、隐蔽性、潜伏性、触发性、破坏性和衍生性。

（11）计算机病毒的分类方式有多种。按病毒存在的介质，计算机病毒可分为引导型病毒、文件型病毒和混合型病毒；按病毒的破坏能力，计算机病毒可分为良性病毒和恶性病毒；按病毒传染的方法，计算机病毒可分为驻留型病毒和非驻留型病毒；按病毒的链接方式，计算机病毒可分为源码型病毒、嵌入型病毒、外壳型病毒和操作系统型病毒。

（12）防病毒软件可以同时用来检查网络服务器和工作站的病毒。防病毒软件一般提供了 3 种扫描方式：实时扫描、预置扫描和人工扫描。除采用防病毒软件之外，工作站防病毒时还可以采用以下 3 种方法：采用无盘工作站、使用带防病毒芯片的网卡和使用单机防病毒卡。

（13）网络加密技术和入侵检测技术在网络安全领域都具有广阔的发展前景。

习题 9

一、名词术语解释（将与术语匹配的定义序号填入括号）

1. 网络安全（　　）　　　　　　　2. 防火墙（　　）
3. 计算机病毒（　　）　　　　　　4. 数据加密（　　）
5. 非对称加密（　　）　　　　　　6. 对称加密（　　）
7. 入侵检测（　　）　　　　　　　8. 入侵检测系统（　　）

A. 识别针对计算机或网络资源的恶意企图和行为，并对此做出反应的过程

B. 使用相同的加密密钥和解密密钥，或者虽然不同，但可由其中的任意一个密钥推导出另一个密钥的数据加密算法

C. 一种可以自我复制、传播的具有一定破坏性或干扰性的计算机程序或是一段可执行的程序代码

D. 在两个网络之间实现控制策略的系统（软件、硬件或者两者并用），通常用来保护内部的网络不易受到来自 Internet 的侵害

E. 通过密码算法对数据进行转换，使之成为没有正确密钥任何人都无法读懂的报文

F. 监视并分析主机或网络中入侵行为发生的独立系统

G. 对网络信息的保密性、完整性和网络系统的可用性进行保护，防止未授权的用户访问、破坏与修改信息

H. 对数据的加密和解密分别用两个不同的密钥来实现，并且不可能由其中的任意一个密钥推导出另一个密钥的数据加密算法

二、填空题

1. 故意危害 Internet 安全的主要有_____、_____和_____这3种人。

2. 基于包过滤的防火墙与基于代理服务的防火墙结合在一起，可以形成复合型防火墙。这种结合通常有_____和_____两种方案。

3. 计算机网络通信过程中对数据的加密有链路加密、_____和_____3种方式。

4. 使用节点加密方法，对传输数据的加密范围是_____。

5. _____称为明文，明文经某种加密算法的作用后转换为密文，加密算法中使用的参数称为加密密钥；密文经解密算法作用后形成_____输出，解密算法也有一个密钥，它和加密密钥可以相同，也可以不同。

6. DES 加密标准是在_____位密钥控制下，将以 64 位为单元的明文变成 64 位的密文。RSA 是一种_____加密算法。

7. 数字证书是网络通信中标志_____的一系列数据，由_____发行。

8. 为使发送方不能否认自己发出的签名消息，应该使用_____技术。

9. 数字签名采用_____对消息进行加密，在利用计算机网络传输数据时采用数字签名，能够有效地保证发送信息的_____、_____和_____。

10. 根据检测所用分析方法的不同，入侵检测可分为误用检测和_____。

11. 计算机病毒的特征主要有传染性、_____、_____、_____、_____和衍生性。

12. 按照病毒的破坏能力，计算机病毒可分为_____和_____。

13. 网络防病毒软件一般提供_____、_____和人工扫描3种扫描方式。

三、单项选择题

1. 计算机病毒是指_____。
    A. 编制有错误的计算机程序　　　　　B. 设计不完善的计算机程序

    C. 已被破坏的计算机程序　　　　　　　　D. 以危害系统为目的的特殊计算机程序

2. 由设计者有意建立起来的进入用户系统的方法是_____。

    A. 超级处理　　　　B. 后门　　　　C. 特洛伊木马　　　　D. 计算机病毒

3. 在广域网的数据传输的过程中，主要采用的链路加密、节点加密和端到端加密等数据加密技术属于_____。

    A. 数据通信加密　　　　B. 链路加密　　　　C. 数据加密　　　　D. 文件加密

4. 在数据加密过程中，所有节点发送的都是明文，经过途中通信站都要对其进行加密，而当密文进入节点前，必须通过通信站解密成明文再送入节点，这种加密方式被称为_____。

    A. 节点加密　　　　B. 链路加密　　　　C. 端到端加密　　　　D. 文件加密

5. DES 算法属于加密技术中的_____。

    A. 对称加密　　　　B. 非对称加密　　　　C. 不可逆加密　　　　D. 以上都是

6. 下列描述中正确的是_____。

    A. 公钥加密比常规加密安全性更高

    B. 公钥加密是一种通用机制

    C. 公钥加密比常规加密先进，必须用公钥加密替代常规加密

    D. 公钥加密的算法和公钥都是公开的

7. 最简单的防火墙采用的是_____技术。

    A. 安全管理　　　　B. 配置管理　　　　C. ARP　　　　D. 包过滤

8. 信息被_____是指信息从源节点传输到目的节点的中途被攻击者非法截获，攻击者在截获的信息中进行修改或插入欺骗性信息，然后将修改后的错误信息发送给目的节点。

    A. 伪造　　　　B. 窃听　　　　C. 篡改　　　　D. 截获

9. 以下不属于防火墙技术的是_____。

    A. IP 过滤　　　　B. 包过滤　　　　C. 应用层网关　　　　D. 病毒检测

10. 下列有关数字签名技术的叙述中错误的是_____。

    A. 发送者的身份认证　　　　　　　　B. 保证数据传输的安全性

    C. 保证信息在传输过程中的完整性　　　　D. 防止交易中的抵赖行为发生

11. 真正安全的密码系统具有的特点为_____。

    A. 密钥有足够的长度

    B. 破译者无法破译的密文

    C. 即使破译者能够加密任何数量的明文，也无法破译密文

    D. 破译者无法加密任何数量的明文

12. 针对数据包过滤和应用层网关技术存在的缺点而引入防火墙技术，是_____防火墙的特点。

    A. 包过滤　　　　B. 应用层网关　　　　C. 复合型　　　　D. 代理服务

13. 病毒是由_____产生的。

    A. 用户程序错误　　　　　　　　B. 计算机硬件故障

    C. 人为制造　　　　　　　　D. 计算机系统软件有错误

14. 计算机宏病毒最有可能出现在_____文件类型中。

    A. C　　　　B. EXE　　　　C. DOC　　　　D. COM

15. 下列不属于系统安全的技术是_____。

    A. 防火墙　　　　B. 加密狗　　　　C. 认证　　　　D. 防病毒

四、问答题

1. 简述目前网络面临的主要威胁和网络安全的重要性。

2. 什么是防火墙？防火墙应具备哪些基本功能？画出防火墙的基本结构示意图。

3. 防火墙可分为哪几类？简述各类防火墙的工作原理和主要特点。

4. 以熟悉的一种防火墙产品为例，简述其能实现网络安全的原因及该防火墙的主要特点。

5. 网络感染病毒的主要原因有哪些？网络工作站防病毒的方法是什么？

6. 计算机网络中使用的通信加密方式有哪些？简述各自的特点及其使用范围。

7. 网络加密算法的种类有哪些？什么是对称加密算法和非对称加密算法？两者的区别是什么？

8. 列举几种著名的对称加密算法和非对称加密算法。

9. 使用 RSA 公钥加密算法进行加密。

（1）设 $p=7$、$q=11$，试列出 5 个有效的 e。

（2）设 $p=13$、$q=31$，d 是多少？

（3）设 $p=5$、$q=11$，而 $d=27$，试求 e，并对"abcdefghij"进行加密。

10. 简述数字签名的基本原理。

11. 什么是入侵检测？什么是入侵检测系统？

12. 入侵检测可以分为哪几类？简述各类的主要特点。

13. 什么是计算机病毒？计算机病毒具有哪些特征？

14. 计算机病毒的种类有哪些？病毒的检测方法有哪些？

15. 结合本书所学知识并参阅相关参考文献，简述网络加密技术和入侵检测技术的发展前景。

第10章
网络管理

10

随着通信与网络技术的飞速发展和网络的社会化，人们对计算机网络系统的运行质量提出了越来越高的要求。如何管理好网络中的每一个"单元"，使网络运行更加稳定、可靠，以便更好地发挥网络的作用，就成了网络管理员努力的方向。近些年来，随着大量不同结构的网络和不同厂家设备的互联，网络的复杂程度不断增长，网络的高效率和可靠性成为人们关注的焦点。当前，网络管理技术已成为计算机网络理论与技术发展的另一个分支，无论是国际标准化组织，还是各个厂商，都在网络管理方面做了许多工作和努力，并出现了许多新思想、新技术和新产品。

本章从网络管理的基本概念入手，首先详细地阐述网络管理体系结构的基本要素和网络管理系统的基本功能，然后对SNMP的发展、设计目标和工作机制展开深入探讨，最后对当今市场上常见的网络管理工具和网络管理技术的发展趋势进行简要介绍。

本章的学习目标如下。
- 理解网络管理的基本概念。
- 掌握网络管理体系结构。
- 掌握网络管理系统的五大功能。
- 掌握SNMP的基本工作机制。
- 了解一些常用的网络管理工具。
- 了解网络管理技术的发展趋势。

10.1 网络管理概述

网络管理的概念是伴随着 Internet 的发展而逐渐被人们所认识和熟悉的。在 20 世纪 70 年代和 20 世纪 80 年代初期，Internet 入网节点比较少，结构也非常简单，因此，有关网络的故障检测和性能监控等管理比较简单、容易实现。随着网络的不断发展，网络新技术的不断涌现和网络产品的不断翻新，网络的规模越来越大，人们发现规划和扩充网络越来越困难，网络管理也随之被提升到了一个重要的地位。

下面将对网络管理的基本概念和体系结构进行介绍。

V10-1 网络管理概述

10.1.1　网络管理的基本概念

所谓网络管理，是指采用某种技术和策略对网络中的各种网络资源进行检测、控制和协调，并在网络出现故障时及时进行报告和处理，从而尽快维护和恢复网络，保证网络正常、高效地运行，达到充分利用网络资源的目的，并保证网络向用户提供可靠的通信服务。

现在，一个有效而适用的网络一刻也离不开网络管理。为了让用户安全、可靠、正常使用网络服务而进行监控、维护和管理，保证网络正常、高效地运行是网络能否发挥其重要作用的关键所在。

10.1.2　网络管理体系结构

一个典型的网络管理体系结构包括以下基本要素：网络管理工作站（Manager）、被管设备（Managed Device）、管理信息库（Management Information Base，MIB）、代理（Agent）程序和网络管理协议（Network Management Protocol，NMP）。网络管理体系结构模型如图 10-1 所示。

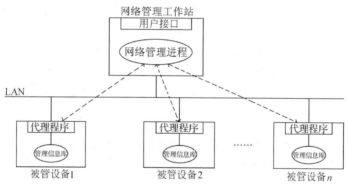

图 10-1　网络管理体系结构模型

1. 网络管理工作站

网络管理工作站是整个网络管理的核心，其通常是一个独立的、具有友好图形界面的、高性能的工作站，并由网络管理员直接操作和控制。所有向被管设备发送的命令都是从网络管理工作站发出的。网络管理工作站通常包括以下几个部分。

（1）网络管理程序，这是网络管理工作站中的关键构件，在运行时就成为网络管理进程。网络管理程序具有分析数据、发现故障等功能。

（2）用户接口，主要用于网络管理员监控网络的运行状况。

（3）从所有被管设备的 MIB 中提取信息的数据库。

2. 被管设备

网络中有很多被管设备（包括设备中的软件）。被管设备可以是主机、路由器、打印机、集线器、交换机等。在每一台被管设备中可能有许多被管对象（Managed Object）。被管对象既可以是被管设备中的某个硬件，也可以是某些硬件或软件的配置参数的集合。被管设备有时也可称为网络元素或网元。

3. 管理信息库

对于一个复杂的异构网络环境，网络管理系统（Network Management System，NMS）要监控来自不同厂商的网络设备。对于不同的设备，其系统环境、数据格式和信息类型可能完全不同。因此，对被管设备的管理信息描述需要定义统一的格式和结构，将管理信息具体化为一个个被管对象，所有被管对象的集合以一个数据结构给出，这就是 MIB。MIB 是一个信息存储库，包含数千个被管对象，网络管理员可以通过控制这些对象去控制、配置或监控网络设备。例如，每台设备都需要维护若干个变量来描述各种运行状态，其中主机的所有 TCP 连接总数就是一个被管对象。

4. 代理程序

每一台被管设备中都要运行一个程序，以便和网络管理工作站中的网络管理程序进行通信。这些运行着的程序被称为网络管理代理程序，简称为代理。代理程序是一个网络管理软件模块，驻留在一台被管设备中。代理程序对来自网络管理工作站的信息请求和动作请求进行应答，并在被管设备发生某种意外时用 Trap 命令向网络管理工作站报告。

5. 网络管理协议

网络管理协议是网络管理程序和代理程序之间进行通信的规则。网络管理系统通过网络管理协议向被管设备发出各种请求报文，网络管理代理接收这些请求并完成相应的操作。反之，网络管理代理可以通过网络管理协议主动向网络管理系统报告异常事件。

10.2 网络管理系统的功能

网络管理系统能对网络设备及应用加以规划、监控，并能管理被管设备的工作，跟踪、记录、分析网络的异常情况，使网络管理员能及时发现并处理问题。ISO 对网络管理系统的功能做了定义，在 OSI 网络管理标准中规范了网络管理系统的 5 个功能域，这些功能域是任何一个网络管理系统都必须实现的主要功能。

1. 故障管理

故障并不是指一般的差错，而是指比较严重的、造成网络无法正常工作的差错。故障管理（Fault Management）主要是指对网络中被管设备发生故障时的检测、定位和恢复。一般来说，故障管理主要包括以下功能：故障检测、故障诊断、故障修复和故障报告。

（1）故障检测是指在正常操作中，通过执行网络管理监控和生成故障报告来检测目前整个网络系统存在的问题。

（2）故障诊断通过分析网络系统内部各设备和线路的故障及事件报告，或执行诊断测试程序来判断故障的产生原因，为下一步的故障修复做准备。

（3）故障修复使用网络管理系统提供的配置管理工具，对产生故障的设备进行修复，从而在故障出现较短的时间内，以系统自动处理和人工干预相结合的方式尽快恢复网络的正常运行。

（4）故障报告主要将网络系统故障以日志的形式记录，包括报警信息、诊断和处理结果等。

2. 配置管理

配置管理（Configuration Management）用于识别网络资源、收集网络配置信息、对网络配置提供信息并实施控制。配置管理主要包括网络实际配置和配置数据管理两部分。

（1）网络实际配置负责监控网络的配置信息，使网络管理员可以生成、查询和修改硬件、软件的运行参数及条件（包括各个网络部件的名称和关系、网络地址、是否可用、备份操作和路由管理等）。

（2）配置数据管理负责定义、收集、监视、控制和使用配置数据（包括管理域内所有资源的任何静态与动态信息）。

3. 性能管理

性能管理（Performance Management）主要用于评价网络资源的使用情况，为网络管理员提供评价、分析、预测网络性能的手段，从而提高整个网络的运行效率。性能管理主要包括以下功能：性能数据的采集和存储、性能门限的管理、性能数据的显示和分析等。

（1）性能数据的采集和存储主要是对网络设备及链路带宽使用情况等数据进行采集，同时将其存储起来。

（2）性能门限的管理是为了提高网络管理的有效性，在特定的时间内为网络管理者提供选择监视对象、设置监视时间、调整设置和修改性能门限的手段。同时，当网络性能不理想时，通过对各种资源的调整来改善网络性能。

（3）性能数据的显示和分析是指根据管理者的要求定期提供多种反映当前、历史、局部调整性能的数据及各种关系曲线，并产生数据报告。

4. 安全管理

目前大多数网络管理系统都能管理硬件设备的安全性能，如用户登录到特定的网络设备时进行的身份认证等。除此之外，系统还应具有报警和提示功能，如在连接关闭时发出警报以提醒操作员。安全管理（Security Management）包括以下主要功能：操作者级别和权限的管理、数据的安全管理、操作日志管理、审计和跟踪。

（1）操作者级别和权限的管理主要包括网络管理员的增、删操作，以及相应的权限设置（包括操作时间、操作范围和操作权限等）。

（2）数据的安全管理主要完成安全措施的设置以使网络管理员对网络管理数据具有不同处理权限。

（3）操作日志管理主要完成对网络管理员做出的所有操作（包括时间、登录用户、具体操作等）的详细记录，以便将来出现故障时能跟踪、发现故障产生的原因并追查相应的责任。

（4）审计和跟踪主要完成网络管理系统配置数据和网元配置数据的统一操作。

5. 计费管理

计费管理（Accounting Management）用于记录用户使用网络资源的情况，并根据一定的策略来收取相应费用。计费管理可帮助用户了解网络的使用情况，为资源升级和资源调配提供依据。

10.3 MIB

MIB 是 TCP/IP 标准框架的内容之一。MIB 定义了被管对象必须保存的数据项、允许对每个数据项进行的操作及其含义，即管理系统可访问的被管对象的控制和状态信息等数据变量都保存在 MIB 中。下面将对 MIB 的结构和访问方式进行介绍。

10.3.1 MIB 的结构

在网络管理中，所有被管对象的集合组成了 MIB，网络管理的操作就是针对某个特定的被管对象而进行的。IETF 规定的 MIB 由对象标识符（Object Identifier，OID）唯一指定。MIB 有组织体系和公共结构，其中包含分属于不同组的多个被管对象，其体系结构是一个树状结构，如图 10-2 所示。从图 10-2 中可以看出，树状结构的分支实际表示的是被管对象的逻辑分组，每个分组都有一个专用名和一个数字形式的标识符，"树叶"（也称为节点）代表了各个被管对象。

使用这个树状结构，MIB 浏览器能够以一种方便而简洁的方式访问整个 MIB 中的各个被管对象。例如，在图 10-2 中，iso(1)位于树状结构的最上方，而 SysDescr(1)处在叶子节点的位置。若要访问被管对象 SysDescr(1)，则其完整的分支名表示方式为 iso.org.dod.internet.mgmt.mib-2.system.SysDescr。被管对象也可以另一种更短的格式表示，即用数字标识符来代替分支名的表示方式。故 iso.org.dod.internet.mgmt.mib-2.system.SysDescr 还可以用数字形式的标识符 1.3.6.1.2.1.1.1 来表示。这两种格式的作用是一样的，都表示同一个 MIB 被管对象，数字形式的标识符看起来更简洁一些。一般而言，大多数 MIB 浏览器允许以两种格式中的任何一种来表示被管对象。

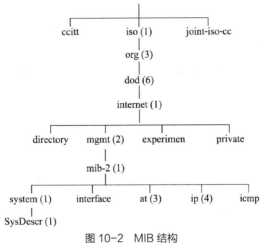

图 10-2　MIB 结构

10.3.2　MIB 的访问方式

在定义 MIB 被管对象时，访问控制信息确定了可作用于该被管对象的操作。SNMP 规定了如下对 MIB 被管对象的访问方式。

① 只读（Read-Only）方式。

② 可读可写（Read-Write）方式。

③ 禁止访问（Not-Accessible）方式。

网络管理系统无法改动只读方式的 MIB 被管对象，但可以通过 Get 或 Trap 命令读取被管对象的值。在一件产品的使用期内，某些 MIB 的信息从来都不会改变。例如，MIB 被管对象 SysDescr 代表系统描述（System Description），其中包含管理代理软件所需要的厂商信息。此外，设定某些被管对象的访问方式为只读可确保有关性能的信息及其他统计数据的正确性，使其不至于因误操作而被改动。

10.4　SNMP

SNMP 是目前 TCP/IP 网络中应用最为广泛的网络管理协议之一，最初是 IETF 为解决 Internet 中的路由器管理而提出的。SNMP 是一种应用层协议，是 TCP/IP 协议族的一部分，且是面向无连接的协议。其功能是使网络设备能方便地交换管理信息，让网络管理员管理网络的性能，发现和解决网络问题并进行网络的扩充。本节将对 SNMP 的发展情况、设计目标及工作机制等进行介绍。

V10-2　SNMP

10.4.1　SNMP 的发展情况

在网络管理协议产生以前的相当长的时间里，管理者要学习从各种不同的网络设备获取数据的方法。因为各个生产厂家使用专用的方法收集数据，即使是相同功能的设备，不同的生产厂商提供的数据采集方法也可能大相径庭。在这种情况下，制定一个行业标准的紧迫性越来越明显。

首先开始研究网络管理通信标准问题的是 ISO，其对网络管理的标准化工作始于 1979 年，主要针对 OSI 7 层协议的传输环境而设计。ISO 的成果是通用管理信息服务（Common Management Information Service，CMIS）和通用管理信息协议（Common Management Information

Protocol，CMIP）。CMIS 支持管理进程和管理代理之间的通信要求，CMIP 则是提供管理信息传输服务的应用层协议，两者规定了 OSI 系统的网络管理标准。

后来，IETF 为了管理以几何级数增长的 Internet 站点，决定采用基于 OSI 的 CMIP 作为 Internet 的管理协议，并对其做了修改，修改后的协议被称为 TCP/IP 上的 CMIP（CMIP over TCP/IP，CMOT）。但由于 CMOT 迟迟未能出台，IETF 决定把已有的简单网关监控协议（Simple Gateway Monitoring Protocol，SGMP）进一步修改后作为临时的解决方案。这个在 SGMP 基础上开发的解决方案就是著名的 SNMP，也称 SNMPv1。SNMPv1 最大的特点是简单、容易实现，且成本低。此外，它还具有以下特点。

（1）可伸缩性——SNMP 可管理绝大部分符合 Internet 标准的设备。

（2）扩展性——通过定义新的"被管理对象"，可以非常方便地扩展管理范围。

（3）健壮性——即使在被管设备发生严重错误时，也不会影响管理者的正常工作。

近年来，SNMP 发展很快，已经超越了传统的 TCP/IP 环境，并得到了更为广泛的支持，成为网络管理方面事实上的标准。支持 SNMP 的产品中非常流行的是 IBM 公司的 NetView、Cabletron 公司的 Spectrum 和 HP 公司的 OpenView。除此之外，许多其他生产网络通信设备的厂家，如 Cisco、CrossCom、Protein、Hughes 等也提供基于 SNMP 的实现方法。相较于 OSI 标准，SNMP 简单而实用。如同 TCP/IP 协议族的其他协议一样，最初的 SNMP 没有考虑安全问题，为此许多用户和厂商提出了修改 SNMPv1 并增加安全模块的要求。于是，IETF 在 1992 年开始了 SNMPv2 的开发工作。当时宣布计划中的第 2 版将在提高安全性和更有效地传递管理信息方面加以改进，具体包括提供验证、加密和时间同步机制，以及 GetBulk 操作提供一次取回大量数据的功能等。

IETF 为开发 SNMP 的第 2 版做了大量的工作，其中大多数是为了寻找加强 SNMP 安全性的方法。然而，不幸的是，相关方面依然无法取得一致，从而只形成了现在的 SNMPv2 草案标准。1997 年 4 月，IETF 成立了 SNMPv3 工作组。SNMPv3 的重点是构建安全、可管理的体系结构和远程配置。目前，SNMPv3 已经是 IETF 提议的标准，并得到了供应商强有力的支持。

10.4.2 SNMP 的设计目标

由于 SNMP 是为 Internet 设计的，而且为了提高网络管理系统的效率，网络管理系统在传输层采用了 UDP。面对 Internet 的飞速发展和协议的不断扩充及完善，SNMP 围绕着以下 5 个概念和目标进行设计。

（1）尽可能地降低管理代理软件的成本和资源要求。

（2）最大限度地提供远程管理功能，以便充分利用 Internet 的网络资源。

（3）体系结构必须有扩充的余地，以适应网络系统今后的发展。

（4）保持 SNMP 的独立性，不依赖于任何厂商或任何型号的计算机、网关和网络传输协议。

（5）保证 SNMP 自身的安全性。

10.4.3 SNMP 的工作机制

1. SNMP 数据收集方法

SNMP 是一系列网络管理规范的集合，包括协议本身、数据结构的定义和一些相关概念。SNMP 提供了一种从网络中的设备收集网络管理数据的方法。从被管设备中收集数据主要有两种方法：一种是轮询（Polling-only）方法；另一种是基于中断（Interrupt-Based）的方法。

SNMP 使用嵌入网络设施中的代理软件来收集网络的通信数据和有关网络设备的统计数据。代理软件不断地收集统计数据，并把这些数据记录到一个 MIB 中。网络管理员通过向代理的 MIB 发出查询信号可以得到这些数据，这个过程称为轮询。为了能全面地查看一天的通信流量和变化率，网络管理员必须不断地轮询 SNMP 代理（通常需要每分钟轮询一次）。这样，网络管理员可以使用 SNMP 来评价网络的运行状况，并揭示出通信的趋势，如哪一个网段接近通信负载的最大能力等。先进的 SNMP 网络管理工作站甚至可以通过编程来自动关闭端口或采取其他矫正措施来处理历史的网络数据。采用轮询方法的缺陷在于数据的实时性较差，尤其是对错误识别的实时性较差。多久轮询一次、轮询时选择什么样的设备顺序都会对轮询的结果产生影响。如果轮询的时间间隔太短，则会产生太多不必要的通信量；如果时间间隔太长，或者轮询时顺序不对，则会导致对一些灾难性事件的通知太慢，这就违背了积极主动的网络管理的目的。

与轮询方法相比，当有异常事件发生时，基于中断的方法可以立即通知网络管理工作站，实时性很强。但这种方法也有缺陷，产生错误或异常事件需要系统资源。如果异常事件必须转发大量的数据，那么被管设备可能不得不消耗更多的系统资源，这将会影响网络管理的主要功能。

因此，SNMP 网络管理通常采用以上两种方法的结合，即面向异常事件的轮询方法。网络管理工作站轮询被管设备中的管理代理收集数据，并在控制台上使用数字或图形的表示方法来显示这些数据。被管设备中的管理代理可以在任何时候向网络管理工作站报告错误情况，而并不需要等到网络管理工作站为获得这些错误情况而轮询时才报告。SNMP 数据收集过程如图 10-3 所示。

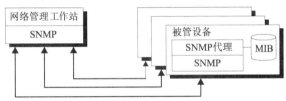

图 10-3　SNMP 数据收集过程

2. SNMP 基本管理操作

简单地说，SNMP 只包含两类管理操作命令：读取 MIB 对象实例的值和重设 MIB 对象实例的值。围绕这两类命令，网络管理的流程如下：一方面，网络管理系统周期性地向被管设备发送轮询信息，读取管理代理返回的 MIB 信息，并根据该信息做出相应的动作，据此来实时监视和控制网络管理系统；另一方面，被管设备在发生故障时可主动以异常事件的方式通知网络管理系统，由网络管理系统做出相应的响应。

SNMP 定义了以下 5 种操作来完成上述工作。

（1）Get——用于管理进程从代理进程中提取一个或多个指定的 MIB 参数值，这些参数值均在 MIB 中被定义。

（2）Get Next——用来访问被管设备，从 MIB 树上检索指定对象的下一个对象实例。

（3）Set——设定某个 MIB 对象实例的值。

（4）Get Response——用于被管设备上的网络管理代理对网络管理系统发送的请求进行响应，其中包含相应的响应标识和响应信息。

（5）Trap——网络管理代理使用 Trap 原语向网络管理系统报告异常事件的发生。例如，Trap 消息可以用来通知管理站线路的故障、认证失败等消息。

前面 3 种操作是管理进程向代理进程发出的，后面两种操作则是代理进程发送给管理进程的，其中除 Trap 操作使用 UDP 162 端口外，其他 4 种操作均使用 UDP 161 端口。通过这 5 种操作，管理进程和代理之间就能够进行通信了。

SNMP 基本管理操作步骤如下。

① 网络管理工作站周期性地发送 Get/Get Next 报文来轮询各个代理，并获取各个 MIB 中的

管理信息。

② 代理在 UDP 161 端口上（SNMP 的默认端口）循环监听来自网络管理工作站的 Get/Get Next 报文，根据请求的内容从本地 MIB 中提取所需信息，并以 Get Response 报文方式将结果回送给网络管理工作站。

③ 与此同时，代理不断地检查本地的状态，适当地向网络管理工作站发送 Trap 报文，并记录在一个数据库中。

④ 网络管理员可以通过专用的应用软件从网络管理工作站上查看每个代理提供的管理信息。

SNMP 的网络管理模型如图 10-4 所示。

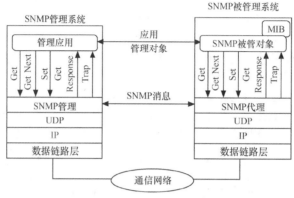

图 10-4　SNMP 的网络管理模型

10.5　网络管理工具

在网络管理系统的体系结构中，包含管理者和管理代理两个部分，相应的网络管理产品也分为两大类：管理者网络管理平台和管理代理网络管理工具。目前，比较流行的管理者网络管理平台包括 HP 公司的 OpenView、CA 公司的 Unicent TNG、IBM 公司的 TME 10 NetView 和 SUN 公司的 NetManager 等；管理代理网络管理工具包括 Cisco 公司的 Works、3Com 公司的 Transcend 和 BAY 公司的 Network Optivity 等。

下面将对管理者网络管理平台中 HP 公司的 OpenView、IBM 公司的 TME 10 NetView 和管理代理网络管理工具中 Cisco 公司的 Works、3Com 公司的 Transcend 产品进行简要的介绍。

10.5.1　HP OpenView

OpenView 是由 HP 公司开发的网络管理平台，是目前全球公认的最好的网络管理软件之一。OpenView 集成了网络管理和系统管理的优点，形成了单一而完整的管理系统。OpenView 解决方案实现了网络运作从被动无序到主动控制的过渡，其能使 IT 部门及时了解整个网络当前的真实状况，从而实现主动控制。另外，OpenView 解决方案的预防式管理工具——临界值设定与趋势分析报表，可以使 IT 部门采取更具有防御性的措施来保证全网的安全。

在 OpenView 产品中，网络中心负责检测与控制节点和用户路由器、处理故障、收集网络流量、路由管理和安全控制等。网络管理系统将对主干网络及主干网络与地区网络相连的线路流量进行统计，并实时显示流量变化曲线；提供网络当前路由信息的分析处理工具，显示当前路由信息；对网络系统操作权限设置不同的安全控制级别，提供对网络设备的访问控制机制。

在网络管理服务器中，可以通过 SNMP 管理包括路由器、访问控制器、计算机主机等在内的所有设备。网络管理系统可以对大多数设备进行控制和配置修改，在统一的管理和监控操作下，可以使故障以不同的颜色和声音来报警，并可以进行报警功能的扩展。

总的来说，OpenView 具有以下基本特点。

（1）自动发现网络拓扑结构。该功能具有较强的智能性，当 OpenView 启动时，默认的网段就能被自动检测，网段中的路由器和网关、子网以图标的形式显示在图形上，其中的连接关系也会自动显示出来。

（2）性能与吞吐量分析。OpenView 中的一个应用系统 HP LAN Probe II 可用来进行性能分析。通过查询 SNMP MIB I 、II 可以监控网络接口故障，并在图中显示出来。

（3）故障警告。可以通过图形用户界面来进行警告配置。网络中任何一台支持 SNMP-Trap 协议的设备都能收到警告。

（4）历史数据分析。任何指标的数据报告都可以实时地以图表的形式显示出来。使用 HP LAN Probe II 产品可以增强其分析功能。

（5）多厂商支持。任何厂商的 MIB 定义都能在运行状态时被集成到 OpenView 中。

10.5.2　IBM TME 10 NetView

IBM 公司于 1990 年获得了 OpenView 的许可证，并以此作为 NetView 网络管理平台的基础。所以，NetView 在功能与界面风格上都与 OpenView 非常相似。随后，IBM 公司收购了一家生产分布式系统管理产品的公司——Tivoli，并推出了 TME10 NetView，集成了网络管理与系统管理功能。

TME（Tivoli Management Environment）是一个用于网络计算机管理的集成的产品家族，可以为各种系统平台提供管理。TME 是一个跨越主机系统、客户机/服务器系统、工作组应用、企业网络、Internet 服务的端到端的解决方案，可将系统管理包含在一个开放的、基于标准的体系结构中。

总的来说，TME 10 NetView 具有以下特点。

（1）能够管理异构的、大规模的、多厂商网络环境，并能够支持众多第三方应用集成。

（2）通过 NetView 提供的性能管理和故障配置功能，能够完成网络拓扑结构的发现及显示、网络运行监控、网络故障检测和网络性能评价等操作。

（3）通过设备的动态发现和收集性能数据、管理事件及 SNMP 告警信息，从而监控网络的运行状况。

（4）使用简单、易用的图形用户界面和应用开发接口，使系统的安装和维护更加简便。

（5）提供 MIB 管理工具，并能实现与关系数据库系统的集成，完成真正的分布式管理和多协议监控与管理。

10.5.3　Cisco Works

Cisco 公司利用重点开发基于 Internet 的体系结构的优势，可以向用户提供更高的可访问性，且可以简化网络管理的任务和进程。Cisco 公司的网络管理策略——保证网络服务（Assured Network Service）也正引导着网络管理从传统应用程序转向具备下列特征的基于 Web 的模型。

① 基于标准。
② 简化工具、任务和进程。
③ 提供与网络管理平台和一般管理产品的 Web 级集成。
④ 能够为管理路由器、交换机和访问服务器提供端到端的解决方案。

⑤ 通过将发现的设备与第三方应用集成，创建一个内部管理网。

Cisco 公司的网络管理系列产品包括对各种网络设备性能的管理、集成化的网络管理、远程网络控制和管理等功能。目前，Cisco 公司的网络管理产品包括新的基于 Web 的产品和基于控制台的应用程序。新产品系列包括增强的工具和基于标准的第三方集成工具，功能上包括管理库存、可用性、系统变化、配置、系统日志、连接和软件部署，以及用于创建内部管理网的工具等。另外，网络管理工具包括一些独立的应用程序。

总的来说，Works 具有以下特点。

（1）充分利用现有的 Cisco 技术和功能。Works 产品建立在现有的内置式设备技术的基础上，包括 Cisco ISO、SNMP、HTTP 及 NetFlow，这使该系统便于管理。该系统确保新的技术应用程序可使用现有网络中已安装的数据资源，从而有效保护了对原有 Cisco 产品的投资。此外，由于这些程序资源基于已有的业界标准，Works 可与第三方集成或定制管理应用程序。

（2）独立、并排平台的集成。Works 产品的设计方向为既可作为独立的管理应用程序运行，又可用于增加企业网平台的产品和业务。例如，HP OpenView、Solaris SunNet Manager、TME 10 NetView 和 Unicenter 所提供的在 Works 自己的服务器中进行安装的具有可选性和灵活性且无须网络管理平台的服务器。

（3）满足未来的管理环境与现在的应用的要求。Cisco 的内部网络管理战略使用户能建立可满足不断变化的管理要求、适应不断发展的管理环境的系统，使当前及未来的投资均可得到全面保护。

10.5.4　3Com Transcend

3Com 网络管理采用牢靠、全面的 3 层 Transcend 结构，从下到上依次是 SmartAgent 管理代理软件层、中间管理平台层和 Transcend 应用软件层。

SmartAgent 管理代理软件层是这个结构的基础。这些代理软件被嵌入各种 3Com 产品中，它们可以自动搜集每台设备的信息，并将这些信息有机地联系起来，同时只占用很少的网络通信开销。

中间管理平台层是针对 Windows、UNIX 平台和基于开放式的工业标准 SNMP 所开发的各种管理平台，其中包括 SunNet Manager、HP OpenView 等。这些管理平台强化了 SmartAgent 的管理智能，并支持高层的 Transcend 应用软件。

最上层是 Transcend 应用软件层，通过简单、易用的图形用户界面将各种管理功能集成于 SmartAgent 智能中。用户可以选用 Transcend Workgroup Manager 或 Transcend Enterprise Manager。其中，Transcend Workgroup Manager 主要用于全面控制工作组的活动；Transcend Enterprise Manager 可以全面控制企业的所有网络软件。每种 Transcend 应用软件都可以很好地适用于用户环境，但不管用户采用哪一种管理环境，Transcend 对所有应用软件和网络设备类型均提供同样的用户图形界面，这意味着管理信息的比较和分析大为简化，用户可以更有效地进行故障诊断和网络性能的优化。

Transcend 具有如下特点。

（1）牢固、全面的 3 层 Transcend 结构是 3Com 管理优势的根基。Transcend 结构使用户不仅能够建立新的、完善的管理系统，还可以保护原有资源，且未来的用户可以经济、有效地扩大其服务范围。

（2）分布的 SmartAgent 智能能够为集成网络管理提供强大的功能。SmartAgent 能够远程处理网络查询、限制查询流量、减少对网络带宽和中央控制台时间的需求。与此相似，事变应急反应（Transcend Action on Event）功能可以使用户迅速确定需进行应急处理的工作或根据预定标准去自动处理相应的任务，这样可以节省宝贵的管理时间和网络带宽。

（3）平稳地吸收各种新技术，可最大限度地保证用户的管理环境。Transcend Networking 框架是 3Com 公司为了经济、高效、分阶段管理网络发展而推出的全面而又长远的解决方案。3Com 公司的各种管理软件均是 Transcend Networking 框架的一部分，它们都能有效地保证用户的管理环境。

10.6 网络管理技术的发展趋势

网络管理技术的发展主要体现在以下几个方面。

1. 进一步智能化的网络管理软件

网络管理技术的发展首先体现在网络管理软件上。网络管理软件的一个发展方向是进一步实现智能化，从而大幅度地减轻网络管理员的工作压力，提高工作效率，真正体现网络管理软件的作用。智能化的网络管理软件能自动获得网络中各种设备的技术参数，进而进行智能分析、诊断并向用户发出预警信息等。

传统的网络管理软件的处理方式是在网络故障或事故发生后才告知网络管理员，然后去寻找解决方案，这显然使处理滞后，且效率很低。虽然各种网络设备都有相应的流量统计或日志记录功能，但都必须由操作者去索要，提供的内容也都是非常底层、非常技术型的数据报文或协议列表，只有具有一定技术背景的人员才能看懂。这些设备没有智能的提前报警的能力，因此对网络故障或事故也难以进行及时和准确的应对。

目前，对网络管理系统的需求最为强烈的用户一般是网络规模比较大或者核心业务建立在网络中的企业，一旦网络出现了故障，对其产生的影响和造成的损失是非常大的。所以，网络管理系统如果仅达到"出现问题后及时发现并通知网络管理员"的程度是远远不够的。智能化的网络管理系统具有较强的故障预处理功能，并且能够自动进行故障处理，尽一切可能把故障发生的可能性降至最低。

2. 自动配置的网络管理软件

自动化的网络管理能尽可能地减少网络管理员的工作量，让网络管理员从繁杂的事务性工作中解脱出来，有时间和精力来思考并解决网络的性能提速等疑难问题。从网络管理软件的发展历史来看，也显现出了这个趋势。

第 1 代网络管理软件必须使用常用的命令行界面方式，不仅要求使用者精通网络的原理及概念，还要求使用者了解不同厂商的不同网络设备的配置方法。当然，这种方式可以带来很大的灵活性，因此深受一些资深网络工程师的喜爱，但对一般用户而言，这并不是一种最好的方式，至少配置起来很不"轻松"。

第 2 代网络管理软件具有很好的图形用户界面，用户无须过多了解不同设备间的不同配置方法，就能对多台设备同时进行配置，这大大缩短了工作时间，但依然要求使用者精通网络原理。换句话说，这种方式中仍然存在由于人为因素造成网络设备功能使用不全面或不正确的问题。

第 3 代网络管理软件对用户而言能实现真正的自动配置。网络管理软件管理的已不是一个具体的配置，而仅仅是一种关系。对网络管理员来说，只要把人员情况、机器情况和人员与网络资源之间的分配关系告诉网络管理软件，网络管理软件就能自动地建立图形化的人员与网络的配置关系。不论用户身在何处，只要登录系统，网络管理系统便能立刻识别用户身份，并自动接入用户所需的企业重要资源（如电子邮件、企业资源计划及客户关系管理应用等）。另外，网络管理软件还可以为那些对企业来说至关重要的应用分配优先权，同时整个企业的网络安全可得以保证。

3. 更加易用的网络管理系统

集中式远程管理是以加强网络管理系统的易用性为根本出发点的。企业可以通过一个统一的平台掌控远距离的网络设备、服务器和 PC，达到简化网络管理的目的。在大型网络应用环境下，所有机房服务器和网络设备都可以通过带外管理方式到达网络运行中心，将设备维护及故障排除集中于网络管理中心平台上，从而简化运维、提高效率。在跨地区多中心的网络应用环境下，通过相对集中的控制和处理系统可实现关键设备的异地远程管理，尽可能压缩现场作业，降低设备运维成本。此外，对企业来说，集中化的操控平台能够在线调集不同地区的专家资源，谋划解决设备处理问题，达到延长设备可持续运营时间的最终目的，同时能够提高物理安全性，避免网络管理员来回奔波，大大增强了网络管理系统的易用性。

4. 更加安全的网络管理

随着网络安全在网络中重要性的不断提升，安全管理被提上议事日程。今后网络管理的一个重要趋势就是安全管理与传统的网络管理的逐渐融合。网络安全管理是指保障合法用户对资源的安全访问，防止并杜绝黑客的蓄意攻击和破坏。网络安全管理包括授权设施、访问控制、加密及密钥管理、认证和安全日志记录等功能。传统的网络管理产品更关注对设备、系统、各种数据的管理，如管理系统是否在工作，网络设备中的通信、通信量、路由等是否正确，数据库是否占用了合理的资源等，但并未关注人们的行为，如用户上网行为是否合法、哪些是正常的行为、哪些是异常的行为等，今后更加安全的网络管理中将增加对这些内容的管理。

小结

（1）网络管理是指采用某种技术和策略对网络中的各种网络资源进行检测、控制和协调，并在网络出现故障时及时进行报告和处理，从而尽快维护和恢复网络，保证网络正常、高效地运行，达到充分利用网络资源的目的，并保证网络向用户提供可靠的通信服务。

（2）一个典型的网络管理体系结构包括网络管理工作站、被管设备、MIB、代理程序和网络管理协议等基本要素。

（3）网络管理系统具有故障管理、配置管理、性能管理、安全管理和计费管理五大功能。

（4）在网络管理中，所有被管对象的集合组成了 MIB。MIB 是一个树状结构，包含分属于不同组的许多个被管对象。SNMP 消息通过遍历 MIB 树状结构中的节点来访问网络中的被管设备。对被管对象的访问可以通过分支名和数字标识符这两种方式实现。这两种表示方式的作用一样，都表示同一个 MIB 被管对象，数字标识符看起来更简洁。

（5）SNMP 是目前 TCP/IP 网络中应用最为广泛的网络管理协议之一。它是一种应用层协议，是 TCP/IP 协议族的一部分，且是面向无连接的协议。其功能是使网络设备能方便地交换管理信息，让网络管理员管理网络的性能，发现和解决网络问题并进行网络的扩充。

（6）从被管设备中收集数据时，SNMP 定义了两种方式：一种是轮询方式，另一种是基于中断的方式。SNMP 还定义了 5 种操作来完成相关工作，分别是 Get、Get Next、Set、Get Response 和 Trap。

（7）网络管理系统的体系结构包含管理者和管理代理两部分，相应的网络管理产品也分成两大类：管理者网络管理平台和管理代理网络管理工具。目前，比较流行的管理者网络管理平台包括 HP 公司的 OpenView、CA 公司的 Unicent TNG、IBM 公司的 TME 10 NetView 和 SUN 公司的 NetManager 等；管理代理网络管理工具包括 Cisco 公司的 Works、3Com 公司的 Transcend 和 BAY 公司的 Network Optivity 等。

（8）未来网络管理技术的发展趋势将主要体现在网络管理软件的进一步智能化和自动配置，网络管理系统的使用更加简单、容易，以及网络管理更加安全等几个方面上。

习题 10

一、填空题

1. 网络管理过程通常包括数据_____、数据处理、数据分析和产生用于管理网络的报告。

2. 在网络管理模型中，管理进程和管理代理之间的信息交换可以分为两种：一种是从管理进程到管理代理的管理操作，另一种是从管理代理到管理进程的_____。

3. OSI 网络管理标准的五大功能域为_____、_____、_____、_____和_____。

4. 故障管理的步骤一般为故障检测、故障诊断、故障_____和故障报告。

5. 目前，常用的网络管理协议是_____，该管理协议的管理模型由_____、_____和_____3 个基本部分组成。

6. _____是 SNMP 使用的数据库，是维护管理一个网络所必需的信息。

二、单项选择题

1. OSI 网络管理标准定义了网络管理的五大功能域。例如，对管理对象的每个属性设置阈值、控制阈值检查和告警的功能属于（1）_____；接收报警信息、启动报警程序、以各种形式发出报警的功能属于（2）_____；接收告警事件、分析相关信息、及时发现正在进行的攻击和可疑迹象的功能属于（3）_____。上述事件捕捉和报告操作可由管理代理通过 SNMP 和传输网络将（4）_____报文发送给管理进程，这个操作（5）_____。

    （1）A. 计费管理   B. 性能管理   C. 用户管理   D. 故障管理

    （2）A. 入侵管理   B. 性能管理   C. 故障管理   D. 日志管理

    （3）A. 配置管理   B. 审计管理   C. 用户管理   D. 安全管理

    （4）A. Get   B. Get Next   C. Set   D. Trap

    （5）A. 无请求   B. 有请求   C. 无响应   D. 有响应

2. 在网络管理中，通常需要监视网络吞吐量、利用率、错误率和响应时间。监视这些参数主要是_____功能域的主要工作。

    A. 配置管理   B. 故障管理   C. 安全管理   D. 性能管理

3. _____不是网络管理协议。

    A. LABP   B. SNMP   C. SMIS 协议   D. CMIP

4. 以下关于 SNMP 的说法中错误的是_____。

    A. SNMP 模型由管理进程、管理代理和管理信息库组成

    B. SNMP 是一个应用层协议

    C. SNMP 可以利用 TCP 提供的服务进行数据传输

    D. 路由器一般可以运行 SNMP 管理代理程序

5. 在网络管理系统中，管理对象指的是_____。

    A. 网络系统中的各种具体设备   B. 网络系统中的各种具体软件

    C. 网络系统中的各类具体人员   D. 网络系统中具体可以操作的网络资源

6. 在 OSI 的五大功能域中，_____功能是用来维护网络的正常运行的。

    A. 性能管理   B. 故障管理   C. 配置管理   D. 安全管理

7. 在 TCP/IP 协议族中，SNMP 是在（1）_____之上的（2）_____请求/响应协议。在 SNMP 管理操作中，由管理代理主动向管理进程报告异常事件所发送的报文是（3）_____。在 OSI 参考模型基础上的公共管理信息服务/公共管理信息协议是一个完整的网络管理协议，网络管理

应用进程使用 OSI 参考模型的（4）_____。

  （1）A．TCP   B．UDP   C．HTTP   D．IP

  （2）A．异步   B．同步   C．主从   D．面向连接

  （3）A．Get   B．Get Response C．Trap   D．Set

  （4）A．网络层   B．传输层   C．表示层   D．应用层

三、问答题

1. 简述 OSI 网络管理标准的五大功能域。

2. 简述 SNMP 管理模型的基本组成部分。

3. 网络管理的主要目的是什么？

4. 简述配置管理的主要内容。

5. 故障管理的主要内容和目标是什么？可行的技术手段有哪些？

6. 安全管理的含义是什么？其可以采用哪些技术来实现？

7. SNMP 消息一般是通过 UDP 而不是 TCP 传递的，为什么采用这种设计？

8. 当前流行的网络管理平台有哪些？试说明一种常用的网络管理平台的功能特点。

第11章
云计算与物联网

11

云计算（Cloud Computing）的概念是由Google公司提出的，云计算是一种优秀的网络应用模式，它主要是通过网络按需提供可动态伸缩的廉价计算服务。物联网（Internet of Things）早在1999年就被提出了，当时叫作传感网。物联网的概念是在互联网概念的基础上，将其用户端延伸和扩展到任意物品之间，并进行信息交换和通信的一种网络概念。

云计算与物联网各自具备很多优势，如果把云计算与物联网结合起来，云计算其实就相当于一个人的大脑，而物联网就是其五官和四肢。云计算和物联网的结合是互联网发展的必然趋势。

本章的学习目标如下。
- 理解云计算的概念、特点及其与网格计算的联系。
- 了解目前主流的云计算技术。
- 了解物联网的发展历程，理解物联网的定义、技术架构和应用领域。
- 理解云计算与物联网之间的关系。
- 理解大数据的含义、基本特征及其对当今社会的重要影响。

11.1 云计算及其发展

云计算是在 2006 年才被正式提出的概念，但其受关注的程度甚至超过了之前"大热"的网格计算（Grid Computing）等概念。下面将简要介绍云计算的概念、特点及网格计算与云计算之间的关系。

11.1.1 云计算的概念

云计算实际描述的是一种基于互联网的计算方式。通过这种方式，共享的软件、硬件资源和信息可以按需提供给计算机和其他设备。"云"其实是网络、互联网的一种比喻说法，通常我们将提供资源的网络称为"云"。云计算的核心思想是，对大量用网络连接的计算资源进行统一管理和调度，构成一个计算资源池，并对用户进行按需服务，如图 11-1 所示。

V11-1 云计算及其发展

云计算是继 20 世纪 80 年代大型计算机到客户机/服务器的大转变之后的又一次巨变，它描述了一种基于互联网的新的 IT 服务增加、使用和交付模式，通常涉及通过互联网来提供动态的、易扩展的，且虚拟化的资源。

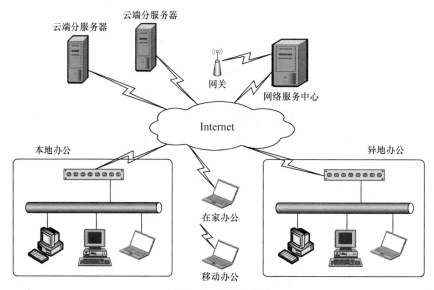

图 11-1　云计算模型

对于云计算,我们可以用一个形象的比喻来说明:钱庄和银行。最早人们只是把钱放在隐蔽处保存,后来有了钱庄,人们会把钱存入钱庄,但兑现比较麻烦;现在有了银行,人们可以到任何一个网点取钱,甚至通过自动取款机实现自助取钱。云计算带来的就是这样一种变革——由 Google、IBM 这样的专业网络公司来搭建计算机存储、运算中心,用户通过一根网线,借助浏览器就可以很方便地对其进行访问,并把“云”作为资料存储及应用服务的中心。

11.1.2　云计算的特点

从研究现状看,云计算具有以下特点。

(1)超大规模。“云”具有相当大的规模。Google 公司的云计算已经拥有 100 多万台服务器,Amazon、IBM、Microsoft 和 Yahoo 等公司的“云”均拥有几十万台服务器。“云”能赋予用户前所未有的计算能力。

(2)虚拟化。云计算支持用户在任意位置、使用各种终端获取服务。用户所请求的资源来自“云”,而不是固定的有形体。应用在“云”中某处运行,但实际上用户无须了解应用运行的具体位置,只需要一台终端就可以通过网络来获取各种服务。

(3)高可靠性。“云”使用了数据多副本容错、计算节点同构可互换等措施来保障服务的高可靠性。因此,可以认为使用云计算比使用本地计算机更加可靠。

(4)通用性。云计算不局限于特定的应用,同一个“云”可以同时支撑不同应用的运行,在“云”的支撑下可以运行各种不同的应用。

(5)按需服务。“云”是庞大的资源池,用户可以按需购买服务。

(6)极其廉价。“云”的特殊容错措施使得可以采用极其廉价的节点来构成“云”。“云”的自动化管理使数据中心管理成本大幅降低。另外,“云”的公用性和通用性使资源的利用率大幅提升。因此,“云”具有前所未有的性能价格比。

11.1.3　网格计算与云计算的关系

网格是 20 世纪 90 年代中期发展起来的下一代 Internet 核心技术。网格技术的开创者伊恩·福斯特（Ian Foster）将其定义为在动态、多机构参与的虚拟组织中协同共享资源和求解问题。网格在网络的基础上基于面向服务的体系结构（Service-Oriented Architecture，SOA），使用互操作、按需集成等技术手段，将分散在不同地理位置的资源虚拟成为一个整体，实现计算、存储、数据、软件和设备等资源的共享，从而大幅提高资源的利用率，使用户获得前所未有的计算和信息能力。

网格通常分为计算网格、信息网格和知识网格 3 种类型。计算网格的目标是提供集成各种计算资源的、虚拟化的计算基础设施。信息网格的目标是提供一体化的智能信息处理平台，集成各种信息系统和信息资源，消除信息孤岛，使用户能按需获取集成后的精确信息。知识网格用于研究一体化的智能知识处理和理解平台，使用户能方便地发布、处理和获取知识。

"国际网格界"致力于网格中间件、网格平台和网格应用的建设。国外著名的网格中间件有 Globus Toolkit、UNICORE、Condor、Glite 等。其中，Globus Toolkit 得到了广泛采纳。国际知名的网格平台有 TeraGrid、EGEE、CoreGRID、D-Grid、APGrid、Grid3、GIG 等。其中，TeraGrid 是由美国科学基金会计划资助构建的超大规模开放的科学研究环境，它集成了高性能计算机、数据资源、工具和高端实验设施。目前，TeraGrid 已经集成了超过每秒 750 万亿次的计算能力、30 PB 的数据，拥有超过 100 个面向多个领域的网格应用环境。欧盟 E-Science 促成网格（Enabling Grid for E-Science，EGEE）是另一个超大型、面向多个领域的网格计算基础设施，目前已有 120 多个机构成员，其中包括分布在 48 个国家/地区的约 250 个网格站点、68000 个 CPU、20 PB 数据资源，且拥有约 8000 个用户，每天平均处理约 30000 个作业，峰值超过 150000 个作业。就网格应用而言，知名的网络应用数以百计，应用领域包括大气科学、林学、海洋科学、环境科学、生物信息学、医学、物理学、天体物理学、地球科学、天文学、工程学、社会行为学等。我国也有类似的研究，如中国国家网格（China National Grid，CNGrid）、空间信息网格（Spatial Information Grid，SIG）、教育部支持的教育科研网格（ChinaGrid）等。

网格计算与云计算的关系就像 OSI 参考模型与 TCP/IP 参考模型之间的关系。ISO 制定的 OSI 参考模型考虑周到，也异常繁杂，虽有远见，但过于理想，实现起来的难度和代价非常大。TCP/IP 参考模型将 OSI 参考模型的 7 层网络协议简化为 4 层，内容大大精简，因此迅速取得了成功。可以说 OSI 参考模型是 TCP/IP 参考模型的基础，TCP/IP 参考模型又推动了 OSI 参考模型的发展，两者相互促进、协同发展。而没有网格计算的基础，云计算就不会这么快到来。网格计算以科学研究为主，非常重视标准规则，也非常复杂，实现起来难度大，缺乏成功的商业模式。云计算是网格计算的一种简化形态，可以说云计算的成功也体现了网格计算的成功。但对许多高端科学或军事应用而言，云计算是无法满足需求的，必须依靠网格计算来实现这些需求。

11.2　主流的云计算技术

由于云计算是多种技术混合演进的结果，其成熟度较高，又有业内大公司推动，发展极为迅速。阿里巴巴、华为、Microsoft 等大公司都是云计算的典型代表。

11.2.1　阿里云计算

"阿里云"被视为我国云计算的代名词，在福布斯中国 500 强企业中，三分之一的企业都在使用阿里云。近年来，阿里巴巴的技术创新不断打破 Google、Apple 公司等科技"巨头"的长期垄断，在全球科技舞台大放异彩。每年的"双 11"购物节，阿里巴巴的工程师会搭建大规模的混合云架构，通过将淘宝、天猫核心交易链条和支付宝核心支付链条的部分流量直接切换到阿里云的公共云计算平台，来使"双 11"成为一场大规模的混合云弹性架构实践，而阿里巴巴也因此成为全球首个将核心交易系统上云的大型互联网企业。

阿里云的飞天（Apsara）操作系统诞生于 2009 年 2 月，是由阿里云自主研发的、服务全球的、超大规模的通用操作系统，目前已为全球 200 多个国家/地区的创新创业企业、政府、机构等提供了服务。它可以将遍布全球的百万级服务器连成一台超级计算机，以在线公共服务的方式为社会提供计算能力，从而有效解决计算的规模、效率和安全等问题。飞天操作系统的革命性在于对云计算的 3 个方向进行了高效的整合，分别是提供强大的计算能力、提供通用的计算能力、提供普惠的计算能力。

11.2.2　华为云计算

"华为云"成立于 2005 年，其主要目标是为用户提供一站式云计算基础设施服务。2017 年 3 月，华为又专门成立了 Cloud BU，全力构建并提供可信、开放，且拥有全球线上/线下服务能力的公有云，其面向互联网增值服务运营商、大中小型企业、政府、科研院所等广大用户提供云主机、云托管、云存储等基础云服务，以及超算、内容分发与加速、视频托管与发布、企业 IT、云计算机、云会议、游戏托管、应用托管等服务。

华为云的主要产品包括弹性云计算（Elastic Computing Cloud，ECC）、对象存储服务（Object Storage Service，OSS）和桌面云等。

（1）弹性云计算是整合了计算、存储与网络资源，按需使用、按需付费的一站式 IT 计算资源租用服务，用于帮助开发者和 IT 管理员在不需要一次性投资的情况下，快速部署和管理大规模的可扩展的 IT 基础设施资源。

（2）对象存储服务是基于对象的云存储服务，为用户提供海量、安全、高可靠、低成本的数据存储能力。用户可以通过描述性状态转移（Representational State Transfer，REST）接口或者基于 Web 浏览器的云管理平台界面对数据进行管理和使用。同时，它提供了多种语言（Java、PHP、C、Python）的软件开发工具包（Software Development Kit，SDK）来简化编程。另外，对象存储服务还可以为多种应用构建大规模的数据存储服务，如互联网海量信息、网盘、数字媒体、备份、归档等服务。

（3）桌面云是采用新的云计算技术开发出的一款智能终端产品，它看起来像一个小盒子，但可以代替普通计算机使用，用户也可以通过 PC 或移动终端接入桌面云。

11.2.3　Google 云计算

Google 拥有强大的搜索引擎。除搜索业务以外，Google 还提供 Google 地图、Google 地球、Gmail、YouTube 等各种业务。这些应用的共性在于数据量巨大，且要面向全球用户提供实时服务，因此 Google 必须解决海量数据存储和快速处理问题。Google 的诀窍在于它研发出了简单而又高效的技术，让多达百万台的廉价计算机协同工作，共同完成这些前所未有的任务，这些技术在诞生几年之后才被正式命名为 Google 云计算技术。

Google 是当今最大的云服务使用者。Google 搜索引擎建立在分布的 200 多个地点、超过 100 万台服务器的支撑之上，且这些设施的数量还在迅猛增长。Google 的一系列应用平台，包括 Google 地图、Google 地球、Gmail、Docs 等同样使用了这些基础设施。采用 Google Docs 之类的应用，用户数据会保存在 Internet 中的某个位置，可以通过任何一个与 Internet 相连的系统十分便利地访问和共享这些数据。目前，Google 已经允许第三方在 Google 的云计算中通过 Google App Engine 运行大型并行应用程序。

Google 云计算技术包括 Google 文件系统（Google File System，GFS）、分布式计算编程模型 MapReduce、分布式锁服务 Chubby、分布式结构化数据存储系统 Bigtable 等。其中，GFS 提供了海量数据的存储和访问能力，MapReduce 使得海量数据的并行处理变得简单易行，Chubby 保证了分布式环境下并发操作的同步问题，Bigtable 使得海量数据的管理和组织十分方便。

11.2.4 Amazon 云计算

Amazon 是依靠电子商务逐步发展起来的，凭借其在电子商务领域积累的大量基础性设施、先进的分布式计算技术和巨大的用户群体，Amazon 很早就进入了云计算领域，并一直在云计算、云存储等方面处于领先地位。

Amazon 提供的云计算服务产品主要有弹性计算云（Elastic Compute Cloud，EC2）、Amazon 简单存储服务（Simple Storage Service，S3）、简单数据库服务（Simple DB）、简单队列服务（Simple Queue Service，SQS）、弹性 MapReduce 服务、内容推送服务（CloudFront）、亚马逊网络服务（Amazon Web Service，AWS）导入/导出、关系数据库服务（Relation Database Service，RDS）等。这些服务涉及云计算的各个方面，用户可以根据自己的需要选取一个或多个 Amazon 云计算服务，且这些服务具有极强的灵活性和可扩展性，当然，用户经过免费体验后是要付费的。收费的服务项目包括存储服务器、带宽、CPU 资源及月租费。月租费与手机电话的月租费类似，存储服务器、带宽按容量收费，CPU 根据时长（小时）运算量收费。

目前，云计算成为 Amazon 增长最快和盈利最多的业务之一。

11.2.5 Microsoft 云计算

"创办一家新的互联网企业，必须购置服务器并装在机房里。但是，这也许将成为历史。只要支付一定的费用，用户就可以轻易地从远程得到服务器的支持。创业者无须再为服务器操心，可以集中精力开发产品，以及考虑如何将这些产品带给更多的消费者。"这正是 Microsoft 云计算带来的美好愿景之一。2008 年 10 月 27 日，在洛杉矶的专业开发者会议上，面对约 6500 名专业开发人员，Microsoft 公司的首席软件架构师雷·奥兹（Ray Ozzie）反复描绘了这一愿景，并最后宣布，Microsoft 公司新推出的"云计算"计划命名为 Windows Azure。这样，继 Google、Amazon、IBM 等公司之后，Microsoft 公司也推出了自己的"云计算"。

Azure 的底层是 Microsoft 公司全球基础服务系统，由遍布全球的第 4 代数据中心构成。这是继 Windows 取代 DOS 之后，Microsoft 公司的又一次颠覆性的转型。

在 2010 年 10 月的参与式设计会议（Participatory Design Conference，PDC）上，Microsoft 公司公布了 Windows Azure 云计算平台的未来蓝图，将 Windows Azure 定位为平台服务，即一套全面的开发工具、服务和管理系统。它可以为开发者提供一个平台，并允许开发者使用 Microsoft 公司全球数据中心的存储、计算能力和网络基础服务，从而开发出可运行在云服务器、数据中心、Web 和 PC 上的应用程序。

Azure 服务平台包括以下主要组件：Windows Azure；Microsoft SQL 数据库服务，Microsoft .NET 服务；用于分享、存储和同步文件的 Live 服务；针对商业的 Microsoft SharePoint 和 Microsoft Dynamics CRM 服务。

11.3 物联网及其应用

物联网的概念最早是由美国麻省理工学院的专家于 1999 年提出的，它的产生和发展与计算机网络的发展、互联网应用的扩展、传感技术的发展、社会需求的驱动和政府的支持都是分不开的。

V11-2　物联网
及其应用

11.3.1　物联网的发展

物联网过去被称为传感网。1999 年，美国召开的移动计算和网络国际会议上提出"传感网是下一个世纪人类面临的又一个发展机遇"。2003 年，美国《技术评论》杂志提出传感网技术将是未来改变人们生活的十大技术之首。

2005 年，在信息社会世界峰会（World Summit on the Information Society，WSIS）上，ITU 发布了《ITU 互联网报告 2005：物联网》，正式提出了"物联网"的概念。该报告指出，无所不在的"物联网"通信时代即将来临，世界上所有的物体，从轮胎到牙刷、从房屋到纸巾都可以通过 Internet 主动进行信息交流。射频识别（Radio Frequency Identification，RFID）技术、传感器技术、纳米技术、智能嵌入式技术等将得到更加广泛的应用。

2009 年，IBM 大中华区首席执行官钱大群在某次论坛上公布了名为"智慧地球"的最新策略。此概念一经提出，即得到美国各界的高度关注，甚至有分析认为 IBM 公司的这一构想极有可能上升至美国的国家战略，并在全球范围内引起轰动。

如今，"智慧地球"战略被不少美国人认为与当年的"信息高速公路"有许多相似之处，他们认为"智慧地球"战略能够振兴经济、确立竞争优势。竞争优势是一个企业或国家在某些方面比其他的企业或国家更能获得利润或效益的优势，其源于技术、管理、品牌、劳动力成本等。

物联网产业链可以细分为标识、感知、处理和信息传输 4 个环节，每个环节的关键技术分别是 RFID、传感器、智能芯片和电信运营商的无线传输网络。欧洲智能系统集成技术平台（the European Technology Platform on Smart System，EPOSS）在《Internet of Things in 2020》报告中分析预测，未来物联网的发展将经历 4 个阶段：2010 年之前，RFID 被广泛应用于物流、零售和制药领域；2010—2015 年，物体互联；2015—2020 年，物体进入半智能化；2020 年之后，物体进入全智能化。作为物联网发展的"排头兵"，RFID 已成为市场最关注的技术之一。

11.3.2　物联网的定义

除 RFID 之外，传感器技术也是物联网产生的核心技术，如果没有传感器技术的发展，那么我们所能谈论的只有互联网，而不可能会有物联网。早期人们使用的只是一些无线射频设备，后来发明了智能传感器，这些传感器可以将一些模拟数据采集、转换为数字数据以供人们参考分析，如光敏传感器、热敏传感器、温度传感器、湿度传感器、压力传感器等。人们将多个传感器节点按照自己定义的协议组成一个小型的网络，通过无线技术进行数据交换。这些技术结合互联网技术、通信技术等就产生了物联网。

物联网的定义目前还存在较大争议，各个国家/地区对于物联网都有自己的定义，举例如下。

（1）我国对物联网的定义：通过信息传感设备，按照约定的协议，把任何物品与互联网连接起来，进行信息交换和通信，以实现智能化识别、定位、跟踪、监控和管理的一种网络。它是在互联网的基础上延伸和扩展的网络。

（2）美国对物联网的定义：将各种传感设备，如 RFID 设备、红外传感器、全球定位系统等与互联网结合起来而形成的一个巨大网络，其目的是让所有的物体都与网络连接在一起，方便识别和管理。

（3）欧盟对物联网的定义：将现有互联的计算机网络扩展到互联的物品网络。

（4）ITU 的定义：任何时间、任何地点，人们都能与任何东西相连。

11.3.3 物联网的技术架构

从技术架构上来看，物联网可分为 3 层：感知层、网络层和应用层，如图 11-2 所示。

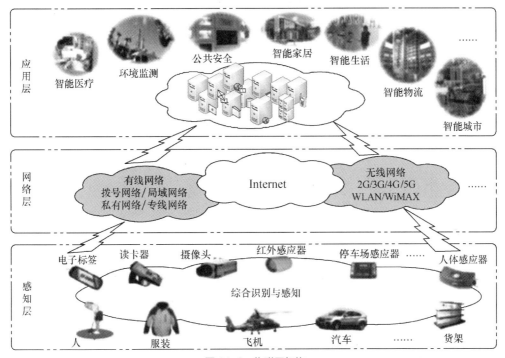

图 11-2　物联网架构

感知层由各种传感器和传感器网关构成，包括电子标签、摄像头、红外感应器等感知终端。感知层相当于人的眼、耳、鼻、喉和皮肤等，它是物联网识别物体、采集信息的工具。

网络层由各种有线网络、无线网络、互联网组成，有些还包括网络管理系统和云计算平台等，相当于人的神经中枢和大脑，负责传递和处理感知层获取的信息。

应用层是物联网和用户（包括人、组织和其他系统）的接口，它与行业需求相结合，实现物联网的智能应用。其行业特性主要体现在应用领域内，目前智能医疗、环境监测、公共安全、智能家居、智能生活、智能物流、智能城市等领域均有物联网应用的尝试。

11.3.4 物联网的应用

ITU 曾经描绘过这样一幅"物联网"时代的图景：当司机出现操作失误时汽车会自动报警；公文包会提醒主人忘带了什么东西；衣服会告诉洗衣机用户对颜色和水温的要求；当装载货物的汽车超重时，汽车会自动告诉驾驶员超载了，并且超载了多少等。

目前，物联网的应用已经遍及市政管理、节能环保、医疗健康、家居建筑、金融保险、智能工农业、物流零售、能源电力、交通管理和安防反恐等多个领域，如图 11-3 所示。

毫无疑问，如果"物联网"时代来临，人们的日常生活将发生翻天覆地的变化。物联网未来的发展就如同很多人所津津乐道的那样：PC 是 20 世纪 80 年代的标志，互联网是 20 世纪 90 年代的标志，下一个时代的标志将会是物联网。

图 11-3　物联网的应用领域

11.4　云计算与物联网的关系

云计算是物联网发展的基石，并从以下两个方面促进了物联网的实现。

首先，云计算是实现物联网的核心，运用云计算模式使物联网中以"兆"计算的各类物品的实时动态管理和智能分析变得可能。物联网通过将 RFID 技术、传感技术、纳米技术等新技术充分运用在各行业之中，使各种物体充分连接，并通过无线网络将采集到的各种实时动态信息送达计算机处理中心进行汇总、分析和处理。建设物联网的三大基石包括：传感器等电子元器件；传输的通道，如电信网；高效的、动态的、可以大规模扩展的资源处理能力。其中，第 3 个基石正是通过云计算模式来实现的。

其次，云计算促进了物联网和互联网的智能融合，从而构建"智慧地球"。物联网和互联网的融合需要更高层次的整合，需要"更透彻的感知、更安全的互联互通、更深入的智能化"。这同样需要依靠高效的、动态的、可以大规模扩展的资源处理能力，而这也正是云计算模式所擅长的。同时，云计算的创新型服务交付模式简化了服务的交付，加强了物联网和互联网之间及物联网内部的互联互通，可以实现新商业模式的快速创新，促进物联网和互联网的智能融合。

另外，物联网的四大组成部分是感应识别、网络传输、管理服务和综合应用。其中，"网络传输"和"管理服务"都会应用到云计算，特别是"管理服务"这一项，因为这里有海量的数据存储和计算的要求，使用云计算可能是最经济实惠的一种方式。

11.5　大数据时代

大数据（Big Data）在物理学、生物学、环境生态学等领域，以及军事、金融、通信等行业存在已久。随着近年来互联网和信息行业的发展，大数据引起了人们的关注。大数据已经成为云计算、物联网之后 IT 行业又一大颠覆性的技术革命。

云计算主要为数据资产提供了保管、访问的场所和渠道，而数据才是真正有价值的资产。企业内部的经营信息、物联网世界中的商品物流信息、互联网世界中的人与人的交互信息、位置信息等，其数量远远超越了现有企业 IT 架构和基础设施的承载能力，对实时性的要求也大大超越了现有的计算能力。如何应用这些数据资产，使其为国家治理、企业决策乃至个人生活服务，是大数据的核心议题，也是云计算内在的"灵魂"和必然的发展方向。

11.5.1 什么是大数据

最早提出大数据时代到来的是全球知名咨询公司麦肯锡（McKinsey）。进入 2012 年之后，"大数据"一词越来越多地被提及，人们用它来描述和定义信息爆炸时代产生的海量数据，并命名与之相关的技术发展与创新。人们也越来越强烈地意识到数据对于各行各业发展的重要性。

大数据在互联网行业中指的是这样一种现象：互联网公司在日常运营中生成、积累的用户网络行为的非结构化和半结构化数据的规模非常庞大，以至于不能用 GB 或 TB 为单位来衡量。例如，据国外媒体报道的"互联网上一天"的数据显示，每一天在互联网中产生的数据可以刻满 1.68 亿张数字通用光盘（Digital Versatile Disc，DVD），发出的邮件有 2900 多亿封，发出的社区帖子达 200 多万个，卖出的手机为 37.8 万台……

目前，数据量的衡量单位已经从 TB（1 TB=1024 GB）级别跃升到了 PB（1 PB=1024 TB）、EB（1 EB=1024 PB）乃至 ZB（1 ZB=1024 EB）级别。国际数据公司（International Data Corporation，IDC）的研究结果表明，2008 年全球产生的数据量为 0.49 ZB，2009 年的数据量为 0.8 ZB，2010 年的数据量增长为 1.2 ZB，2020 年的数据量更是高达 47 ZB，相当于全球每人产生 200 GB 以上的数据。而到 2035 年，这一数字预计将到达 2142 ZB，全球数据量将会迎来更大规模的爆发。

11.5.2 大数据的基本特征

大数据主要具有以下四大基本特征。

（1）数据量大。目前，我们对大数据的起始计量单位至少是 PB（2^{10} TB=1024 TB ≈ 1000 TB）、EB（2^{20} TB=1048576 TB ≈ 100 万太字节）或 ZB（2^{30}=1073741824TB ≈ 10 亿太字节）。

（2）种类繁多。其数据种类包括网络日志、音频、视频、图片、地理位置信息等，多种类型的数据对数据处理能力提出了更高的要求。

（3）价值密度低。随着今后物联网的广泛应用，信息感知无处不在，信息虽然海量，但价值密度较低。如何通过强大的算法更迅速地完成对数据的价值"提纯"，是大数据时代亟待解决的难题。

（4）速度快、时效性强。处理速度快、时效性要求高，这是大数据区别于传统数据最显著的特征。

由此可见，大数据时代对人们的数据驾驭能力提出了新的挑战，也为人们获得更为深刻、全面的洞察能力提供了前所未有的空间和机遇。

11.5.3 大数据的影响

大数据是信息通信技术发展积累至今，按照自身技术发展逻辑，从提高生产效率向更高级智能阶段的自然生长。无处不在的信息感知和采集终端为人们采集了海量的数据，而以云计算为代表的计算技术的不断发展，为人们提供了强大的计算能力，这就围绕个人和组织的行为构建起了一个与物质世界平行的数字世界。

大数据虽然诞生于信息通信技术的日渐普遍和成熟的背景下，但它对社会、经济、生活产生的影响绝不限于技术层面。从本质上来看，它为人们看待世界提供了一种全新的方法，即决策行为将日益基于数据分析而做出，而不是像过去那样更多地凭借经验和直觉做出。

大数据可能带来的巨大价值正渐渐被人们所认可。它通过技术的创新与发展，以及数据的全面感知、收集、分析、共享，为人们提供了一种全新的看待世界的方法，让人们更多地基于事实与数据做出决策。在可以预见的未来，这样的思维方式将推动早已习惯于"差不多"的运行方式的社会发生巨大的变革。

小结

（1）云计算的概念最早是由 Google 公司提出的，其核心思想是对大量用网络连接的计算资源进行统一管理和调度，构成一个计算资源池，对用户进行按需服务。云计算的特点是超大规模、虚拟化、高可靠性、通用性、按需服务、极其廉价等。

（2）网格计算与云计算的关系就像 OSI 参考模型与 TCP/IP 参考模型之间的关系。网格计算以科学研究为主，非常重视标准规则，也非常复杂，实现起来难度大，缺乏成功的商业模式。云计算是网格计算的一种简化形态。

（3）当今主流的云计算技术有阿里云计算、华为云计算、Google 云计算、Amazon 云计算、Microsoft 云计算等。

（4）物联网的概念早在 1999 年就被提出了，它是一种在互联网概念的基础上，将其用户端延伸和扩展到任何物品及物品之间，并进行信息交换和通信的网络概念。

（5）从技术架构上来看，物联网可以分为 3 层：感知层、网络层和应用层。目前，物联网的应用已经遍及智能交通、环境监测、公共安全、智能家居、智能生活等多个领域。

（6）大数据是继云计算、物联网之后 IT 行业又一大颠覆性的技术革命，其主要特征有数据量大、种类繁多、价值密度低、速度快、时效性强等。

习题 11

一、单项选择题

1. 云计算是对_____技术的发展与运用。

    A. 行计算   B. 网格计算   C. 分布式计算   D. 以上 3 个都是

2. 从研究现状看，下列不属于云计算特点的是_____。

    A. 超大规模   B. 虚拟化   C. 私有化   D. 高可靠性

3. Microsoft 公司于 2008 年 10 月推出的云计算操作系统是_____。

    A. Google App Engine   B. 蓝云

    C. Azure   D. EC2

4. 下列不属于 Google 云计算平台技术架构的是_____。

    A. 分布式计算编程模型 MapReduce   B. 分布式锁服务 Chubby

    C. 分布式结构化数据存储系统 Bigtable   D. EC2

5. _____是 Google 公司提出的用于处理海量数据的并行编程模式和大规模数据集并行运算的软件架构。

    A. GFS   B. MapReduce   C. Chubby   D. Bigtable

6. 在云计算系统中，提供"云端"服务模式的是_____公司提供的云计算服务平台。

    A. IBM   B. Google   C. Amazon   D. Microsoft

7. 物联网在国际电信联盟中写作_____。

    A. Network Everything   B. Internet of Things

    C. Internet of Everything   D. Network of Things

8. _____针对下一代信息浪潮提出了"智慧地球"战略。
　　 A. IBM　　　　　　　B. NEC　　　　　　C. NASA　　　　　D. EDTD
9. 物联网的核心和基础是_____。
　　 A. 无线通信网　　　　B. 传感器网络　　　C. 互联网　　　　　D. 有线通信网
10. 作为物联网发展的"排头兵"，_____技术是市场最为关注的技术之一。
　　 A. 射频识别　　　　　B. 传感器　　　　　C. 智能芯片　　　　D. 无线传输网络
11. 3 层结构类型的物联网不包括_____。
　　 A. 感知层　　　　　　B. 网络层　　　　　C. 应用层　　　　　D. 会话层
12. 与大数据密切相关的技术是_____。
　　 A. 蓝牙　　　　　　　B. 云计算　　　　　C. 博弈论　　　　　D. Wi-Fi
13. 小王自驾汽车到一座陌生的城市出差，对他来说可能最为有用的是_____。
　　 A. 停车诱导系统　　　　　　　　　　　　B. 实时交通信息服务
　　 C. 智能交通管理系统　　　　　　　　　　D. 车载网络
14. 首次提出物联网概念的著作是_____。
　　 A.《未来之路》　　　B.《未来时速》　　　C.《做最好的自己》　 D.《天生偏执狂》

二、填空题

1. 云计算中，提供资源的网络被称为_____。
2. IBM 的"智慧地球"概念中，"智慧地球"等于"_____"和"_____"之和。
3. _____技术和_____技术是物联网产生的核心技术。
4. 感知层是物联网体系架构的第_____层。
5. _____年，《纽约时报》在一篇专栏文章中正式提出了_____的概念，它被认为是继云计算、物联网之后 IT 行业又一大颠覆性的技术革命。
6. 大数据的 4 个基本特征分别是_____、_____、_____和_____。
7. 1 ZB=_____EB=_____PB=_____TB=_____GB=_____MB。

三、问答题

1. 什么是云计算？云计算有哪些特点？
2. 简述云计算与网格计算的异同。
3. 简述物联网的技术架构和各个层次的基本功能。
4. 简述云计算和物联网之间的关系。
5. 什么是大数据？大数据有哪些基本特征？

第12章
网络实验

12

"计算机网络"不仅是一门理论性很强的课程,还是一门实践性很强的课程。学生必须通过丰富的实验才能真正掌握并深入理解计算机网络的基本理论、相关协议和主要算法。

本章设计了12个实验,包括理解网络的基本要素、制作并应用双绞线、测试网络连接情况、配置交换机和路由器、配置交换机的VLAN技术、配置路由器的静态路由协议、配置路由器的动态路由协议、了解WWW服务、使用电子邮件、安装并配置DHCP服务器、安装并配置DNS服务器,以及安装并配置Web服务器等内容。这些实验所要求的实验环境比较统一且相对简单,实验任务几乎可以在所有学校的计算机网络实验室中完成。学生通过学习本章节,能够增强分析并解决实际问题的综合能力。

本章的学习目标如下。
- 熟练掌握网络通信协议(TCP/IP)的基本配置方法和步骤。
- 熟练掌握双绞线(直通双绞线和交叉双绞线)的制作方法和步骤。
- 熟练掌握网络连通性测试的常用命令、方法和步骤。
- 熟练掌握交换机和路由器的基本配置命令、方法和步骤。
- 熟练掌握常用的网络应用服务(WWW、E-mail等)的使用方法和步骤。
- 熟练掌握网络服务器(DHCP、DNS、FTP等)的基本配置方法和步骤。

12.1 实验1 理解网络的基本要素

12.1.1 实验情景、任务、目标和环境

【实验情景】

刚刚接触"计算机网络"课程的学生,普遍具备一定的使用网络的经验,且好奇心强、思维活跃、参与探究的积极性也很高,但是对网络的概念性知识了解不多,还没有形成完整的知识体系,所以通过实地参观,可让他们切身体验网络与人类社会的密切联系,加深对网络的感性认识。

【实验任务】

(1)参观校园网络或商业机构网络,了解和认识网卡、传输介质、交换机、服务器等常用的网络设备,以及它们的基本功能。

(2)了解网络的基本类型并简单画出网络拓扑结构图。

（3）了解 TCP/IP 的基本属性，并对协议、IP 地址、参数进行设置。

【实验目标】

（1）能力目标

① 掌握网络的基本概念和术语、熟悉局域网的几种拓扑结构，通过比较理解各自的特点。

② 了解网络使用的通信协议，初步掌握各种协议和参数的设置。

③ 了解局域网的常用硬件设备，并学会简单使用和连接这些设备。

（2）素养目标

① 通过实地参观，对网络的构成软件、硬件有感性和具体的认识，从而激发学习网络知识的兴趣和求知欲。

② 培养学生对事物的观察能力和实践能力。

③ 养成积极主动学习和使用网络技术、参与网络建设的态度。

【实验环境】

计算机（安装 Windows 10）、网络适配器、双绞线、RJ-45 水晶头、交换机等硬件设备

12.1.2 实验导读

随着计算机的发展，人们越来越意识到网络的重要性。通过网络，人们拉近了彼此之间的距离，原本分散在各处的计算机被网络紧紧地联系在了一起。局域网作为网络的重要组成部分，发挥了不可忽视的作用。局域网可分为小型局域网和大型局域网。小型局域网是指占地空间小、规模小、建网经费少的计算机网络，常用于办公室、学校多媒体教室、游戏厅、网吧，甚至家庭中的两台计算机也可以组成小型局域网。大型局域网主要用于企业 Intranet 信息管理系统、金融管理系统等。

1. 网络的分类

（1）按网络的拓扑结构分类。网络的拓扑结构是指网络中通信线路和节点（计算机或网络设备）的几何排列形式。

① 星形网络：各节点通过点对点的链路与中心节点相连。星形网络的特点是在网络中增加和移动节点十分方便，数据的安全性和优先级容易控制，易实现网络监控，但中心节点的故障会引起整个网络瘫痪。

② 环形网络：各节点通过通信介质连接成一个封闭的环。环形网络容易安装和监控，但容量有限，网络建成后，难以增加和移动节点。

③ 总线网络：网络中的所有节点共享一条数据通道。总线网络安装简单方便，需要铺设的电缆最短，成本低，某个站点的故障一般不会影响整个网络。但总线的故障会导致整个网络瘫痪，因此总线网络的安全性较低，监控比较困难，增加新的节点也不如星形网络容易。

④ 树状网络、网状网络等其他类型拓扑结构的网络都是以上述 3 种拓扑结构为基础的。

（2）按服务方式分类

① 客户机/服务器网络：它不仅是客户机向服务器发出请求并获得服务的一种网络形式，还是非常常用、非常重要的一种网络类型。服务器是指专门提供服务的高性能计算机或专用设备，客户机是指用户计算机，多台客户机可以共享服务器提供的各种资源。这种网络不仅适用于同类计算机联网，还适用于不同类型的计算机联网，如 PC 的混合联网。

② 对等网络：对等网络不需要文件服务器，每台客户机都可以与其他客户机平等对话，共享彼此的信息资源和硬件资源，组网的计算机一般类型相同。这种网络方式灵活方便，但是较难实现集中管理与监控，安全性也较低，一般适用于部门内部协同工作的小型网络。

2. NetBEUI、IPX/SPX 及其兼容协议和 TCP/IP 3 种局域网通信协议

（1）NetBEUI 协议。NetBEUI 由 IBM 于 1985 年开发完成，是一种体积小、效率高、速度快

的通信协议。NetBEUI 是专门为由几台到百余台计算机组成的单网段部门级小型局域网设计的，不具有跨网段工作的功能，即 NetBEUI 不具备路由功能。如果一台服务器上安装了多块网卡，或要采用路由器等设备进行两个局域网的互联，则不能使用 NetBEUI 通信协议。否则，与不同网卡（每块网卡连接一个网段）相连的设备之间，以及不同的局域网之间无法通信。在这 3 种通信协议中，NetBEUI 占用的内存最少，在网络中基本不需要任何配置。

（2）IPX/SPX 及其兼容协议。IPX/SPX 是 Novell 公司的通信协议集。在设计 IPX/SPX 时，一开始就考虑了多网段问题，它具有强大的路由功能，适合大型网络使用。当用户端接入 NetWare 服务器时，IPX/SPX 及其兼容协议是很好的选择。但在非 Novell 网络环境中，IPX/SPX 一般不适用。

（3）TCP/IP。TCP/IP 是目前非常常用的通信协议。TCP/IP 具有很强的灵活性，支持任意规模的网络，几乎可连接所有服务器和工作站。在使用 TCP/IP 时需要进行复杂的设置，每个节点至少需要一个"IP 地址"、一个"子网掩码"、一个"默认网关"和一个"主机名"，对一些初学者来说，其使用不太方便。但 Windows Server 中提供了动态主机配置协议（Dynamic Host Configuration Protocol，DHCP），可以自动为客户机分配接入网络时所需的信息，从而减轻了联网工作的负担，并避免了出错。当然，DHCP 拥有的功能必须有 DHCP 服务器才能实现。另外，同 IPX/SPX 及其兼容协议一样，TCP/IP 也是一种具有路由功能的协议。

（4）选择通信协议的条件。

① 选择适配网络特点的协议。当网络存在多个网段或要通过路由器相连时，就不能使用不具备路由和跨网段操作功能的 NetBEUI 协议，而必须选择 IPX/SPX 及其兼容协议或 TCP/IP 等。

② 尽量少地选用网络协议。一个网络中尽量只选择一种通信协议，协议越多，占用的计算机内存资源就越多，影响计算机的运行速度，不利于网络管理。

③ 注意协议的版本。每种协议都有其发展和完善的过程，因而出现了不同的版本，每个版本的协议都有其最为合适的网络环境。在满足网络功能要求的前提下，应尽量选择高版本的通信协议。

④ 协议的一致性。如果要让两台实现互联的计算机间进行对话，则使用的通信协议必须相同；否则，中间需要一个"翻译"转换不同的协议，这不仅影响网络的通信速率，还不利于网络的安全和稳定运行。

3. IP 地址及其应用

（1）IP 地址。局域网中的每台计算机都需要安装一块网卡，并用网卡来接入网络。在接入网络时，每一块网卡必须分配唯一的主机名和 IP 地址。TCP/IP 是 Internet 和大多数局域网所采用的一组协议，即 TCP/IP 是由多种子协议组成的，IP 地址是其中非常重要的一个组成部分。目前使用的 IP 地址的版本是 IPv4，每一个 IP 地址都由 4 字节（每字节的取值为 0~255 中的整数）组成，字节之间用小圆点"."隔开。

（2）IP 地址的分类。IP 地址分为两部分，即网络号（或称"网络 ID"）和主机号（或称"主机 ID"）。网络号用于确定某一特定的网络，主机号用于确定该网络中某一特定的主机。同一网络中的所有主机需要同一个网络号，在 Internet 中是唯一的。主机号用于确定网络中的一个工作站、服务器、路由器、交换机或其他主机。对同一个网络号来说，主机号是唯一的。IP 地址分为 A 类、B 类、C 类、D 类、E 类这 5 类。

常用的 A 类、B 类和 C 类 IP 地址都由两个字段组成。A 类、B 类和 C 类 IP 地址的网络号字段分别为 1 字节、2 字节和 3 字节，在网络号字段的最前面有 1~3 位的类别位，其数值分别规定为 0、10 和 110；A 类、B 类和 C 类 IP 地址的主机号字段分别为 3 字节、2 字节和 1 字节，如表 12-1 所示。

表 12-1　A 类、B 类和 C 类 IP 地址

网络类别	最大网络数	第一个可用的网络地址	最后一个可用的网络地址	每个网络中的最大主机数
A 类	126	1	126	16777214
B 类	16382	128.1	191.254	65534
C 类	2097140	192.0.1	223.255.254	254

12.1.3　实验作业

（1）简述计算机网络的分类及其各自的优缺点。

（2）组成局域网的主要硬件设备有哪些？各自起什么作用？

（3）局域网中使用的通信协议有哪些？各自有什么优缺点？

12.2　实验 2　制作并应用双绞线

12.2.1　实验情景、任务、目标和环境

【实验情景】

在学习参观的过程中，学生初步了解了一些常用的网络硬件设备，如网卡、交换机，以及各种不同的网络传输介质等。有些学生可能会问：我们身边比较常见的网络传输介质是哪种呢？计算机与交换机、交换机与交换机之间又是如何利用这种传输介质进行连接的呢？它们连接的方法完全一样吗？

通过向学生展示一段未连接水晶头的原始双绞线和一块网卡，引导学生观察这两种物品的接口，让学生认识到原始的双绞线不可能和网卡直接相连，必须要通过水晶头进行连接，从而引入本实验——制作并应用双绞线。

【实验任务】

（1）学习局域网中双绞线的功能，并通过现场演示让学生掌握双绞线的制作过程与实际使用方法。

（2）独立制作满足实际需要的直通双绞线和交叉双绞线。

【实验目标】

（1）能力目标

① 掌握双绞线在局域网中的作用、双绞线的内部结构和分类。

② 掌握 EIA/TIA 568A 和 EIA/TIA 568B 两种双绞线的制作方法与技巧，以及与网络设备的连接方法。

（2）素养目标

① 培养学生学习综合布线的兴趣，培养学生仔细观察、自主探究、大胆操作、勇于实践的能力。

② 培养学生科学、严谨的学习态度，同时让学生体会到熟能生巧的道理。

③ 通过分组练习，使学生具备互帮互助、共同学习、共同进步的优秀品质。

【实验环境】

双绞线、RJ-45 水晶头、双绞线剥线器、网卡等

12.2.2　实验导读

1. 双绞线概述

双绞线是局域网布线中常用的传输介质，尤其是在星形网络拓扑结构中，双绞线是必不可少的

布线材料。为了降低信号的干扰程度，每一对双绞线一般由内根绝缘铜导线互相缠绕而成，每根铜导线的绝缘层上分别涂有不同的颜色，以示区别。

双绞线一般分为非屏蔽双绞线和屏蔽双绞线两大类。每条双绞线通过两端安装的 RJ-45 水晶头与网卡和交换机相连，其最大网段长度为 100 m。如果要加大网络的范围，则在两段双绞线电缆间安装中继器（目前一般使用交换机级联实现）即可，但最多只能安装 4 个中继器，使网络的最大范围达到 500 m。

在局域网中，双绞线主要用于连接网卡与交换机或交换机与交换机，有时也可直接用于两个网卡之间的连接。

2. 双绞线连接网卡和交换机时的线对分布

在局域网中，从网卡到交换机间的连接为直通，即两个 RJ-45 连接器中导线的分布应统一。5 类非屏蔽双绞线规定有 8 根线（4 对线，只用了其中的 4 根线，引脚 1 和引脚 2 必须为一对，引脚 3 和引脚 6 必须为一对）。当 RJ-45 水晶头有弹片的一面朝下，带金属片的一端向上时，RJ-45 水晶头的引脚分布如图 12-1 所示。其中，引脚 1（TX_+）和引脚 2（TX_-）用于发送数据，引脚 3（RX_+）和引脚 6（RX_-）用于接收数据，即一对用于发送数据，一对用于接收数据。其他的两对（4 根）线没有使用。

图 12-1　RJ-45 水晶头的引脚分布

当用双绞线连接网卡和交换机时，两端的 RJ-45 水晶头中导线的分布如图 12-2 所示。

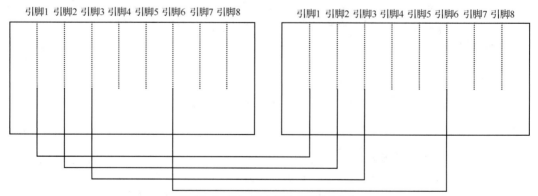

图 12-2　RJ-45 水晶头中导线的分布

3. 双绞线连接两台交换机时的线对分布

如果是两台交换机通过双绞线级联，则双绞线接头中线对的分布与上述连接网卡和交换机时有所不同，必须进行错线。

错线的方法如下：将一端的 TX_+ 接到另一端的 RX_+，一端的 TX_- 接到另一端的 RX_-，也就是 A 端的引脚 1 接到 B 端的引脚 3，A 端的引脚 2 接到 B 端的引脚 6，连接方式如图 12-3 所示。这种情况只适用于那些没有标明专用连接端口的交换机之间的连接，为了方便用户使用，许多交换机提供了一个专门用来串接到另一台交换机的端口。在这个专用端口旁通常标有"UPLINK"或"MDI"的字样。在产品设计时，此端口已经错过线，因此对此类交换机进行级联时，双绞线不必错线，与连接网卡和交换机时相同。

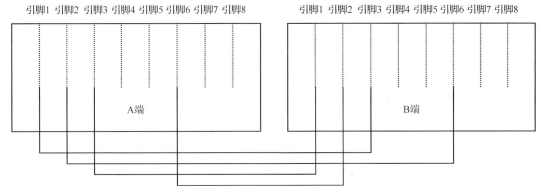

图 12-3 RJ-45 水晶头的错线

4. 双绞线直接连接两台计算机时的线对分布

在进行两台计算机之间的连接时，双绞线两端也必须进行错线。

5. 非屏蔽双绞线接头的制作技术

EIA/TIA 568A 连接器规范如图 12-4（a）所示。

① 白—绿，② 绿，③ 白—橙，④ 蓝，⑤ 白—蓝，⑥ 橙，⑦ 白—棕，⑧ 棕。

EIA/TIA 568B 连接器规范如图 12-4（b）所示。

① 白—橙，② 橙，③ 白—绿，④ 蓝，⑤ 白—蓝，⑥ 绿，⑦ 白—棕，⑧ 棕。

如果制作交换机与计算机的连接线，则两端使用同一标准即可。如果制作两台计算机对接的线，则需要一端使用 EIA/TIA 568A 标准，另一端使用 EIA/TIA 568B 标准。

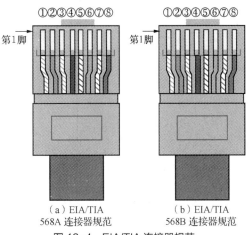

（a）EIA/TIA
568A 连接器规范   （b）EIA/TIA
568B 连接器规范

图 12-4 EIA/TIA 连接器规范

12.2.3 实验作业

（1）制作一根双绞线用于连接网卡和交换机。

（2）制作一根双绞线用于连接两台交换机（普通端口）或两块网卡。

12.3 实验3 测试网络连接情况

12.3.1 实验情景、任务、目标和环境

【实验情景】

局域网组建起来之后，能否正常运行需要进行测试。即使原来能正常运行的局域网，也可能由于各种原因出现故障，要排除故障也需要测试。

测试什么？怎么测试？这是首先要明确的两个问题。一般需要测试的是网络的配置是否正确、连通性是否良好。测试时一般使用操作系统集成的 TCP/IP 测试工具：Ping、IPconfig 和 Tracert。本实验将教会学生熟练使用这些工具，从而对网络做出快速诊断。

【实验任务】

① 熟悉 Ping 、IPconfig 和 Tracert 工具的命令格式和参数说明。

② 用 Ping 命令及其相关参数测试本地计算机 TCP/IP 的工作情况，以及与远程计算机的连接情况。

③ 用 IPconfig 命令及其相关参数显示当前所有 TCP/IP 网络配置情况。

④ 用 Tracert 命令及其相关参数跟踪本地计算机到校园网服务器之间的路由，并显示所有路由信息。

【实验目标】

（1）能力目标

① 熟悉 TCP/IP 的工作原理。

② 掌握使用 Ping 命令测试局域网连通性的方法。

③ 掌握使用 IPconfig 命令测试局域网的配置参数的方法。

④ 掌握使用网络路由跟踪工具 Tracert 进行测试的方法。

⑤ 掌握常用的 TCP/IP 网络故障诊断和排除方法。

（2）素养目标

① 培养学生发现和解决问题的能力。

② 培养学生细致的观察能力和严谨的学习态度。

【实验环境】

已接入局域网的计算机（已安装 Windows 10）

12.3.2 实验导读

1. Ping 命令简介

互联网分组探测器（Packet Internet Groper，Ping）是 TCP/IP 的一部分，它是 TCP/IP 参考模型互联网层上的一个命令，主要用来检查网络是否通畅或测试网络的连接速度。

发送方主机运行 Ping 命令时，它首先发送一个 ICMP 回声请求数据包给目的主机，再向发送方主机用户报告是否收到所希望的 ICMP 回声应答（ICMP Echo）。按照默认设置，Ping 命令发送 4 个 ICMP 回声请求数据包，每个大小为 32 字节。如果一切正常，则发送方主机能收到 4 个回声应答。Ping 能够以 ms 为单位显示发送回声请求到返回回声应答之间的时间间隔，如果应答时间短，则表示数据包不必通过太多的路由器或网络连接，速度比较快。Ping 还能显示 TTL 值，用户可以通过 TTL 值大致推算数据包传输的速度和时间。

2. IPconfig 命令简介

IPconfig 是调试计算机网络的常用命令，通常可用于显示当前 TCP/IP 的配置情况。如果用户的计算机和所在的局域网使用了 DHCP，则 IPconfig 命令还可以使用户了解使用的本地计算机是否成功地被分配到一个动态 IP 地址，以及分配到的是什么地址。另外，该命令可以帮助用户了解计算机当前的子网掩码、默认网关和清空 DNS 缓存等。

3. Tracert 命令简介

Tracert 是一个路由跟踪命令，用于确定 IP 数据包访问目的主机采用的路径。Tracert 命令用 TTL 字段和 ICMP 错误消息来确定从一个主机到网络中其他主机的路由。Tracert 先发送 TTL 值为 1 的回声请求数据包，随后的每次发送过程中将 TTL 值递增 1，直到目标响应或 TTL 达到最大值，从而确定路由。

12.3.3 实验作业

（1）使用 Ping 工具测试本机 TCP/IP 的工作情况，记录下相关信息。
（2）使用 IPconfig 工具测试本机 TCP/IP 的网络配置，记录下相关信息。
（3）使用 Tracert 工具测试本机到 www.sohu.com 所经过的路由数，记录下相关信息。

12.4 实验 4 配置交换机和路由器

12.4.1 实验情景、任务、目标和环境

【实验情景】

在网络建设的过程中，简单地将网络设备连接起来是远远无法满足人们的应用需求的，要满足各种业务需求，就必须对网络设备进行详细、科学的配置。通过前面的学习，学生已经逐渐了解了交换机和路由器这两种常用的组网设备。交换机是一种工作在 OSI 参考模型的数据链路层上的、局域网范围内基于 MAC 地址识别的、完成数据包转发功能的网络设备，而路由器能实现不同网络之间的相互通信。但是要发挥这些功能必须进行科学的配置，本实验就是为了让学生熟悉一些基础、常用的配置命令和配置方法而设计的。

【实验任务】

① 通过交换机的 Console 端口配置交换机，在 4 种命令行操作模式下进行切换。
② 配置交换机的设备名称、描述信息及端口信息，并查看交换机的系统和配置信息。
③ 通过路由器的 Console 端口配置路由器，在 4 种命令行操作模式下进行切换。
④ 配置路由器的设备名称、描述信息及端口信息，并查看路由器的系统和配置信息。

【实验目标】

（1）能力目标
① 熟悉交换机和路由器各种命令行操作模式的区别，以及模式之间的切换方法。
② 掌握交换机和路由器的全局基本配置。
③ 掌握交换机和路由器端口的常用配置参数。
（2）素养目标
① 培养学生分析问题、解决问题和团结协作的能力。
② 培养学生善于动脑、勤于动手的良好习惯。
③ 培养学生细致观察、善于发现问题的科学探究精神。

【实验环境】

二层交换机 1 台、路由器 1 台、Console 电缆线 2 根、计算机 1 台（已安装 Windows Server 2003）

12.4.2　实验导读

1．交换机基础概念

交换机是一种工作在数据链路层的网络设备。交换机根据进入端口数据帧中包含的 MAC 地址过滤和转发数据帧。交换机是基于 MAC 地址识别，完成转发数据帧功能的一种网络连接设备。作为汇聚中心，交换机可将多台数据终端设备连接在一起，构成星形拓扑结构的网络。使用交换机组建的局域网是一个交换式局域网。

2．交换机的功能

交换机有以下 3 个基本功能。

（1）建立和维护一个表示 MAC 地址与交换机端口映射关系的交换表。

（2）在发送节点和接收节点之间建立一条虚连接（源端口到目的端口之间的虚连接）。

（3）完成数据帧的转发或过滤。

3．交换机的工作原理

交换机通过一种自学方法，自动建立和维护一个记录着目的 MAC 地址与交换机端口映射关系的交换表。转发帧的具体操作如下：在查询保存在交换机高速缓存中的交换表之后，交换机根据表中给出的目的端口，决定是否转发和向哪里转发；如果数据帧的目的地址和源地址处于交换机的同一个端口，即源端口和目的端口相同，则基于某种安全控制，数据帧被拒绝转发，交换机直接将其丢弃，否则按与目的 MAC 地址相符的交换表表项中指出的目的端口号转发该帧；在转发数据帧之前，在源端口和目的端口之间会建立一条虚连接，形成一条专用的传输通道，再利用这条通道将帧从源端口转发到目的端口，完成帧的转发。

4．路由器的功能

（1）在网络间截获发送到远程网段的报文，具有转发的作用。

（2）选择较为合理的路由，引导通信。为了实现这一功能，路由器要按照某种路由通信协议查找路由表，路由表列出整个互联网络中包含的各个节点，以及节点间的路径情况和与它们相联系的传输费用。如果到特定的节点有一条以上的路径，则基于预先确定的准则选择较优（较经济）路径。各种网络段及其相互连接情况可能发生变化，因此需要及时更新路由情况的信息，由所使用的 RIP 规定的定时更新或者按变化情况更新来完成。网络中的每台路由器都按照这一规则动态地更新其保持的路由表，以便保持有效的路由信息。

（3）在转发报文的过程中，为了便于在网络间传送报文，路由器按照预定的规则把大的数据包分解成适当大小的数据包，到达目的地后，再把分解的数据包封装成原有形式。

（4）多协议的路由器可以连接使用不同通信协议的网络段，作为不同通信协议网络段间通信连接的平台。

（5）路由器的主要任务是把通信引导到目的网络，然后到达特定的目的地址。后一个功能是通过网络地址分解完成的。例如，把网络地址部分的分配指定为网络、子网和区域的一组节点，其余的用来指明子网中的特别站。分层寻址允许路由器对有很多个节点站的网络存储寻址信息。

5．路由器的工作原理

路由器用于连接多个逻辑上分开的网络，逻辑网络代表一个单独的网络或者一个子网。当数据从一个子网传输到另一个子网时，可通过路由器来完成。因此，路由器具有判断网络地址和选择路径的功能，它能在多网络互联环境下建立灵活的连接，可用完全不同的数据分组和介质访问控制方法连接各种子网。路由器只接受源站点或其他路由器的信息，是网络层的一种互联设备。

一般来说，异种网络互联与多个子网互联都应采用路由器来完成。路由器的主要工作就是为经过路由器的每个数据帧寻找一条最佳传输路径，并将该数据有效地传送到目的站点。由此可见，选择最佳路径的策略（即路由算法）是路由器的关键所在。为了完成这项工作，路由器中保存着各种传输路径的相关数据——路由表，供路由选择时使用。路由表中保存着子网的标志信息、网络中路由器的数目和下一台路由器的名称等内容。路由表可以由系统管理员固定设置，也可以由系统动态修改；可以由路由器自动调整，也可以由主机控制。

6. 交换机及路由器的 4 种管理方式

（1）使用一个超级终端（或者仿终端软件）连接到交换机或路由器的端口上，从而通过超级终端来访问交换机或路由器的命令行界面。

使用 Console 端口连接到交换机或路由器的具体步骤如下。

第 1 步：通过 Console 端口可以搭建本地配置环境。将计算机的端口通过电缆直接同交换机或路由器面板上的 Console 端口连接。

第 2 步：在计算机上运行终端仿真程序——超级终端建立新连接，选择实际连接时使用的计算机上的 RS-232 端口，设置终端通信参数为 9600 波特、8 位数据位、1 位停止位、无校验位、无流控。

第 3 步：交换机或路由器上电，显示自检信息；自检结束后提示用户按 Enter 键，直至出现命令行提示符 "login:"；在提示符下输入 "admin" 并运行，进入配置界面。

（2）使用 Telnet 命令管理交换机或路由器。交换机或路由器启动后，用户可以通过局域网或广域网使用 Telnet 客户端程序建立与交换机的连接并登录到交换机或路由器，并对交换机或路由器进行配置。Telnet 最多支持 8 个用户同时访问交换机或路由器。

> **注意** 确保被管理的交换机或路由器设置了 IP 地址，以及交换机或路由器与计算机的网络连接正常。

（3）使用支持 SNMP 的网络管理软件管理交换机或路由器。通过支持 SNMP 的网络管理软件管理交换机或路由器的具体步骤如下。

第 1 步：通过命令行模式进入交换机或路由器配置界面。

第 2 步：为交换机或路由器配置管理 IP 地址。

第 3 步：运行网络管理软件，对设备进行维护管理。

（4）使用 Web 浏览器（如 IE）来管理交换机或路由器。如果要通过 Web 浏览器管理交换机或路由器，则要为交换机或路由器配置一个 IP 地址，保证管理 IP 和交换机或路由器能够正常通信。在浏览器地址栏中输入交换机或路由器的 IP 地址，进入一个 Web 页面，可配置页面中的各项参数。

12.4.3 实验作业

（1）在交换机的 4 种模式下进行切换。

（2）在路由器的 4 种模式下进行切换。

12.5 实验5 配置交换机的 VLAN 技术

12.5.1 实验情景、任务、目标和环境

【实验情景】

VLAN 技术的出现，主要是为了解决交换机在进行局域网互联时无法限制广播的问题。这种技术可以把一个局域网划分为多个 VLAN，每个 VLAN 都是一个广播域，而 VLAN 间不能直接互通。利用交换机的端口进行 VLAN 划分是一种常用的方式，其配置过程简单明了。这样既可以在一台交换机上利用不同的端口划分 VLAN，又可以为跨越多台交换机的多个不同端口划分 VLAN，十分灵活多变。本实验将教会学生熟练地使用交换机配置命令来实现上述功能，从而满足实际应用的需要。

【实验任务】

① 使用交换机配置命令实现 Port Vlan，并实现交换机的端口隔离。

② 使用交换机配置命令实现跨交换机的 Tag Vlan。

【实验目标】

（1）能力目标

① 理解同交换机 Port Vlan 和跨交换机 Tag Vlan 的特点。

② 掌握同交换机划分 VLAN 的方法。

③ 掌握跨交换机划分 VLAN 的方法。

（2）素养目标

① 培养学生将理论与实际紧密结合的科学研究精神。

② 培养学生分析问题、解决问题的团队协作能力。

③ 让学生充分体会科技的进步，在实操中提升自信，感受成功的喜悦。

【实验环境】

二层交换机 2 台、计算机 3 台

12.5.2 实验导读

1. VLAN 的概念

VLAN 用于对一个物理网段进行逻辑划分。VLAN 最大的特性之一是不受物理位置的限制，可以进行灵活划分。VLAN 具备了一个物理网段具备的特性。相同 VLAN 内的主机可以直接互相访问，不同 VLAN 间的主机之间互相访问时必须经过路由设备进行转发。广播数据包只可以在本 VLAN 内传播，不能被传输到其他 VLAN 中。同一个 VLAN 中的所有成员共同拥有一个 VLAN 地址；同一个 VLAN 中的成员均能收到其他成员发送的广播包，但收不到其他 VLAN 中发送的广播包；不同 VLAN 成员之间不可直接通信，需要路由支持，而同一 VLAN 中的成员通过 VLAN 交换机可以直接通信，不需要路由支持。

2. Port Vlan

将 VLAN 交换机上的物理端口和 VLAN 交换机内部的永久虚电路（Permanent Virtual Circuit，PVC）端口分成若干组，每组构成一个虚拟网，相当于一台独立的 VLAN 交换机。这种按网络端口来划分 VLAN 成员的配置过程简单明了。其主要缺点在于不允许用户移动，一旦用户移动到一个新的位置，网络管理员就必须配置新的 VLAN。

Port Vlan 是实现 VLAN 的方式之一，它利用交换机的端口划分 VLAN，一个端口只能属于一

个 VLAN。

交换机的所有端口在默认情况下都属于 Access 端口，可直接将端口加入某一 VLAN。利用 switchport mode access/trunk 命令可以更改端口的 VLAN 模式。

VLAN 1 属于系统默认的 VLAN，不可以删除。

若要删除某个 VLAN，则可使用 no 命令，如 Switch(config)#no vlan 10。

删除当前某个 VLAN 时，要先将属于该 VLAN 的端口加入其他 VLAN，再删除该 VLAN。

3. Tag VLAN

Tag VLAN 是基于交换机端口进行 VLAN 划分的，主要用于使交换机相同 VLAN 内的主机之间可以直接访问，同时隔离不同 VLAN 的主机。Tag VLAN 遵循 IEEE 802.1Q 协议的标准。在利用配置了 Tag VLAN 的端口进行数据传输时，需要在数据帧内添加 4 字节的 802.1Q 标签信息，用于标识该数据帧属于哪个 VLAN，以便对端交换机接收到数据帧后进行准确过滤。

VLAN 交换机从工作站接收到数据后，会检查数据的部分内容，并与一个 VLAN 配置数据库（该数据库含有静态配置的或者动态学习而得到的 MAC 地址等信息）中的内容进行比较，以确定数据去向。如果数据要发往一个 VLAN 设备（VLAN-aware），一个标记（Tag）或者 VLAN 标识就被加到此数据中，根据 VLAN 标识和目的地址，VLAN 交换机可以将该数据转发到同一 VLAN 中适当的目的地；如果数据发往非 VLAN 设备（VLAN-unaware），则 VLAN 交换机将发送不带 VLAN 标识的数据。

两台交换机之间相连的端口应该设置为 Tag VLAN 模式。Trunk 端口在默认情况下支持所有 VLAN 的传输。

12.5.3 实验作业

（1）设计一个单交换机的网络，设置相应配置使处于同一 VLAN 的计算机能够通信，处于不同 VLAN 的计算机不能通信。

（2）设计一个多交换机的网络，设置相应配置使处于同一 VLAN 的计算机能够通信，处于不同 VLAN 的计算机不能通信。

12.6 实验 6 配置路由器的静态路由协议

12.6.1 实验情景、任务、目标和环境

【实验情景】

随着对网络设备的深入学习和应用，大家逐渐认识到了路由器和交换机的功能及区别。路由器能够根据 IP 报头的信息选择一条最佳路径将数据包转发出去，实现不同网段主机之间的互相访问。路由器是根据路由表进行路由选择和路由转发的，路由表由一条条路由信息组成，路由表的产生方式一般有两种：一种是通过手动配置添加路由表，即静态路由表；另一种是通过运行动态路由协议自动学习产生，即动态路由表。本实验将使用路由器来实现静态路由的配置，以满足实际应用的需要。

【实验任务】

① 根据实验情景查看网络拓扑结构，以及静态路由实验网络编制表。

② 根据实验情景要求分别对路由器 R1、R2 和 R3 进行静态路由的具体配置。

③ 通过测试计算机之间的连通性验证实验结果。

【实验目标】

（1）能力目标

① 掌握路由器各级命令行模式的配置。

② 掌握路由器的基本配置。

③ 掌握通过静态路由方式实现网络连通性的方法。

（2）素养目标

① 培养学生将理论与实际紧密结合的科学研究精神。

② 培养学生分析问题、解决问题的团队协作能力。

③ 让学生充分体会科技的进步，在实操中提升自信。

【实验环境】

Cisco 路由器 Cisco 1841 3 台、Cisco 交换机 3 台、计算机（已安装 Cisco Packet Tracer 软件）3 台

12.6.2　实验导读

路由器又称网关设备，用于连接多个逻辑上分开的网络，而逻辑网络代表一个单独的网络或者一个子网。当数据从一个子网传输到另一个子网时，可通过路由器的路由功能来完成。因此，路由器具有判断网络地址和选择 IP 路径的功能，它能在多网络互联环境下，建立灵活的连接，可用完全不同的数据分组和介质访问控制方法连接各种子网。路由器只接收源站或其他路由器的信息，属于网络层的互联设备。

1. 路由器的基本配置

路由器的基本配置包含配置路由器的口令、配置登录提示信息、配置设备名称及配置各种 show 命令的输出等。

（1）路由器的口令配置主要包含对以下 3 种口令的配置。

① 使能加密口令。该口令主要针对登录路由器的用户设定，具体配置步骤如下。

```
Router（config）# enable  password  password      /使能加密口令为明文
Router（config）# enable  secret  password        /使能加密口令为暗码
```

② 控制台口令。该口令主要通过 Console 端口对路由器进行带外管理的用户进行设定，具体配置步骤如下。

```
Router（config）# line  console  0                /进入路由器 Console 端口模式
Router（config）# password  password              /配置控制台口令
Router（config）# login
```

③ 远程登录口令。该口令主要针对通过 Telnet 对路由器实现远程登录访问的用户进行设定，具体配置步骤如下。

```
Router（config）# line  vty  0  4                 /进入路由器 Telnet 端口模式
Router（config）# password  password              /配置远程登录口令
Router（config）# login
```

（2）配置登录提示信息。当用户登录路由器时，如需要告诉用户一些必要的信息，则可以通过设置标题来达到这个目的。可以创建两种类型的标题：每日提示和登录提示。

其具体配置步骤如下。

```
Router（config）# banner  motd  #  message  #
Router（config）# banner  login  #  message  #
```

（3）配置设备名称。配置路由器的设备名称（即命令提示符）的前一部分信息，方便网络管理

员对设备进行访问和管理，具体配置步骤如下。

Router（config）# hostname *name*

（4）配置各种检查 show 命令的输出。这类命令用于查看路由器系统和配置信息，以便掌握当前路由器的工作状态。

查看路由器的系统和配置信息的命令要在特权模式下使用。

show version 用于查看路由器的版本信息，可以查看到交换机的软件版本信息和硬件版本信息，以此作为交换机操作系统升级时的依据。

show ip route 用于查看路由表信息。

show running-config 用于查看路由器当前生效的配置信息。

2. 静态路由的配置

路由器是根据路由表进行选路和转发的。路由表的产生方式一般有以下 3 种。

（1）直连路由。给路由器端口配置一个 IP 地址，路由器自动产生本端口 IP 所在网段的路由信息。

（2）静态路由。在拓扑结构简单的网络中，网络管理员通过手动的方式配置本路由器未知网段的路由信息，从而实现不同网段之间的连接。

（3）动态路由协议学习产生的路由。在大规模的网络或网络拓扑相对复杂的情况下，在路由器上运行动态路由协议，可以使路由器之间互相自动学习从而产生路由信息。

普通路由器和主机直连时需要使用交叉线，R1762 的以太网端口支持 MDI/MDIX，使用直连线也可以连接。

如果两台路由器通过端口直接相连，则必须在其中一台路由器的端口上设置时钟频率。

12.6.3　实验作业

（1）完成 R1、R2 和 R3 的口令配置。

（2）根据网络编址配置所有设备和端口的 IP 地址及其子网掩码。

（3）配置 R1、R2 和 R3 的静态路由。

（4）尝试汇总 R1 的静态路由信息。

12.7　实验 7　配置路由器的动态路由协议

12.7.1　实验情景、任务、目标和环境

【实验情景】

通过 12.6 节的实验，相信学生已经对静态路由有了基本的认识，那么什么是动态路由呢？它与静态路由的区别有哪些？常用的动态路由协议有哪些？动态路由是指路由器能够自动地建立自己的路由表，并且能够根据实际情况的变化适时地进行调整。动态路由协议用于路由器之间交换路由信息，常用的动态路由协议有 RIP 和 OSPF 协议。通过路由协议，路由器可以动态共享有关远程网络的信息。只要网络拓扑结构发生了变化，路由器就会相互交换路由信息，将新增加的路径添加到路由表中。这样不仅能够自动获知最新的网络结构，还可以在当前网络连接失败时找出备用路径。本实验将使用路由器配置命令来实现动态路由协议 RIP 的配置，从而满足实际应用的需要。

【实验任务】

① 根据实验情景查看网络拓扑结构，以及动态路由实验网络编制表。

② 根据实验情景要求分别对路由器 R1、R2 和 R3 进行动态路由协议具体配置。

③ 通过测试计算机之间的连通性验证实验结果。

【实验目标】

（1）能力目标

① 掌握在路由器上配置 RIP 的方法。

② 掌握路由器连接网络架构及配置动态 RIP 路由的方法。

（2）素养目标

① 培养学生将理论与实际紧密结合的科学研究精神。

② 培养学生分析问题、解决问题的团队协作能力。

③ 让学生充分体会科技的进步，在实操中提升自信。

【实验环境】

Cisco 路由器 Cisco 18413 3 台、Cisco 三层交换机 3 台、计算机（已安装 Cisco Packet Tracer 软件）3 台

12.7.2 实验导读

在大规模的网络或网络拓扑相对复杂的情况下，在路由器上运行动态路由协议，可以使路由器之间互相自动学习从而产生路由信息。目前，主流的动态路由协议有 RIP（分为 RIPv1 和 RIPv2 两个版本）、OSPF 单区域路由协议，以及 Cisco 私有的动态路由协议——增强内部网关路由协议（Enhanced Interiol Gateway Routing Protocol，EIGRP）等。

1. RIP

RIP 是应用较早、使用较普遍的内部网关协议，适用于小型同类网络，是典型的距离向量协议。通常将 RIP 的跳数作为衡量路径开销的标准，RIP 中规定最大跳数为 15。

RIP 有两个版本——RIPv1 和 RIPv2。

RIPv1 属于有类路由协议，不支持变长子网掩码（Variable Length Subnet Mask，VLSM），以广播形式更新路由信息，更新周期为 30 s。

RIPv2 属于无类路由协议，支持 VLSM，以组播形式更新路由信息，组播地址是 224.0.0.9。RIPv2 还支持基于端口的认证，可提高网络的安全性。

2. 配置 RIP 时应注意的问题

在配置 RIP 时，需要注意以下问题。

（1）在端口上配置时钟频率时，一定要在电缆 DCE 端的路由器上进行配置，否则链路不通。

（2）no auto-summary 功能只有 RIPv2 支持，交换机没有 no auto-summary 命令。

（3）主机网关一定要指向直连端口 IP 地址，即主机网关指向与之直连的三层交换机端口所处的 VLAN 的 IP 地址。

3. OSPF 协议

OSPF 协议是目前网络中应用非常广泛的路由协议之一，属于内部网关路由协议，能够适应各种规模的网络环境，是典型的链路状态协议。OSPF 协议向全网扩散本设备的链路状态信息，使网络中每台设备最终同步一个具有全网链路状态的数据库，即链路状态数据库（Link State Database，LSDB），然后路由器采用最短通路优选（Shortest Path First，SPF）算法，以自己为根，计算到达其他网络的最短路径，最终形成全网路由信息。OSPF 协议属于无类路由协议，支持 VLSM。OSPF 协议是以组播的形式扩散链路状态的。

在大规模的网络环境中，OSPF 协议支持区域划分，以合理规划网络。划分区域时必须存在 area0（骨干区域），其他区域和骨干区域直接相连或通过虚链路方式连接。

4. 配置 OSPF 协议时应注意的问题

在配置 OSPF 协议时，需要注意以下问题。

（1）实现网络的互联互通，从而实现信息的共享和传递。

（2）在端口上配置时钟频率时，一定要在电缆 DCE 端的路由器上进行配置，否则链路不通。

（3）在声明直连网段时，注意要写明该网段的反掩码。

（4）在声明直连网段时，必须指明该网段所属的区域。

12.7.3　实验作业

（1）配置 R1、R2 和 R3 的口令。

（2）根据网络编址表配置所有设备和端口的 IP 地址及其子网掩码。

（3）根据图 12-5 所示的拓扑结构配置所有路由器的 RIP，并验证网络连通性。

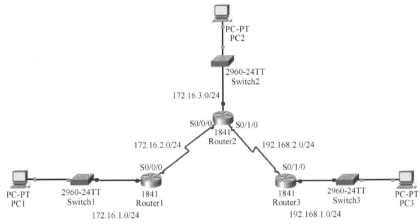

图 12-5　实验作业拓扑结构

12.8　实验 8　了解 WWW 服务

12.8.1　实验情景、任务、目标和环境

【实验情景】

WWW 服务是目前 Internet 中应用非常广泛的服务，它把 Internet 中不同地点的相关数据信息有机地组织起来，用户通过其可以看新闻、炒股票、聊天、玩游戏和进行查询检索等。因此，必须熟练使用和掌握与 WWW 相关的服务及技术。本实验将培养学生浏览网页的技能，并介绍信息下载和保存的常用方法。

【实验任务】

① 熟练使用 IE，包括了解该浏览器的界面、菜单功能和工具栏中各按钮的功能等。

② 使用 IE 保存网页中的各种信息，自主下载 WWW 上的资源。

③ 使用 IE 的收藏夹、历史记录、分类查询、组合查询等功能高效浏览 Internet 资源。

【实验目标】

（1）能力目标

① 理解 WWW 相关的概念和协议。

② 掌握 WWW 服务器和网页浏览器的主要功能。

③ 熟练使用网页浏览器，并掌握常用的浏览方法和技巧。

（2）素养目标

① 培养学生大胆操作、勇于实践的能力。

② 培养学生自主探究、独立思考的良好习惯。

③ 培养学生理论联系实际、科学严谨的学习态度。

【实验环境】

接入 Internet 的计算机（已安装 Windows 10 和 IE）

12.8.2　实验导读

WWW 是在 Internet 中运行的全球性的分布式信息系统。WWW 是目前 Internet 中非常方便和非常受欢迎的信息服务系统，其影响力已远远超出了专业技术范畴，并已经进入广告、新闻、销售、电子商务与信息服务等各个行业。

在 WWW 系统中，需要有一系列的协议和标准来完成复杂的任务。这些协议和标准就称为 Web 协议集，其中一个重要的协议集就是 HTTP。HTTP 负责用户与服务器之间的超文本数据传输。HTTP 是 TCP/IP 协议族中的应用层的协议，建立在 TCP 之上，其面向对象的特点和丰富的操作功能可以满足分布式系统和多种类型信息处理的要求。

Internet 中有众多的 WWW 服务器，每台服务器中又包含很多网页，此时就需要一个 URL。URL 的构成如下。

信息服务方式://信息资源的地址/文件路径

例如，电子科技大学的 WWW 服务器的 URL 为 "http://www.uestc.edu.cn/index.htm"。其中，"http" 指出要使用 HTTP，"www.uestc.edu.cn" 指出要访问的服务器的主机名，"index.htm" 指出要访问的主页的路径及文件名。

12.8.3　实验作业

（1）使用 IE 浏览新浪网站（www.sina.com.cn），并选择一篇新闻网页保存到本地计算机硬盘中。

（2）使用 FlashGet 下载工具下载一首 MP3 格式的音乐，并将其保存到本地计算机硬盘中。

（3）使用 IE 的收藏夹功能收藏网页，并清除最近浏览的历史记录。

12.9　实验 9　使用电子邮件

12.9.1　实验情景、任务、目标和环境

【实验情景】

生活中，电子邮件是人们常用的信息交流方式之一。传统邮件的传递过程如下：把信投进邮筒→邮递员把信取出来→到邮局的处理中心进行分拣→用单车、汽车或飞机运输→信到达收件人所在城市邮局→邮递员送信到收件人手中。那么电子邮件又是怎么传递的呢？电子邮件的传递过程如下：发送方的计算机→发送方的电子邮件服务器 A→接收方的电子邮件服务器 B→接收方计算机。

比较这两种方式，同学们更想使用哪一种方式呢？

【实验任务】

① 为自己申请一个免费的 E-mail 邮箱。

② 在 Outlook Express 软件中设置邮箱账号，并利用其撰写和收发电子邮件。

【实验目标】

（1）能力目标

① 了解电子邮件常用的协议。

② 掌握申请免费 E-mail 地址的方法。

③ 掌握 Outlook Express 的常用设置方法。

④ 掌握如何利用 Outlook Express 撰写、发送和接收电子邮件。

（2）素养目标

① 培养学生自主学习的能力和在学习中探索的意识。

② 通过亲身实践激发学生的自主学习热情，让学生体会到成功的乐趣。

③ 培养学生勇于探索未知世界、热爱科技、敢于挑战的品质。

【实验环境】

连接 Internet 的计算机（已安装 Microsoft Office Outlook）、Internet 中有效的电子邮箱

12.9.2　实验导读

对大多数用户而言，E-mail 是 Internet 中使用频率最高的服务系统之一。与传统的邮政邮件相比，电子邮件的突出优点是方便、快捷和廉价。收发电子邮件无须纸笔、不用去邮局、不用贴邮票，坐在家里即可完成，前提条件是用户必须知道收件人的电子邮箱地址。发送一封到国外的电子邮件只需几秒到几分钟，费用只是发送电子邮件所用的上网费用，比发送本地的普通邮件更便宜。使用电子邮件，无论将其发送到何处，费用都比传统邮件的费用低得多，速度也快得多。虽然电子邮件的实时性不及电话，但信件送达收件人邮箱后，收件人可随时上网收取，无须收件人开机守候。这些突出的优点使其成为一种快捷而廉价的信息交流方式，极大地方便了人们的生活和工作，成为被广泛使用的电子通信方式。E-mail 改变了许多企业做生意的方式，也改变了成千上万人购物和从事金融活动的方式，还成为远隔千里的家人之间保持联系的最佳途径。

1. 电子邮件的地址格式

电子邮件服务器其实就是一个电子邮局，全天候开机运行着电子邮件服务程序，并为每一个用户创建一个电子邮箱，用以存放任何时候从世界各地发送给该用户的电子邮件，等候用户任何时刻上网收取。用户在自己的计算机上运行电子邮件客户程序，如 Microsoft Outlook Express、Foxmail 等，用于发送、接收和阅读电子邮件。

要发送电子邮件，必须知道收件人的 E-mail 地址（电子邮箱地址），即收件人的电子邮件信箱所在。这个地址是由 ISP 向用户提供的，或者是 Internet 中的其他某些站点向用户免费提供的，但是不同于传统的信箱，它是一个"虚拟信箱"，即 ISP 邮件服务器硬盘中的一个存储空间。在信息社会，E-mail 地址的作用越来越重要，并逐渐成为一个人的电子身份，如今许多人会在名片上印上 E-mail 地址。报刊、电视台等单位也经常提供 E-mail 地址以方便用户联系。

E-mail 标准地址格式如下。

用户名@电子邮件服务器域名

例如，zhou-ge@163.com。

其中，用户名由英文字符组成，不区分大小写，用于鉴别用户身份，又称为注册名，但不一定是用户的真实姓名，在确定用户名时，不妨取一个好记又不容易与他人重复的名字；"@"的含义和读音与英文介词"at"相同，有"位于"之意；电子邮件服务器域名是用户的邮箱所在的电子邮件

服务器的域名。E-mail 地址中不区分字符的大小写。整个 E-mail 地址的含义是"在某电子邮件服务器上的某人"。

2. 常用的电子邮件协议

常用的电子邮件协议有 SMTP、POP、IMAP。这几种协议都是由 TCP/IP 协议族定义的。

（1）SMTP：主要负责底层的邮件系统如何将电子邮件从一台机器传至另外一台机器。

（2）POP：其目前的版本为 POP3。POP3 是把电子邮件从电子邮箱中传送到本地计算机的协议。

（3）IMAP：即 Internet 消息访问协议（Internet Message Access Protocol，IMAP），目前的版本是 IMAP4，是 POP3 的一种替代协议，提供了电子邮件检索和电子邮件处理的新功能。用户不必下载电子邮件正本就可以看到其标题摘要，从电子邮件客户端软件就可以对服务器中的电子邮件和文件夹目录等进行操作。IMAP 增强了电子邮件的灵活性，减小了垃圾邮件对本地系统的直接危害，相对节省了用户查看电子邮件的时间。除此之外，IMAP 可以记忆用户在脱机状态下对电子邮件的操作（如移动电子邮件、删除电子邮件等），在下一次连接网络时会自动执行操作。

12.9.3 实验作业

（1）在网易网站上申请一个免费的邮箱。

（2）利用 Outlook Express 撰写一封电子邮件，并将该电子邮件发送到其他邮箱中。

12.10 实验 10 安装并配置 DHCP 服务器

12.10.1 实验情景、任务、目标和环境

【实验情景】

在小型网络或者计算机的地理位置比较集中的网络环境中，网络管理员可以采用手动分配 IP 地址的方法。但是在一些大中型企业中，计算机数量众多，且地理位置分散，手动分配 IP 地址会非常麻烦，工作量也很大。在这种情况下，可借助 DHCP 服务器来完成 IP 地址的自动分配。

本实验就是让学生自己动手去安装和配置一台 DHCP 服务器，让它为局域网中的其他计算机自动分配 IP 地址，从而大大简化配置客户机的 IP 地址的工作。

【实验任务】

① 在 Windows Server 2003 中安装并启用 DHCP 服务器。

② 配置 DHCP 服务器的作用域，并为 DHCP 客户机保留特定的 IP 地址。

③ 配置 DHCP 客户机，并在客户端获取 IP 地址。

【实验目标】

（1）能力目标

① 掌握 DHCP 服务在网络管理中的作用及工作原理。

② 掌握在 Windows Server 2003 中安装并启用 DHCP 服务器的方法。

③ 掌握 DHCP 服务器与 DHCP 客户机的配置。

（2）素养目标

① 培养学生在学习中主动探索、善于发现问题的意识和科学探究精神。

② 培养学生在实践中养成勤于思考、勤于动手的良好习惯。

【实验环境】

计算机（已安装 Windows Server 2003）

12.10.2　实验导读

1．DHCP 概述

在使用 TCP/IP 的网络中，每一台计算机都拥有唯一的计算机名和 IP 地址。IP 地址及子网掩码主要用于鉴别所连接的主机和子网，当用户将计算机从一个子网移动到另一个子网时，一定要改变该计算机的 IP 地址。如果采用静态 IP 地址的分配方法，则将增加网络管理员的负担，而 DHCP 可以让用户将 DHCP 服务器的 IP 地址池中的 IP 地址动态分配给局域网中的客户机，而不必由管理员为网络中的计算机——分配 IP 地址，从而减轻网络管理员的负担。

DHCP 是一种简化的主机 IP 地址分配管理的 TCP/IP 标准协议，用户可以利用 DHCP 服务器进行动态的 IP 地址分配及其他相关的环境配置工作（如 DNS、Windows 互联网名称服务、网关等的设置）。

在使用 DHCP 时，整个网络中应至少有一台服务器安装了 DHCP 服务，将其他要使用 DHCP 功能的工作站设置为利用 DHCP 服务器获得 IP 地址。使用 DHCP 可以有效避免手动设置 IP 地址及子网掩码产生的错误，同时避免了把一个 IP 地址分配给多台工作站造成的地址冲突，从而降低了管理 IP 地址的负担。

2．DHCP 的常用术语

（1）作用域。作用域即一个网络中所有可分配的 IP 地址的连续范围，主要用来定义网络中单一物理子网的 IP 地址范围。作用域是服务器用来管理分配给网络客户机的 IP 地址的主要手段。

（2）超级作用域。超级作用域即一组作用域的集合，能用来实现同一个物理子网中包含多个逻辑 IP 子网的情况。超级作用域中只包含一个成员作用域或子作用域的列表，子作用域的各种属性需要单独设置。

（3）排除范围。排除范围为不能分配的 IP 地址序列，保证这个序列中的 IP 地址不会被 DHCP 服务器分配给客户机。

（4）地址池。在用户定义了 DHCP 范围及排除范围后，剩余的 IP 地址就成了一个 IP 地址池，IP 地址池中的 IP 地址可以被动态分配给网络中的客户机使用。

（5）租约。租约即 DHCP 服务器指定的时间长度，在这个时间范围内，客户机可以使用获得的 IP 地址。当客户机获得 IP 地址时，租约被激活。在租约到期前，客户机需要更新 IP 地址的租约。

（6）保留地址。用户可以利用保留地址创建一个永久的地址租约。保留地址保证了子网中的指定硬件设备始终使用同一个 IP 地址。

（7）选项类型。选项类型是 DHCP 服务器给 DHCP 服务工作站分配服务租约时分配的客户端配置参数。经常使用的选项包括默认网关的 IP 地址、WINS 服务器及 DNS 服务器。其一般在 DHCP 服务器为客户分配 IP 地址时被激活。DHCP 管理器允许设置应用于服务器上所有范围的默认选项。大多数选项是通过 RFC 2132 预先设定好的，但用户可以根据需要利用 DHCP 管理器定义及添加自定义选项类型。

（8）选项类。选项类是服务器分级管理时提供给客户的选项类型。在服务器上添加一个选项类后，该选项类的客户可以在配置时使用特殊的选项类型。

12.10.3　实验作业

（1）在 Windows Server 2003 中安装 DHCP 服务器。

（2）配置 DHCP 服务器与 DHCP 客户机。

12.11 实验 11 安装并配置 DNS 服务器

12.11.1 实验情景、任务、目标和环境

【实验情景】

当人们在上网的时候，通常输入的网址实际上是一个域名地址，它是为了方便记忆而引入的，但是网络中的计算机之间彼此只能用 IP 地址才能相互识别，相互通信。因此就产生了一个问题：用户习惯使用域名地址，而真正起作用的却是 IP 地址，如何解决地址之间的转换问题呢？ DNS 就是为了实现域名地址和 IP 地址的映射功能而引入的域名服务，执行域名服务的主机称为 DNS 服务器。

DNS 服务器虽然在人们的日常上网活动中毫不起眼，但是一旦 DNS 服务器出现问题，就会出现"网页都打不开"的问题，严重影响用户的上网体验。本实验会让学生自己动手去安装和配置一台 DNS 服务器，深刻体会 DNS 服务器的重要作用。

【实验任务】

① 在 Windows Server 2003 中安装并启用 DNS 服务器。

② 创建 DNS 的正向查找区域和反向查找区域，并添加子域。

③ 配置 DNS 客户机。

④ 进行域名申请注册工作，实现基于 Internet 环境的 DNS 解析。

【实验目标】

（1）能力目标

① 掌握 DNS 服务在网络管理中的作用及其工作原理。

② 掌握在 Windows Server 2003 中安装并启用 DNS 服务器的方法。

③ 掌握 DNS 服务器与 DNS 客户机的配置，实现网内计算机的域名解析功能。

（2）素养目标

① 培养学生善于发现问题的科学探究精神，激发学习的动力和欲望。

② 培养学生分析问题、解决问题的能力，养成团结协作的良好品质。

【实验环境】

计算机（已安装 Windows Server 2003）

12.11.2 实验导读

1. DNS 概述

在网络中，用 32 位 IP 地址表示源主机和目的主机是非常简单、高效、可靠的方法，但要求用户记住复杂的数字并不是一种好办法，因为这一连串数字并没有实际意义。数字带来的感觉不直观，也不易管理。DNS 是一种采用客户机/服务器机制实现名称与 IP 地址转换的系统。通过建立 DNS 数据库，记录主机名称与 IP 地址的对应关系，并驻留在服务器端，为客户提供 IP 地址解析服务。当某台主机要与其他主机通信时，可以利用本机名称服务系统向 DNS 服务器查询所访问主机的 IP 地址。获得结果后，再通过 IP 地址访问远程主机。整个域名系统包括以下 4 个部分。

- DNS 域名空间：指定组织名称的域的层次结构。
- 资源记录：将 DNS 域名映射为特定类型的信息数据，以供在域名空间中解析时使用。
- DNS 服务器：存储和应答记录的名称查询。
- DNS 客户机：用来查询服务器，将名称解析为查询中指定的信息数据记录类型。

2. 域名解析方式

无论是一台 DNS 客户机向一台 DNS 服务器请求查询，还是一台 DNS 服务器向另一台 DNS 服务器请求查询，都采用以下 3 种解析方式。

* 递归查询：无论是否查到 IP 地址，服务器都会明确答复客户机是否存在。
* 迭代查询：DNS 服务器接到查询命令后，若本地数据库中没有匹配的记录，则会告诉 DNS 客户机另一台 DNS 服务器的地址，然后由客户机向另一台 DNS 服务器查询,直至找到所需的数据。如果最后一台 DNS 服务器中也没有所需数据，则宣告查询失败。
* 反向查询：由 IP 地址查询对应的计算机域名。在域名查询期间使用已知的 IP 地址查询对应的计算机名称。

3. 域名注册

用户想在 Internet 上使用任何网络实体都必须有一个注册名，该注册名最终由国际互联网络信息中心（Internet Network Information Center，InterNIC）注册，并最终通过根域服务器被其他人访问。在实际操作过程中的网络域名管理的授权机制下，用户并不需要直接在 InterNIC 注册，可以通过 InterNIC 授权的域管理机构或注册服务提供商申请。一般情况下，申请机构会授权提供给企业一组连续的 IP 地址，并返回所申请的合法域名。在此基础上，可配置自己的 DNS 服务器及 IP 地址，并将 DNS 服务器的 IP 地址上报给 NIC，因为用户的 DNS 是 Internet 域名体系的一部分，其他人可通过此 DNS 访问用户域中的计算机。同样，用户本身可以在自己的域下建立新的子域（由自己的 DNS 服务器负责解析）。需要注意的是，如果想改变 DNS 服务器的地址，则必须向相应的 NIC 重新注册，否则会造成 DNS 工作错误。当然，也可以由 ISP 提供 DNS 服务器服务并通过 ISP 进行相关的 DNS 配置工作。

12.11.3 实验作业

（1）在 Windows Server 2003 上安装 DNS 服务器。
（2）配置 DNS 服务器与 DNS 客户端。

12.12 实验 12 安装并配置 Web 服务器

12.12.1 实验情景、任务、目标和环境

【实验情景】

网站的出现重新定义了信息共享的方式，它已经被广泛用于各种类型的组织和个人。实现网站服务的是 Web 服务器，只要拥有一台 Web 服务器，就可以创建属于自己的网站，并发布出来让所有人观看。如果学生想实现这个梦想，则完全可以自己动手一试。

【实验任务】

① 在 Windows Server 2003 下安装并启用 IIS 和相关组件。
② 制作自己的网页，并将其设置为 Web 站点。
③ 对站点进行安全管理，如设置浏览权限、身份验证、IP 限制等。
④ 通过 IE 打开 Web 站点的网页，验证配置的正确性。

【实验目标】

（1）能力目标
① 正确理解 Web 服务器的概念及功能。

② 掌握 IIS 6.0 及其相关组件的安装。

③ 掌握 Web 服务器的安装和配置方法。

④ 掌握网站的建立方法。

（2）素养目标

① 培养学生将理论和实践结合的能力。

② 培养学生耐心细致、善于发现和解决问题的能力。

③ 培养学生养成自主探索、善于动手的良好习惯。

【实验环境】

计算机（已安装 Windows Server 2003）

12.12.2　实验导读

随着 Internet 的发展，传统的局域网资源共享方式已不能满足人们对信息的需求，创建 IIS 成为人们的最佳选择。Internet 服务器不仅实现了公司内部网络的 Internet 信息服务，还可以在 Internet 上为远程用户提供信息服务。

IIS 主要包括 WWW、FTP 和 SMTP 虚拟服务器，它使得在 Internet 上发布信息成为一件很容易的事情。Windows Server 2003 下的 IIS 6.0 主要提供以下服务。

1. WWW 服务

WWW 服务又称 Web 服务或网页服务，是指在 Internet 上发布可以通过浏览器观看的用 HTML 编写的图形化页面的服务，即使用图形化界面展示信息。IIS 6.0 支持最新的 HTTP 标准，运行速度更快，安全性更高。另外，允许在一台服务器上建立多个虚拟 Web 站点。

2. FTP 服务

FTP 是一种文件传输协议，主要用于文件的上传和下载，它最大的特点是传输速度快且支持断点续传。IIS 6.0 允许用户设定数目不限的虚拟 FTP 站点，但是每一个虚拟 FTP 站点都必须拥有唯一的 IP 地址及端口号。

3. SMTP 服务

IIS 6.0 支持 SMTP，它允许基于 Web 的应用程序传送和接收邮件，实现邮件的中继，但如果想使网站具有服务器的功能，则需要另行安装邮件应用程序。

IIS 6.0 在网络安全性、可编程性和管理方面做了相当大的改进，并能支持更多的 Internet 标准，这些可以帮助用户轻松创建和管理站点，并制作易于升级、灵活性更高的 Web 应用程序。

12.12.3　实验作业

（1）在 Windows Server 2003 上安装 Web 服务器。

（2）配置 Web 服务器并创建自己的 Web 站点。

（3）对 Web 站点进行配置。